粮经作物病虫草鼠害绿色防控技术研究与应用

主编　岳　瑾　张金良　杨建国

中国农业科学技术出版社

图书在版编目（CIP）数据

粮经作物病虫草鼠害绿色防控技术研究与应用 / 岳瑾，张金良，杨建国主编．— 北京：中国农业科学技术出版社，2017.11

ISBN 978-7-5116-3297-5

Ⅰ．①粮…　Ⅱ．①岳…　②张…　③杨…　Ⅲ．①作物－病虫害防治－无污染技术　②作物－除草－无污染技术　③鼠害－防治－无污染技术　Ⅳ．① S435　② S45　③ S443

中国版本图书馆 CIP 数据核字（2017）第 251891 号

责任编辑　张志花
责任校对　马广洋

出 版 者　中国农业科学技术出版社
　　　　　北京市中关村南大街 12 号　　　邮编：100081
电　　话　（010）82106636（编辑室）
　　　　　（010）82109702（发行部）
　　　　　（010）82109709（读者服务部）
传　　真　（010）82106631
网　　址　http：//www.castp.cn
经 销 者　各地新华书店
印 刷 者　北京富泰印刷有限责任公司
开　　本　889mm × 1 194mm　1/16
印　　张　13
字　　数　390 千字
版　　次　2017 年 11 月第 1 版　2017 年 11 月第 1 次印刷
定　　价　68.00 元

编 委 会

主　编：岳　瑾　张金良　杨建国

副主编：王伟青　王品舒　董　杰

编　者：（以姓氏笔画为序）

丁万隆　马永军　马　萱　马海凤　马维思　王　德　王玉珏

王亚南　王伟青　王步云　王泽民　王建泉　王艳辉　王锡锋

王福贤　古君伶　卢润刚　田学伟　白文军　冯　洁　乔　岩

乔海莉　刘　艳　刘小侠　刘书华　刘亚南　刘春来　牟金伟

李　勇　李　清　李婷婷　李聪晓　杨伍群　肖红梅　吴炳秦

何晓光　佟国香　张　宁　张　昊　张　涛　张　智　张大勇

张青文　张春红　张保常　张桂芬　陈　君　罗　军　岳向前

金　文　周长青　周景哲　郑书恒　赵　昆　赵锦一　郝海利

胡东风　袁志强　贾海山　夏　菲　徐　荣　徐申明　徐常青

高卫洁　郭　昆　郭书臣　黄　斌　曹名鑫　董　芳　董　欣

董二容　谢爱婷　解书香　解春原　褚艳娜

前 言

北京地区种植的粮经作物主要包括各类粮食作物、经济作物、景观作物等，粮经产业在过去很长一段时间发挥着保障首都粮油等农产品稳定供给的作用。近几年来，随着北京农业结构调整的不断深入，社会各界对粮经产业的服务能力提出了新的发展要求，《北京市“十三五”时期都市现代农业规划》进一步提出：粮经产业重点打造“三块田”（籽种田、景观田、旱作田），着力提升综合生产能力、生态服务能力和景观服务能力。

近几年来，北京市各级植保机构根据粮经产业功能的调整需求，针对玉米、小麦、水稻、药用植物、果树等作物开展了绿色防控技术研究与示范推广工作，探索、改进了一批能够解决生产实际问题的单项技术。目前，赤眼蜂防治玉米螟等鳞翅目害虫技术、小麦中后期“一喷三防”技术、果园生草生态调控技术、鼠害TBS围栏陷阱系统等一系列技术已经成为粮经产业绿色防控水平的标志性技术。同时，北京市还集成了“玉米主要病虫害全程绿色防控技术体系”“小麦化学农药减量控害技术体系”“果园害虫绿色防控技术体系”等全程病虫害防控措施，并在全市实现了大面积推广应用，有力推动了全市化学农药减量控害工作，同时也对提升农田生态、景观功能发挥了重要作用。

为了总结经验，在新时期围绕农业产业的“生态、生活、生产、示范四大功能”，进一步推进全市粮经作物病虫草鼠害的绿色防控工作，编委会梳理了2012年以来北京市相关的调查、研究和技术应用成果，汇编了《粮经作物病虫草鼠害绿色防控技术研究与应用》一书。本书共分6部分：第一部分综述了北京市粮食作物、经济作物的病虫害发生与防治技术应用现状，并对北京地区低毒低残留农药使用现状及农民防治需求进行了分析；第二部分介绍了玉米病虫害绿色防控技术，包括褐斑病、大斑病、矮化病、玉米螟、黏虫、褐足角胸肖叶甲的绿色防控技术；第三部分介绍了小麦病虫害绿色防控技术，在阐述小麦赤霉病、矮缩病绿色防治技术的同时，介绍了小麦“一喷三防”“种子包衣”等绿色防控技术的应用效果与经验；第四部分介绍了经济作物病虫害绿色防控技术，阐述了性信息素、性诱捕器、生物农药、杀虫灯、果园生草等绿色防控手段在大桃、谷子、金银花等经济作物上的应用技术；第五部分介绍了农田杂草防除技术，从农药减量的角度论述了除草剂选择、施药机应用、除草模式革新等问题；第六部分介绍了农田鼠害防治技术，在阐明鼠害种群规律的同时，介绍了TBS围栏陷阱系统这一物理灭鼠新技术的应用效果。

本书涉及的研究工作在实施过程中得到了全国农业技术推广服务中心防治处，北京市农业局粮经处、科教处、能源生态处、计财处，以及各兄弟单位的大力支持，在此表示感谢。另外，北京市植物保护站的周春江站长等领导以及各区植保（植检）站领导对本书的组织编写和出版给予了大力支持，在此一并表示感谢！

编 者

2017年8月16日

目　录

CONTENTS

综　述

玉米病虫害绿色防控技术

小麦病虫害绿色防控技术

经济作物病虫害绿色防控技术

农田杂草防除技术

农田鼠害防治技术

综　述

北京市粮食作物病虫害绿色防控技术应用情况及发展建议

王品舒[1]，董　杰[1]，岳　瑾[1]，张金良[1]，袁志强[1]，杨建国[1]，董　欣[2]，肖红梅[3]
（1.北京市植物保护站，北京　100029；2.北京市密云区植保植检站，北京　101500；
3.北京市房山区植物保护站，北京　102488）

摘　要： 为摸清绿色防控技术在北京地区粮食作物生产过程中的应用情况，提出有针对性的发展建议，通过调研了解绿色防控技术在玉米、小麦田的应用和农户需求情况，结合生产实际，分析存在的问题，同时提出相关建议，以期为粮食作物病虫害绿色防控技术的进一步推广应用提供参考。

关键词： 玉米；小麦；绿色防控；调研

北京地区粮食作物主要包括玉米和小麦，其中，玉米是北京地区种植面积最大的作物。近几年，随着公众对农业生态环境安全和农产品质量安全关注程度越来越高，北京市出台了一系列措施推进化学农药减量工作，在粮食作物田推广应用了一系列绿色防控技术和产品，取得一定成效。

绿色防控是将农田视为一个生态系统来整体考虑，以保障农作物生产、降低农药使用量为目的，人为协调各种生态因素，控制田间有害生物发生的行为，符合都市现代农业的发展要求。为加大粮食作物田绿色防控技术推广力度，及时摸清绿色防控技术在生产过程中的应用情况及技术需求，2013年，北京市植物保护站联合各区植保站开展了相关调研工作，围绕粮食作物田绿色防控技术应用情况、存在的问题，提出了相关建议，以期为推进粮食作物病虫害绿色防控技术的推广应用和政策制定提供参考。

1　绿色防控技术应用情况

1.1　病虫草害发生情况

2011—2013年，北京市粮食作物病虫害年发生面积为1 200万～1 500万亩①次。其中，小麦病虫害以麦蚜、吸浆虫、地下害虫、白粉病等为主，玉米病虫害以玉米螟、黏虫、玉米大（小）斑病、褐斑病等为主，粮田常见杂草包括播娘蒿、荠菜、马唐、牛筋草、狗尾草、牵牛等。

1.2　主要绿色防控技术

为确保粮食稳定生产，2011—2013年，全市粮田每年防治病虫草害面积约为1 200万亩次，为减少化学农药使用量，市、区植保机构在小麦、玉米田推广了多项绿色防控技术。

1.2.1　小麦

麦田重点推广了种植包衣拌种、春季“一喷三防”技术、中后期“一喷三防”技术等，有针对性地在抽穗期防治吸浆虫、白粉病，在扬花灌浆期防治蚜虫。其中，2013年，小麦中后期“一喷三防”技术首次实现全覆盖，有效降低了蚜虫、吸浆虫、白粉病等小麦病虫害的发生，小麦蚜虫、吸浆虫的防治效果分别达94.4%、92.7%，小麦白粉病的防治效果达94.4%。另外，小麦包衣拌种技术在“春病早防，春虫早治”，控制第2年病虫害发生与扩散方面发挥了重要作用，2013年，房山等9个区县的冬小麦拌种面积达到总种植面积的97.5%。

1.2.2　玉米

2013年，全市重点推广使用赤眼蜂防治玉米螟技术、“一封两杀”技术、种子包衣技术等，占总种植

① 1亩≈667m^2，全书同

面积的60.4%。在这些技术中，以赤眼蜂防治玉米螟技术应用面积最大、组织实施措施最为系统、社会影响力最大。当年，顺义、房山等9个区县共释放赤眼蜂96亿余头，占玉米总种植面积的51.3%。据调查，玉米螟的平均防治效果达到82%以上，共减少农药使用次数1～2次，对于控制玉米螟发生，保护首都生态环境发挥了巨大作用。

2　存在的问题

2.1　绿色防控物资的价格偏高

近几年，北京市通过补贴使用赤眼蜂防治玉米螟技术，促进了赤眼蜂的推广应用，但是，在调研中发现，赤眼蜂的市场价格与农民可接受的使用成本之间还存在一定差距，在种植玉米收益比较低的情况下，假如完全由农户出钱购买赤眼蜂，可能会导致农户放弃使用赤眼蜂防治玉米螟技术，增加北京市化学农药减量工作的压力。

2.2　绿色防控物资在使用过程中存在一系列问题亟待解决

生物农药、天敌是替代化学农药防治病虫害的重要产品。由于北京市使用的多种生物农药和天敌以活菌、活虫为主，这些产品在使用过程中对外界环境条件和使用技术都有一定的要求，如果农户对使用技术的认识和掌握程度不到位，容易导致一些生物农药和天敌无法产生预期的防治效果。

以北京市大面积推广应用的赤眼蜂为例，赤眼蜂在使用过程中存在一些制约因素。一是赤眼蜂对温湿度条件有一定要求。赤眼蜂防治玉米螟技术主要是依靠赤眼蜂寄生玉米螟卵来达到防治效果，而赤眼蜂在运输、储存、释放阶段都需要一定的温度、湿度条件，并且，释放赤眼蜂的时机也有一定要求，过晚释放容易导致赤眼蜂找不到合适寄主而提前死亡。但是，目前，北京市从事粮食作物种植的农户年龄普遍偏大、文化素质不高，这些农户可能会因为不正确储存、使用赤眼蜂，导致防治效果不理想。二是散户种植模式容易影响防治效果。北京市玉米、小麦“一家一户”的种植和防治方式大面积存在，散户种植模式导致相邻地块的管理方式和管理效果存在较大差异，在这样的种植和管理条件下，采用相同的防治方案容易造成防治效果差异大，害虫在不同农户地块间穿插为害，影响整个区域的害虫防治效果。三是政府购买依然是支撑赤眼蜂产业的重要措施。由于使用成本等各种因素的影响，农户自己购买赤眼蜂的数量有限，政府购买依然是支撑赤眼蜂产业可持续发展的重要力量。

2.3　绿色防控物资的效果评价方式有待完善

天敌产品以“活虫”“活卵”为主，使用效果容易受到储存环境、使用者技术掌握程度、害虫基数等因素影响，不容易客观评价防治效果。以北京市赤眼蜂防效评价体系为例，目前还存在害虫卵定位困难，防效评价不够完善等多种问题需要解决，有待加强相关研究，推进绿色防控技术的推广应用。

3　意见和建议

3.1　强化政策引导，完善扶持机制

近几年，北京市通过大面积推广应用绿色防控技术，在稳定粮食产量，降低化学农药用量方面取得了较好的成效。但是，由于农业种植收益低，农民普遍不愿意增加投入成本，在选用农药时，考虑的首要问题是如何有效防治病虫害，往往忽视了农药选用是否恰当，是否会污染生态环境等问题，因此，在现有生产条件下，通过政府补贴引导，依然是降低农田化学农药用量的主要措施。

以往北京市主要依托项目资金对绿色防控物资进行补贴，然而项目具有不确定性，资金难以长期、稳定保障，一旦项目执行结束，各项绿色防控技术可能面临难以继续推进等问题，因此，在资金保障方面有待建立长效财政政策机制，将绿色防控产品、统防统治队伍建设、农药包装废弃物回收等工作统筹考虑，确保工作任务和财政资金的长期稳定。

3.2 强化农产品的优质优价措施，提高绿色防控农产品价格

农产品的价格是决定生产资料投入情况的重要因素，在粮食作物种植过程中，通过积极探索，让使用绿色防控技术的农产品优质优价，是推动玉米、小麦病虫害绿色防控技术大面积使用的重要措施。在粮食作物中，鲜食玉米市场价格高，产品在北京地区的消化能力强，使用绿色防控技术对于提升产品品质和价格作用较为突出，是探索粮食作物农产品优质优价途径的重要突破口。

3.3 依托资源优势，降低赤眼蜂使用成本

北京市生产赤眼蜂的利润一直较低，如何降低防治成本已经成为赤眼蜂产业面临的一个重要问题。一方面，可以借助在京农业、机械制造等领域的技术优势，整合专家资源，通过生产工艺的创新，降低整个生产环节的成本；另一方面，可根据赤眼蜂在北京市的应用成效，形成典型借鉴作用，在全国其他地区推广使用赤眼蜂防治玉米螟技术，通过扩大生产规模，形成产业效益，降低生产成本。另外，通过连续几年的赤眼蜂释放和化学农药减量工作，有助于形成良好的天敌栖息环境，可以形成有差别的防治方案，在部分地块减少赤眼蜂的释放量，降低防治成本。

该文发表于《安徽农学通报》2017年第15期

北京市经济作物病虫害发生与防治现状

王品舒[1]，董　杰[1]，张金良[1]，杨伍群[2]，马海凤[3]，岳　瑾[1]，袁志强[1]
（1.北京市植物保护站，北京　100029；2.北京市大兴区植保植检站，北京　102600；
3.北京市密云区植保植检站，北京　101500）

摘　要：为摸清北京地区经济作物病虫害发生和防治情况，通过调研方式，结合各区实际情况，介绍了目前北京地区经济作物产业的植保现状。分析了产业发展过程中存在的植保问题，并提出建议和措施，以期为开展有针对性的经济作物病虫害绿色防控技术研究和推广工作提供依据。

关键词：经济作物；植保；绿色防控技术；调研

北京地区种植经济作物历史悠久，甘薯、花生等是市民喜食的经济作物，在北京地区市场消耗量一直较大。近几年，由于农民种植粮食作物经济收益不理想，种植经济作物成为带动京郊农民增收的重要途径。

为摸清全市花生、甘薯、大豆、谷子、马铃薯等经济作物的种植、病虫害发生及防治情况，北京市植物保护站联合部分区植保站，在《植保统计》的基础上，根据各区实际情况对经济作物病虫害发生和防治情况进行了调研和整理，分析了产业发展过程中存在的问题，提出了建议措施，以期为进一步开展经济作物绿色防控技术推广工作提供参考。

1　植保现状

1.1　主要经济作物种植现状

2012年，根据北京市植保系统的调查统计（实际情况应以行业主管部门发布的数据为准），全市经济作物种植面积约为1.41×10^6亩，其中，花生4.95×10^5亩，大豆3.42×10^5亩，甘薯2.8×10^5亩，谷子1.72×10^5亩，马铃薯5.4万亩，其他经济作物7.1万亩。

北京市花生主要种植于大兴、密云、怀柔区；大豆主要种植于房山、门头沟区；甘薯主要种植于大兴、密云区；谷子主要种植于密云区；马铃薯主要种植于延庆区；另外，顺义等区还种植了牧草等经济作物。

1.2　主要病虫及防治措施

1.2.1　花生

2012年，全市花生病虫害发生面积为1.82×10^6亩次，开展防治面积1.22×10^6亩次。

花生田病虫害主要包括地下害虫、蚜虫、棉铃虫、叶螨、花生叶斑病、病毒病、杂草等。对各类病虫害发生和为害情况调查发现，叶斑病发生面积最大，但造成的产量损失（每万亩次发生面积时的挽回损失、实际损失之和）要低于蚜虫、棉铃虫，高于地下害虫和叶螨。蚜虫的发生面积低于叶斑病和地下害虫，但是，其造成的产量损失在各种病虫害中最大，其次依次是棉铃虫、叶斑病、地下害虫，因此，在生产过程中，要特别注意及时防治蚜虫和棉铃虫，以免出现严重的产量损失。另外，地下害虫、蚜虫的防治面积高于其他病虫，需要注意规范农药的安全使用，及时替换高残留农药和出现抗药性的农药品种。

在防治措施方面，农民防治花生叶斑病主要采用多菌灵、百菌清、世高等杀菌剂；防治地下害虫主要采用辛硫磷；防治蚜虫主要采用吡虫啉；防治叶螨主要选用灭扫利；防治棉铃虫主要采用高效氯氰菊酯；

防治杂草主要采用乙草胺、盖草能、覆膜等措施。

1.2.2　大豆

2012年，大豆病虫害发生面积为2.05×10^5亩次，防治面积1.8×10^5亩。

大豆田病虫害主要包括地下害虫、豆荚螟、大豆食心虫、大豆蚜、棉铃虫、大豆锈病、杂草等。大豆田虫害重于病害，其中，豆荚螟发生面积最大，其造成的产量损失也最大，其次依次为地下害虫、大豆蚜。

在防治措施方面，农民防治大豆蚜主要采用吡虫啉；防治大豆食心虫、豆荚螟主要采用高效氯氰菊酯；防治地下害虫主要采用辛硫磷；防治杂草主要采用乙草胺、禾草克、盖草能、人工除草等方式[1]。

1.2.3　甘薯

2012年，甘薯病虫草害发生面积为2.87×10^6亩次，病虫害主要包括地下害虫、茎线虫病、根腐病、黑斑病、杂草等。

农民防治甘薯茎线虫病的主要措施是温烫浸种、福气多土壤处理、高剪苗、药剂浸苗、药剂土壤处理等；防治甘薯根腐病的主要措施是药剂浸苗、轮作等；防治甘薯黑斑病的主要措施是高剪苗等；防治地下害虫（蛴螬、金针虫、蝼蛄）的主要措施是使用辛硫磷等；防治杂草的主要措施是采取人工除草或除草剂土壤处理等措施。

1.2.4　谷子

2012年，全市谷子病虫害发生面积为1.5×10^5亩次，杂草发生面积为1.5×10^5亩次，病虫害主要是谷子黑穗病和地下害虫。

农民防治谷子黑穗病的主要措施是使用多菌灵，防治杂草的主要措施是人工除草。

1.2.5　马铃薯

2012年，全市马铃薯病虫发生面积为0.55万亩次，均为二十八星瓢虫为害。另外，调研还发现，马铃薯晚疫病、马铃薯病毒病在北京市的部分地块也有发生。

2　存在的问题

2.1　主要病虫草害种类有待调查明确

北京市经济作物种类多，病虫草害发生情况复杂，以往，北京市对花生、甘薯等作物开展了一些预测预报和防治技术研究工作，但是，由于经济作物种植分散、单种作物种植面积小，除甘薯以外的多数作物没有进行过系统的病虫草害种类调查和防治技术研究，多种经济作物田的病虫草害种类还不够明确。

2.2　绿色防控技术体系有待集成

目前，北京市农民在防治病虫害过程中主要借鉴粮田、菜田的相关经验，市、区植保机构仅针对甘薯初步开展了一些绿色防控技术的研究和集成工作，在其他经济作物上还没有开展过系统的防治方法调研与绿色防控技术试验、示范，急需尽快开展经济作物病虫害绿色防控技术体系的研究工作。

2.3　植保技术服务体系有待完善

近年来，各区县植保机构的技术人才老龄化问题逐渐严重，新进技术人员明显不足，并且，区级植保机构不仅承担了各类作物的病虫害预测预报、防治技术指导等工作，同时，部分区县的技术人员还要负责农药管理、植物检疫执法等工作，导致各区县在经济作物技术研究、宣传培训、人才培养等方面明显不足。

3 意见与建议

3.1 尽快制定经济作物产业植保发展规划

甘薯、马铃薯、花生、大豆等经济作物农产品主要在北京本地消耗，部分农产品还具有鲜食的特点，因此，经济作物田的农药使用和农产品质量安全问题应该引起足够重视。在目前多种经济作物主要病虫草害为害情况不明，防治用药现状不清的背景下，急需形成有针对性的经济作物产业植保发展规划，明确发展目标，形成系统的绿色防控技术推进措施、实施方案和保障措施[2]。

3.2 加大经济作物绿色防控技术的试验、示范

建议提高对经济作物植保问题的重视程度，制定相应的科研扶持计划，加快新型、安全、绿色植保技术的开发、推广和应用，有针对性地解决部分经济作物的绿色防控技术需求问题，通过几年的系统工作，逐步形成系统的全程绿色防控技术解决措施。

3.3 加强植保技术推广体系的机制创新

针对市、区植保技术服务体系支撑力量不足，农民防治技术水平落后，存在农药使用风险的问题，建议大力推进统防统治组织等社会化服务形式在经济作物上的推广应用，依托社会化服务力量，增强区级植保机构的服务能力[3,4]。

参考文献

[1] 孙文波. 嘉荫县经济作物主要病虫害防治技术探讨[J]. 农民致富之友，2014（11）：63.

[2] 省农业厅植保植检站. 经济作物主要病虫害发生趋势[N]. 福建科技报，2011-06-15（B03）.

[3] 朱恩林. 用IPM技术防治经济作物病虫害[N]. 农民日报，2002-02-22（006）.

[4] 几种经济作物主要病虫害的防治措施[J]. 甘肃农业科技简讯，1972（2）：39-40.

该文发表于《现代农业科技》2017年第19期

北京药用植物植保现状和问题及发展对策

王品舒[1]，岳　瑾[1]，王建泉[2]，张金良[1]，董　杰[1]，袁志强[1]，杨建国[1]
（1.北京市植物保护站，北京　100029；2.北京市延庆区植物保护站，北京　102100）

摘　要：介绍了北京地区药用植物的种植情况和主要病虫害发生防治情况，安全用药情况及植保设备使用情况，指出了北京药用植物产业发展中存在的诸如政策引导力度不够、科技服务力量不足、基础技术研究欠缺等问题，并提出尽快制定北京市药用植物产业发展规划、扶持建立强有力的植保科技服务体系、及时集成精准高效的病虫害解决方案等对策建议。

关键词：药用植物；病虫害；防控对策

北京地区药用植物种植历史悠久，素有“国药”“京药”等美誉[1]，北京也是金银花、黄芩等多种药材的道地产区。2002年全市药用植物种植面积曾达6 667hm^2，之后受多方面因素影响，种植面积不断萎缩，2006年后种植面积才有所回升。近几年，受益于北京农业结构调整，以及市民对生态景观农业需求的快速增长，北京药用植物种植业在药材生产的基础上，还大力发掘药用植物的食用、观赏、造景价值，打造了一批与观光、采摘、餐饮、娱乐、特色产品深加工以及林下种植紧密结合的种植园区和特色村镇，探索了一条具有都市农业特色的药用植物发展之路。

在药用植物种植过程中，为减少产量损失和避免大面积景观作物死亡，病虫害防治是一项关键的农事活动，然而，由于农户和园区的植保技术水平参差不齐，容易出现病虫害防治不到位、错用滥用农药等一系列问题，给药用植物产品质量和生态环境安全带来了潜在风险。现围绕北京药用植物病虫害发生、防治现状，就产业发展过程中存在的问题加以分析，并提出建议和发展对策，以期为促进京郊药用植物产业健康发展，为各级政府部门制定精准的产业扶持政策提供支撑。

1　植保现状

1.1　种植情况

近几年，北京平原地区种植药用植物收益有限，人工成本相对较高，药用植物种植区逐渐从平原区转向山区，目前，全市主要产区包括延庆、门头沟、房山、密云、平谷、怀柔等区。在各类药用植物中，种植面积较大的药用植物有黄芩、金银花、玫瑰、万寿菊、黄芪、五味子、甘草、桔梗、板蓝根、猪苓、百合、牡丹、柴胡、马鞭草、丹参、射干、留兰香、丹皮等，其中以黄芩、金银花、玫瑰、万寿菊种植规模最大，并已形成特色产业。

（1）黄芩。黄芩是北京种植面积最大的药用植物，主要种植区包括延庆、门头沟、密云、房山、平谷等区，总面积为2 000～2 667hm^2，产品主要用于制茶、观赏、采摘等。

（2）金银花。金银花主要种植于房山、密云区，京郊其他各区也有零星种植，全市种植面积为267～533hm^2，金银花部分作为药材销售，另外，还大量用于制茶、观赏、采摘、绿化等，目前，金银花产业形成了以房山区务滋村为代表的特色村。

（3）玫瑰。门头沟区的妙峰山一带种植玫瑰历史悠久，是当地的特色农产品之一，用途包括食用、加工、观赏等，另外，延庆区四海镇附近也种植了大面积的玫瑰，据统计，全市种植面积约600hm^2。

（4）万寿菊。北京地区曾经大面积种植万寿菊，种植规模一度超过3 300hm^2，后来随着收购价格的下跌，种植规模逐渐萎缩，据植保系统的不完全统计，目前万寿菊主要种植于延庆区，面积在333hm^{2}左右。

1.2 病虫害发生与防治

北京药用植物病虫害发生情况复杂，各区由于生态环境、气候条件、农药使用历史等因素差异较大，导致药用植物田的病虫害发生情况存在一定差异，主要防治方法也有所不同。

（1）黄芩。据不完全统计，北京黄芩病虫害发生面积约占种植面积的30%以上，其中，门头沟区以黄芩舞蛾为害为主，密云区以叶枯病为害为主，延庆区以白粉病为害为主。在防治方面，门头沟区主要使用拟除虫菊酯类杀虫剂、清园等措施防治黄芩舞蛾，密云区通过使用多菌灵防治叶枯病，延庆区主要使用氟硅唑防治白粉病。

（2）金银花。蚜虫是北京金银花田普遍发生的害虫，田间同时还有棉铃虫、金银花尺蠖、白粉病等病虫为害。在防治方法上，房山区主要采用拟除虫菊酯类杀虫剂、阿维菌素等防治蚜虫；门头沟区主要采用拟除虫菊酯类化学杀虫剂，青虫菌等生物源杀虫剂防治金银花尺蠖；怀柔区主要采用苦参碱、粘虫板防治蚜虫，使用灭幼脲防治棉铃虫，使用三唑酮防治白粉病。

（3）玫瑰花。玫瑰花病虫害发生面积占种植面积的50%以上，蚜虫是发生最普遍的病虫害，目前主要采用新烟碱类杀虫剂和杀虫灯诱杀等理化诱控措施开展防治。

（4）万寿菊。万寿菊病虫害发生较为普遍，主要以黑斑病、棉铃虫为害为主，其中，黑斑病是万寿菊主产区四海镇最为严重的病害，经常造成大范围万寿菊提前死亡，严重影响到园区赏花和生产活动，目前，园区防治黑斑病主要使用百菌清、福美双等化学杀菌剂。

（5）桔梗。桔梗田轮纹病、斑枯病普遍发生，主要防治措施是发病初期使用波尔多液或代森锰锌。

（6）射干。射干田叶枯病发生较为普遍，主要采用多菌灵防治。

（7）其他药用植物。北沙参田病虫主要是锈病、蚜虫、叶螨和鳞翅目害虫；丹参田主要是根腐病、叶斑病、菌核病；板蓝根田主要是根腐病、鳞翅目害虫；五味子田主要是褐斑病。

1.3 农药及植保器械使用情况

2013年北京市植保系统对药用植物种植农户和园区企业的调研结果表明，北京药用植物种植业的农药使用情况整体较好，农户和园区主要通过农药店或农药生产企业等正规渠道购买农药；在购买农药时，农户和企业均会注意农药毒性标识；80%以上的受访农户和园区可以列举药用植物田禁用的农药；90%以上的受访农户和园区知道农药安全间隔期。调研同时发现，农户和园区使用的个别低毒农药品种，存在残留时间长、不易自然降解等问题，不适于在药用植物田使用。

北京药用植物种植较为分散，只有少数几种药用植物实现了规模化种植，因此，配备大型植保设备的园区较少，并且大型植保设备以粮田使用的喷杆喷雾机、改装的远程喷雾机为主，小型种植园区和农户使用的植保设备仍然以背负式喷雾器为主。

2 存在的问题

（1）政策引导力度不够。北京药用植物种植业整体规模小，在全市经济总量中的占比极低，因此，长期以来产业发展没有引起各级政府和行业管理部门的重视，更没有形成整个产业的长期发展规划，尤其是缺乏相应的扶持政策和资金支持，导致植保等农技推广部门对产业的支撑力量不够，多头介入，没有形成有效合力，与产业蓬勃发展的新形势契合度不高。

（2）科技服务力量不足。①缺行业专家。北京市植保科技服务体系在全国具有一定优势，但是从事药用植物病虫害识别和防治方面的专家较少，同时由于药用植物种类繁多，能够系统全面解决一线防治需求的科研机构和行业专家较少，给植保科技服务带来了较大困难。②缺基层技术人员。据调研，北京市大部分药用植物种植园区的专职技术人员，主要由从事过蔬菜、粮食作物栽培的技术人员担任，这些技术人员缺少植保专业背景和相关培训，对于一些复杂病虫害难以有效辨别，在新型防治技术使用方面缺乏足够经验。③缺科技服务渠道。北京的蔬菜、粮食作物种植区相对集中，便于通过植物诊所、农民田间学校、现场培训等科技服务方式开展技术培训；而药用植物方面，除少数几种药用植物有成片种植区以外，多数药用植物种植分散，并且种植的作物种类和面积每年变化较大，增加了各区植保部门开展科技服务的难度。

（3）基础技术研究欠缺。①病虫害种类底数不清。长期以来，由于各区植保部门没有开展过药用植物病虫害发生种类、发生基数的系统调查和连续监测，导致各级植保部门对辖区的药用植物病虫害发生情况底数不够清楚。②新型防治技术的应用不够。北京药用植物种植业使用的农药品种和防治技术大多是使用多年的“老药”“老技术”，生物农药、天敌昆虫、理化诱控等绿色防控技术的应用比率低、使用的技术种类少，与北京蔬菜和粮田绿色防控技术水平存在较大差距。③专业植保设备不足。农户和园区使用的植保设备以背负式喷雾器为主，大型设备较少，这些设备在药用植物田使用存在一定的局限性，例如背负式喷雾器作业效率低，改装设备农药利用率低，部分喷杆喷雾机无法在林下药用植物田作业等。

3　发展对策

3.1　积极推进，尽快制定北京市药用植物产业发展规划

随着北京都市现代农业的发展，药用植物种植业在生产、生态、观光、采摘、药膳等方面具有巨大的发展前景，且产业发展与北京农业结构调整、生态环境发展政策高度契合。建议有关部门未雨绸缪，尽快制定北京市药用植物产业发展规划，完善顶层设计，明确发展方向，细化扶持政策，尤其是要围绕社会各界关注的中药材产品质量安全问题和农药使用风险点，形成配套政策和产业发展要求。

3.2　强化创新，扶持建立强有力的植保科技服务体系

北京具有较为完善的植保技术推广服务体系和丰富的科技支撑资源，建议药用植物种植业重点区和有关行业部门积极搭建“产学研”合作平台，综合利用植保推广部门、生产企业、科研单位的力量，加速建立具备药用植物植保技术服务能力的多级人才队伍，为京郊药用植物种植农户和园区提供强有力的技术保障。同时，在推广方法上，要加快构建移动互联网植保科技服务平台，打造植保部门和生产者互动的“点、线、面”病虫情报监测和防控技术服务体系，构建一个高效、便捷的新型科技服务渠道。

3.3　加强研究，及时集成精准高效的病虫害解决方案

北京在蔬菜、粮食作物病虫害预测预报、防治技术体系集成、植保施药设备引进等方面积累了较为丰富的经验，建议药用植物种植业重点区借鉴相关经验，设立相应试验示范项目，针对主栽药用植物开展先期病虫害普查，后续借鉴蔬菜、粮食作物植保工作经验，引进研发一批与药用植物栽培需求配套的病虫害防控产品和植保设备，力争通过几年的积累，逐步建立起一批主栽药用植物的病虫害绿色防控技术体系，为全市药用植物种植业的发展提供技术保障。

参考文献

[1]　李琳，韩烈刚，王俊英，等. 京郊中药材种植现状、存在问题及对策[J]. 北京农业，2010（36）：53-55.

该文发表于《中国植保导刊》2017年第7期

京西稻景观农业植保现状、存在的问题与发展对策

王品舒[1]，岳　瑾[1]，董　芳[2]，周长青[2]，董　杰[1]，杨建国[1]，胡东风[1]
（1.北京市植物保护站，北京　100029；2.北京市海淀区植物保护站，北京　100080）

摘　要：为摸清海淀京西稻景观农业的植保技术需求，提出有针对性的解决措施。调研采取病虫害监测、问卷调查、现场访谈3种方式。通过调研，初步掌握了京西稻病虫害防治现状和植保技术需求，以及在生产过程中存在的植保问题，并提出了有针对性的建议，从而为推进京西稻景观农业可持续发展提供参考。

关键词：京西稻；景观农业；植保；调研

京西稻即“京西贡米”，是北京地区具有丰厚文化、历史特色的农作物，主要种植于海淀区的玉泉山、万寿山附近，该区域水稻种植历史悠久，米质优良，在康熙年间定为贡米。20世纪80年代，京西稻种植面积曾达到10万亩，随后，伴随着北京城市的发展，以及水资源紧缺等多种原因，京西稻种植面积不断下降[1]，到2014年，种植面积稳定在1 700余亩。虽然京西稻种植面积小，但是由于其特殊的历史文化，以及地处市区的优势地理位置，京西稻已经不单纯是一种农作物，目前，围绕京西稻已经出现了一系列具有都市农业特色的衍生产业，包括京西稻主题博物馆展览、田间婚纱摄影、稻田垂钓、亲子乐园，以及插秧节、收割节等节庆活动。2015年，京西稻获得中国地理标志认证，进一步提升了品牌特色。

随着京西稻产业的不断发展，植保工作的重要性进一步凸显，尤其是农药使用问题以及防治技术问题，直接关系到农田生态环境和稻米产品质量安全，及时摸清京西稻产区植保现状、存在的问题和发展需求十分必要，为此，2015年北京市植物保护站、海淀区植物保护站通过病虫害监测、问卷调查、现场访谈等方法开展了调查和调研工作。

1　植保现状

1.1　种植情况

1.1.1　种植区域和品种

目前，京西稻主要种植于海淀的上庄镇、西北旺镇，种植面积1 500～1 700亩，其中，西马坊村、东马坊村、常乐村、上庄村、永丰屯村是主要种植区。种植的品种主要为越富、津稻305、津稻28等，另外，在部分地块还种植了紫叶黑米等品种。

1.1.2　种植模式

海淀区农业部门在产区重点推广应用了以下两种种植模式。

（1）稻田油菜花种植（水稻油菜轮作）模式：即在春天种植油菜花，在水稻种植前充分利用土壤，打造千余亩“醉美”油菜花海，油菜后期作为绿肥翻入土壤，提高土壤有机质含量，减少化肥用量，随后种植水稻。

（2）立体种植模式：立体种稻养鸭、养蟹、养鱼。养鸭可清除杂草，杜绝除草剂使用，养鱼、养蟹可监测水质，提高稻米品质。

1.2　防治现状

1.2.1　防治对象

2014—2015年，北京市植物保护站、海淀区植物保护站利用杀虫灯、粘虫板、性诱捕器、TBS等监测

方法开展了调查工作，结果表明，京西稻产区病害主要有纹枯病、白叶枯病、稻瘟病、赤枯病等；虫害主要有稻水象甲、稻毛眼水蝇、二化螟、稻蓟马等；杂草主要有莎草（聚穗莎草、异型莎草、头状穗莎草等）、稗草、鬼针草、鳢肠、四叶萍、野慈姑等，鼠种主要有褐家鼠、小家鼠、黑线姬鼠等，其中，一病（纹枯病）一虫（稻水象甲）一草（莎草）对水稻为害严重，是种植户主要的防治对象。

1.2.2 防治措施

京西稻产区种植户开展病虫害防治工作主要可以分为3个阶段（表1）。

（1）种子处理阶段。在4月育苗前，通常采用杀菌剂对种子处理1次，主要选用多菌灵、甲霜灵锰锌或甲霜灵锰锌+百菌清等。

（2）育苗阶段。通常采用土壤封闭除草剂对育苗地除草1次，防止育苗土夹带的草籽出苗形成为害，采用的除草剂主要为丁草胺、丙草胺，部分育苗地也使用二氯喹啉酸开展茎叶除草。

（3）插秧至收获阶段。此阶段防治的病害主要为纹枯病，虫害主要为稻水象甲虫，杂草主要为莎草，根据防治对象种类和发生程度不同，采取的防治措施和次数也有差异，通常防治1～3次。目前，种植户选用的杀菌剂通常为井冈霉素；选用杀虫剂为吡虫啉、斑潜净；除草通常采用人工拔草或稻鸭种养方式。

表1 京西稻主要防治阶段与措施

种植阶段	用药次数（次）	时间（月）	主要防治对象	常用农药或措施
种子处理阶段	1	4	病害（种传、土传病害）	多菌灵、甲霜灵锰锌或甲霜灵锰锌＋百菌清等
育苗阶段	1	4	杂草（育苗田杂草）	丁草胺、丙草胺、二氯喹啉酸等
插秧至收获阶段	1～3	5～8	病害（纹枯病、稻瘟病等）；虫害（稻水象甲、二化螟等）；杂草（莎草等）	杀菌剂（井冈霉素等）；杀虫剂（吡虫啉、斑潜净等）；除草（人工拔草或稻鸭种养等）

1.2.3 防治设备

目前，由于种植面积小等原因，京西稻产区防治设备较为落后，背负式喷雾器是种植户施药的主要设备，喷杆喷雾机等施药设备严重缺乏，同时，种植区也没有形成可以开展大规模专业化统防统治服务的服务组织。

1.2.4 绿防技术应用情况

近年来，在市、区农业部门以及科研院所的技术支持下，部分种植面积较大的企业、种植户已经开始尝试应用多种绿色防控技术，主要包括油菜水稻轮作、稻鸭稻蟹种养、太阳能杀虫灯、性诱捕器等，但是，小面积种植化采用的绿色防控技术依然较少。

1.3 农药购买和选用情况

据调查，种植户主要通过农药店购买农药，购买渠道较为规范。另外，由于产区位于北京市区，种植户对于低毒低残留农药有较好的认识，通常能够有针对性的选购。在农药效果不好时，受访种植户普遍选择“改换其他药剂”，没有种植户选择“加大使用剂量”“增加使用次数”等方式，说明产区的农药购买和选用情况较好。

2 存在的问题

2.1 植保科技需求迫切，技术服务力量严重不足

农产品质量安全和生态环境保护对于京西稻的长远发展非常重要，调研中，受访种植户和有关企业肯定了植保工作对于京西稻发展的重要性，同时对于新型植保技术的培训和服务需求十分迫切。目前市、区

植保站在京西稻产区开展了一些工作，例如日常监测、关键时期的防治技术指导等，但是，与蔬菜等作物相比，工作力度明显不足，主要原因是水稻种植面积在北京市出现了长时间的大幅度萎缩，导致市、区相关技术专家十分缺乏，尤其是承担一线具体工作的区级植保站还面临着人员少、项目经费不足、监测和执法任务重等问题，都在一定程度上制约了新技术的推广和技术服务。另外，京西稻不仅是一种粮食作物，同时也是一种景观作物，与粮食生产过程中的防治技术需求存在一定差异，适用的各类新技术需要根据实际情况，开展有针对性的试验探索。

2.2　常用农药药械老旧，急需开展新产品的选型推荐

调研反映出，化学农药依然是京西稻产区的主要防治措施，生物农药、天敌、理化诱控技术也有一定的应用面积，但是没有大面积覆盖。在常用施药设备方面，产区仍然以手动或电动背负式喷雾器为主，与本市规模化种植的蔬菜、大田基地和国内水稻主产区相比严重落后，目前普遍的研究认为，背负式喷雾器与喷杆喷雾机等设备相比，作业效率和农药利用率较低，药液跑冒滴漏的问题较为严重。考虑到京西稻地处北京市区，在农药和药械选用上，应该更加重视土壤和地下水资源的生态安全问题，因此，尽快开展化学农药替代技术和高效施药设备的引进、筛选、推荐等工作已经刻不容缓。

2.3　主要防治方式落实，社会化服务方式亟待创新

目前，京西稻产区还没有能够开展统防统治服务的组织，防治方式主要是“一家一户”使用背负式喷雾器防治，农药的选用和施药方法完全依靠种植户经验，容易出现农药错用乱用，施药不到位等问题，从而导致防治效果不理想或发生药害。统防统治能够利用大中型设备为散户开展防治服务，并依靠专业的防治技术知识，解决防治效果和农药使用等问题，因此，通过创新形成有力的社会化服务组织，既能够提升京西稻产区的管理和运行水平，同时也符合海淀区科技创新中心的发展定位。

3　发展对策

3.1　尽快制订京西稻产业生态发展规划，着力打造绿色防控技术全覆盖产业区

京西稻景观农业是北京保留的特色农业，不仅是历史的传承，也体现了北京都市农业发展的丰富内涵，对于拓展北京城市历史文化、丰富市民休闲活动、增加市民活动场所具有重要作用。同时，京西稻产区位于北京城市发展区域，在发展农业的时候，要注重产业的生态效益和区域内的生态保护工作，建议各级部门高度重视，有必要尽快配套形成京西稻产业生态发展规划，明确工作措施和产业发展要求，积极争取各级财政经费支持，针对农药使用和防治问题，全力推进绿色防控技术，有计划地利用生物农药、天敌、理化诱控技术等非化学农药防治措施替代化学农药，经过一段时期的工作，打造形成绿色防控技术全覆盖产业区，使京西稻产区成为北京城市的生态涵养区，并在全国形成具有示范意义的都市农业典范。

3.2　加大力度扶持植保科技服务体系，深入调研解决植保需求关键问题

针对植保科技服务力量不足，技术创新性不够，产业发展对植保技术的特殊需求等问题，建议各级部门加大对水稻病虫害识别和防治技术的研究，保证试验示范经费，培养相关技术人员，同时稳定区级植保技术人员队伍，大力发掘具有丰富经验的全科农技员，建立市、区、村三级技术服务体系，有序开展病虫害监测、防治技术服务和新技术研究工作。

3.3　稳步推进社会化服务与绿控融合机制，高质量推进全市化学农药减量目标

京西稻产区面积小、作用巨大，产区连片种植的现状有利于大、中型植保设备开展作业服务，建议区级根据北京市级和各区在粮田、蔬菜田开展的社会化服务经验，开展社会化服务与绿色防控技术融合的工作探索，通过争取相关财政或政策支持，采用购买服务或扶持建立统防统治组织的形式，在产区全面推广绿色防控技术，既可以提高农药利用率和防治效果，也可以从源头上控制化学农药的投入种类和使用量，有效提升京西稻产区的区域环境和农产品的质量安全水平。

参考文献

[1] 苏桂武，方修琦. 京津地区近50年来水稻播种面积变化及其对降水变化的响应研究[J]. 地理科学，2000，20（3）：212–217.

该文发表于《安徽农学通报》2017年第11期

京西稻病虫害种类及发生情况初步调查

王品舒[1]，周长青[2]，袁志强[1]，岳 瑾[1]，杨建国[1]，董 杰[1]，张金良[1]
（1.北京市植物保护站，北京 100029；2.北京市海淀区植物保护站，北京 100080）

摘 要：为初步了解京西稻田病虫草鼠害种类及发生情况。2015年，本项调查采用杀虫灯、粘虫板等监测手段，在京西稻产区开展了监测工作。初步调查结果表明，京西稻田主要病害有4种、虫害有4种，草害有4种，鼠种有3种。调查结果为后续开展绿色防控技术研究和技术指导提供了数据支撑。

关键词：京西稻；病害；虫害；草害；鼠种

北京玉泉山附近水稻种植历史悠久，被称为“京西稻”或“京西贡米”。近些年，随着北京城市规模不断扩张，京西稻种植面积逐渐萎缩，到2014年，种植面积基本稳定在1 700余亩。虽然京西稻种植规模较小，但是由于京西稻在北京具有特殊的文化沉淀，种植产业一直受到社会各界的广泛关注。目前，京西稻产区不仅从事粮食生产，同时还开发了观光、采摘等活动项目，使京西稻产区成为了一个市民休闲娱乐、体验农事活动的重要场所。由于京西稻产区位于北京市区，在产业发展过程中确保产品质量安全和生态环境安全十分重要，为此，在以往监测的基础上，2015年，北京市植物保护站、海淀区植物保护站利用杀虫灯、粘虫板、性诱捕器、TBS等监测方法开展了调查工作，以期为后续开展有针对性的绿色防控技术研究，以及低毒生物农药产品替代和推荐工作提供依据。

1 材料与方法

1.1 监测材料

太阳能杀虫灯（水盆型）、粘虫板、蛾类高效诱捕器、小船型诱捕器、诱芯等材料均由北京中捷四方生物科技股份有限公司提供。

1.2 病虫害调查方法

在水稻移栽后到收获期，每天通过杀虫灯、粘虫板、性诱捕器等进行监测，病虫害调查方法参考水稻田病虫害监测方法[1]。杂草调查采用踏查方法，每15 天 调查一次，主要调查杂草种类。鼠害调查采用TBS方法定期监测[2]。

2 结果与分析

2.1 病害

通过近几年的监测和2015年的调查发现，京西稻田病害主要有纹枯病、白叶枯病、稻瘟病、赤枯病等，其中纹枯病在各村稻田每年均有不同程度的发生，是京西稻田主要病害，也是农民主要的防治对象。另外，白叶枯病、稻瘟病、赤枯病每年均零星发生。

2.2 虫害

京西稻田主要虫害种类及特点见表1。

表1　京西稻田主要虫害种类及特点[3-5]

名称	分类地位	为害损失	发生特点	在京西稻田发生情况
稻水象甲	鞘翅目 象虫科	一般地块减产 10% ~ 20%，严重地块减产 50% ~ 70%。	北京地区一年一代，5 月插秧后 1 周左右开始为害，8 月为新一代成虫盛发期。	主要虫害和防治对象之一
稻毛眼水蝇	双翅目 水蝇科	—	—	零星发生
二化螟	鳞翅目 螟蛾科	一般年份减产 5% ~ 10%，严重减产 50% 以上。	北京地区每年发生两代，以二代为害对产量损失大。	主要虫害之一
稻蓟马	缨翅目 蓟马科	—	早春水稻出苗后，成虫从杂草等寄主上迁入，繁殖为害。	零星发生

2.2.1　稻水象甲

2010年在北京市海淀区发现稻水象甲，除永丰屯为新稻区外，其他各村每年均有发生。调查表明，该虫一年一代，以成虫越冬，越冬代一般在5月插秧后1周左右即迁移到秧苗田进行取食，之后产卵，8月为新一代成虫盛发期，随后以成虫在稻田周围草丛、田埂土壤缝隙等处越冬。

2.2.2　稻毛眼水蝇

2015年稻毛眼水蝇零星发生。据统计，稻毛眼水蝇一般年份均为零星发生并不容易引起注意，2013年5—6月在海淀区大面积发生，其为害状初被误认为是稻水象甲所致。

2.2.3　二化螟

调查发现，二化螟在北京地区每年发生两代，以二代为害对产量损失大。2015年，在西马坊和东马坊稻田，通过设置性诱捕器，诱蛾数量可观，粗略统计在2周内每张粘虫板诱虫数量在60头左右（小船型诱捕器），之后释放稻螟赤眼蜂进行防治，收效明显。

2.2.4　稻蓟马

稻蓟马在北京地区一般年份零星发生。

2.3　杂草

调查表明，京西稻田杂草主要有莎草（聚穗莎草、异型莎草等几种）、稗草、鬼针草、鳢肠、四叶萍、野慈姑等，其中，莎草发生最为普遍，是种植户主要的防除对象之一，野慈姑主要分布于田边沟渠，未发现直接为害水稻。另外，稻田地头还分布有苍耳、马唐等田间常见杂草（表2）。

表2　京西稻田中主要杂草及发生规律[6]

名称	分类地位	始见期	花果期	分布地域
聚穗莎草	莎草科 莎草属	5—6 月	花果期 6—10 月	海淀
鬼针草	菊科 鬼针草属	5—6 月	花果期 8—9 月	全市
鳢肠	菊科 鳢肠属	4—5 月	花果期 6—9 月	海淀
野慈姑	泽泻科 慈姑属	4—5 月	花期 6—8 月、果期 9—10 月	海淀

2.4　鼠种

利用TBS技术监测发现，京西稻田主要鼠种有3种，分别为褐家鼠、小家鼠、黑线姬鼠，捕鼠量在7—9月逐渐增加，9月达到高峰，随后下降。

3 小结

通过调查初步掌握了京西稻产区的主要病虫草鼠害发生情况，结果表明，京西稻田主要病害有4种、虫害有4种，草害有4种，鼠种有3种，其中，一病（纹枯病）一虫（稻水象甲）一草（莎草）对水稻为害严重，也是种植户主要的防治对象。因此，在新技术引进和试验研究过程中，可以针对“一病一虫一草”开展持续监测，进一步细化发生规律和分布区域，同时针对种植户主要防治对象，建立有效的生物防治和低毒化学农药防治技术体系，从而为确保京西稻产品质量安全和生态环境安全提供有效的技术支撑。

参考文献

[1] 文颖. 水稻病虫害田间调查及预测预报方法[J]. 现代农业科技，2010（23）：167–168.

[2] 袁志强，董杰，岳瑾，等. 捕鼠桶尺寸对围栏陷阱系统（TBS）捕鼠效果的影响[J]. 中国植保导刊，2017，37（1）：23–26.

[3] 方红兵，鲍含芝. 稻赤枯病的发生与防治[J]. 现代农业科技，2004（8）：26.

[4] 徐亚杰，郭明丽，李英明，等. 稻水象甲综合防治技术[J]. 科技传播，2011（11）：51，124.

[5] 北京市植物保护站. 植物医生实用手册[M]. 北京：中国农业出版社，1999：81–83.

[6] 贺士元，邢其华，尹祖棠，等. 北京植物志[M]. 北京：北京出版社，1984.

北京市低毒低残留农药使用情况及农民防治需求分析

王品舒，董　杰，岳　瑾，张金良，袁志强，杨建国，乔　岩
（北京市植物保护站，北京　100029）

摘　要：对北京地区低毒低残留农药使用情况和农民防治用药需求进行调研，并分析了存在的问题，提出相应的建议和意见，以期为北京市和其他地区开展防治技术研究和建立长效农药补贴机制提供参考依据。

关键词：低毒低残留；农药；防治；调研

农药是确保农业稳定生产，实现农民增收致富的重要生产资料，在防治农业病虫草害过程中具有不可替代的作用，农药的不当使用甚至滥用，也可能成为危害农产品质量安全和农业生态环境安全的风险点，造成一些农业面源污染和农残超标等问题。都市现代农业是北京农业发展的方向，农业产业发展过程中，重点强化了农业生态、生活、生产、示范四大功能，近几年，北京市出台了一系列政策措施推动化学农药减量工作，取得了一定成效。

为掌握北京市农民、合作社使用低毒低残留农药的基本情况，以及农民使用农药的主要防治需求，2014年，北京市植物保护站组织各区植保站，在全市开展了低毒低残留农药使用现状及农民需求调研工作，本文节选了其中农药使用和农民需求相关情况，该部分调研内容均为多选问题，调研受访者共计507人。通过本项调研工作，希望能够为北京市和其他地区开展病虫害防治技术的研究和化学农药减量技术示范推广工作提供参考，并为建立农药长效补贴机制提供依据。

1　低毒低残留农药使用及农民需求情况

1.1　农民主要防治需求

（1）粮食作物（小麦、玉米）。北京市粮食作物的防治对象主要是杂草和害虫，在种植小麦的受访者中，以蚜虫、杂草和吸浆虫为主要防治对象的受访者，分别占到受访总人数的61.43%、50.71%和41.43%，而以病害为主要防治对象的受访者相对较少；在种植玉米的受访者中，60.44%的受访者将杂草作为主要的防治对象，其次依次为黏虫、玉米螟、蚜虫等害虫。

（2）蔬菜作物（露地蔬菜、设施蔬菜）。蔬菜病虫害种类多，防治难度大，种植露地蔬菜的受访者主要防治对象是菜青虫（占受访人数的65.12%）、小菜蛾（占受访人数的18.60%）等鳞翅目害虫和蚜虫（占受访人数的51.16%）、红蜘蛛（占受访人数的13.95%）等小型害虫，而以病害作为主要防治对象的受访者相对较少；种植设施蔬菜的受访者中，43.48%的受访者以蚜虫为主要防治对象，26.09%的受访者以菜青虫为主要防治对象，19.57%的受访者以灰霉病为主要防治对象，另外，以粉虱、疫病、霜霉病、白粉病为主要防治对象的受访者占受访人数的比例均达10%以上。

调研结果反映出，露地蔬菜和设施蔬菜种植模式下的主要防治对象有所不同，露地蔬菜由于种植环境开放，空气流动性要好于设施蔬菜，种植环境更适于虫害发生，因此，农民使用农药主要用于防治鳞翅目和小型害虫。设施蔬菜由于种植于设施内，空间封闭，温湿度环境适于病害滋生，也适于害虫发生为害，因此，防治对象中病害和虫害均较多。

（3）果树作物（桃、苹果）。果树体型大，生长周期长，病虫害受周边环境、园区管理、病虫发生规律等因素影响较大，病虫害发生情况较为复杂。首先，在种植桃树的受访者中，以蚜虫、食心虫类害虫、黑星病、红蜘蛛、腐烂病、卷叶蛾等为主要防治对象的受访者较多，分别占受访者人数的68.42%、

44.74%、31.58%、26.32%、15.79%、13.16%。其次，炭疽病、白粉病、霜霉病、粉虱、康氏粉蚧等也是主要防治对象。在苹果种植中，以病害、虫害为主要防治对象的受访者均较多，其中，食心类害虫、蚜虫、红蜘蛛是主要防治的害虫，分别占受访人数的54.55%、45.45%、40.91%，黑星病、腐烂病、锈病、轮纹病是防治的主要病害，分别占受访人数的36.36%、31.82%、27.27%、18.18%。

（4）经济作物（西甜瓜、草莓、甘薯）。在西甜瓜种植中，多数农民用药的主要对象是蚜虫，达受访人数的73.33%，另外，以果斑病、红蜘蛛、白粉病、炭疽病、霜霉病、叶斑病、菜青虫、角斑病为主要防治对象的受访者也较多，分别达受访人数的23.33%、20.00%、16.67%、13.33%、10.00%、6.67%、6.67%、3.33%。在草莓种植中，以白粉病、红蜘蛛、蚜虫、灰霉病为主要防治对象的受访者，分别占受访人数的78.05%、73.17%、31.71%、29.27%。甘薯是北京市主要的经济作物，在甘薯种植中，主要防治对象是甘薯茎线虫病、根腐病和蛴螬等地下害虫。

1.2 低毒低残留农药使用情况

（1）粮食作物（小麦、玉米）。除草剂是北京市粮食作物田使用最为普遍的农药，另外，在生产过程中还会使用一些防治小型害虫和鳞翅目害虫的杀虫剂，以及部分杀菌剂。在小麦种植中，有48.86%、23.86%、20.45%、14.77%的受访者分别将吡虫啉、2，4-D、高效氯氰菊酯、苯磺隆作为常用农药。另外，三唑酮、多菌灵、辛硫磷、敌敌畏等也是小麦种植中常用的农药。在玉米种植中，以乙草胺、高效氯氰菊酯、2，4-D、敌敌畏、莠去津5种农药作为常用农药的受访者分别占受访总人数的28.65%、17.84%、7.57%、7.03%、5.95%。调研还表明，草甘膦、吡虫啉等也是北京市粮食作物田常用的农药。

（2）蔬菜作物（露地、设施）。北京市蔬菜作物田使用的农药主要是杀虫剂、杀菌剂。调研发现，在露地蔬菜种植中，以杀虫剂作为常用农药的受访者比例要高于以杀菌剂作为常用农药的受访者比例，其中，吡虫啉、高效氯氰菊酯、苦参碱使用最为普遍，分别有64.00%、20.00%、16.00%的受访者将这3种杀虫剂作为常用农药。另外，受访者经常使用的杀菌剂主要是百菌清、甲基托布津等。在设施蔬菜种植中，以百菌清、嘧菌酯、克露、杀毒矾等杀菌剂使用最为普遍，其中，以百菌清作为常用农药的受访者比例最高，占总受访人数的17.24%，在杀虫剂方面，受访者主要以吡虫啉、阿维菌素、甲维盐作为常用农药，分别占到受访人数的50.00%、8.62%、6.90%。

目前，在蔬菜作物田使用的农药中，吡虫啉的使用范围较广，是露地和大棚蔬菜种植中杀灭蚜虫等小型害虫的主要农药。

（3）果树作物（桃、苹果）。在北京市桃树种植中，使用吡虫啉、甲维盐、多菌灵、高效氯氰菊酯的受访者比例较高，分别占总受访人数的70.00%、50.00%、40.00%、30.00%。另外，氟硅唑、甲基硫菌灵、阿维菌素、中保杀螨等农药的使用也比较广泛。在苹果种植中，使用吡虫啉的受访者最多，占受访人数的60.00%。调研表明，使用高效氯氰菊酯的受访者占受访人数的50.00%，使用多菌灵的受访者占受访人数的40.00%。另外，百菌清、碧护等也是受访者常用的农药。

（4）经济作物（西甜瓜、草莓、甘薯）。在北京市西甜瓜种植中，受访者的常用农药是吡虫啉和甲基托布津，以这两种农药作为常用农药的受访者分别占总受访人数的40.00%和36.00%，其次，百菌清、杀毒矾、噻菌铜等应用也比较广泛。在草莓种植中，大多数受访者以杀菌剂作为常用农药，说明在草莓种植中病害防治技术需求较大，其中，93.75%的受访者将翠贝作为常用药，另外，在草莓种植中也经常使用甲基硫菌灵、吡虫啉、百菌清、阿维菌素、多菌灵等农药。在甘薯种植中，辛硫磷是常用农药，主要以撒施毒土或蘸根的方式防治甘薯主要有害生物蛴螬和茎线虫。

2 存在的问题

2.1 农药使用以化学农药为主，生物农药使用比例有待提高

目前，化学防治依然是北京市农民防治病虫害的主要手段，生物农药的使用比例有待提高。一是粮食

作物种植过程中使用的农药主要是化学农药，使用的生物防治产品主要是赤眼蜂，生物农药使用较少。粮食作物是北京市种植面积最大的一类作物，既是重要的地表覆盖物，又是许多农民的主要收入来源，在粮食作物田大面积推广使用低毒、低残留农药，尤其是生物农药，对于改善农田生态环境意义十分巨大。二是蔬菜种植中常用农药以化学农药为主，各类生物农药产品也占有一定比例。其中，生物农药主要在设施蔬菜田使用，常用农约包括阿维菌素、小檗碱、苦参碱等，但是农民自己购买使用这些农药的比例依然不高。三是果树田使用的生物农药和天敌产品较少，常用农药以化学农药为主。四是在草莓种植中使用的农药主要是化学农药，有少部分的生物农药如哈茨木霉菌、矿物油、阿维菌素等在田间使用。在甘薯种植中使用的农药主要是辛硫磷，生物农药使用很少，主要原因是生物农药对甘薯茎线虫、病毒病和根腐病的防治效果不理想，缺少合适的生物农药产品。由于草莓和甘薯的经济价值较高，是北京市居民喜食的农产品，尤其草莓基本上用于鲜食，加快化学农药替代力度，提高生物农药使用比例，提升农产品质量安全的任务更为迫切。

2.2 农药使用量大，乱用、滥用现象依然存在

同发达国家相比，北京市主栽作物的农药使用次数较多，化学农药用量依然较大。不同农民在用药次数和用药量方面差异较大，这种现象既有不同地块病虫基数差异的因素，同时还和农民防治技术水平和安全用药意识有很大的关系。不容置疑的是，乱用、滥用农药给生态环境和农产品质量安全带来的潜在风险极为严重，需要北京市继续加大农药使用技术的培训和宣传。

2.3 难防有害生物防治技术攻关缓慢，增加了农民使用中毒、高毒农药的风险

受到整个行业的发展制约，北京市对多种严重有害生物的防治技术储备依然比较欠缺，这些有害生物的防治问题可能成为农民随意增加农药使用量或者使用中毒、高毒农药的风险点。这类有害生物可以概括为3类：一是新发有害生物，例如杂草刺果藤可以给农业生产造成严重的产量损失，并且难以有效根除，在出现刺果藤的地块，农民往往会增加除草剂用量，目前来看，这些措施的防治效果并不理想；二是易发难防有害生物，例如设施蔬菜田的粉虱、蓟马、蚜虫、白粉病、灰霉病、霜霉病等，这类有害生物在田间反复发生，主要防治措施以前期控制为主，后期大面积发生时，容易造成严重的产量损失，由于部分农民防治技术能力不够，容易造成部分农民滥用、乱用农药；三是无法有效防治有害生物，例如各类作物田经常出现的线虫和土传病害，一旦发生不仅为害当茬作物，甚至会影响以后的种植生产，这些有害生物采用土壤消毒方法成本高昂，农民常用农药的防治效果不理想，容易成为农民使用高毒农药甚至禁用农药的风险点。

3 意见和建议

3.1 将农药补贴纳入财政预算，通过长效补贴机制推进低毒农药的使用

目前，北京市依托项目资金开展的农药补贴，实施范围小、补贴的农药品种少、补贴力度小。尤其是依托项目开展的补贴方式，每年资金额度不稳定，项目任务不连贯，项目类型频繁变化，不利于各种工作措施的持续深入推进，这种补贴方式已经难以满足北京市减少化学农药用量的长期发展要求，建议尽快将农药补贴纳入到财政预算，在市级层面确定工作方案，明确工作任务、发展目标、工作措施等核心内容，逐步建立覆盖全市农业种植行业，更为系统连续的农药补贴机制，同时，也要综合考虑北京农业的发展趋势，结合种植业结构调整，将与市民关系更为密切的中药材、油菜、甘薯、花生、大豆、景观植物等经济作物也纳入补贴范畴。另外，在补贴机制中，建议也要考虑到研发、推广生物农药、天敌产品对北京市化学农药减量替代工作的重要性，明确相应的扶持政策。

3.2 加大植保科技扶持力度，依托科技力量减少化学农药使用

针对北京市农民的防治技术需求以及难防有害生物为害容易造成农民选用中毒、高毒农药等问题。建

议市、区进一步加大对植保科技攻关的投入力度：一是要加强对有害生物监测预警能力的研究，做好提前预防，减少防治用药；二是要加大对化学农药替代技术、高效施药技术以及集成技术的研究，有效减少化学农药用量；三是要加快攻关例如线虫、甘薯根腐病、果树腐烂病等病虫害的防治技术难题，科学指导防控工作，避免农民使用中毒、高毒和禁用农药；四是要加强对常用农药的抗药性监测，避免由于有害生物出现抗药性，增加防治难度，导致农民加大农药用量，产生乱用、滥用农药等问题。

3.3 依托统防组织建设，减少农药用量，提升用药效果

农民老龄化、低学历、农药使用技术不高、施药设备老旧落后是北京市“一家一户”防治方式的客观现状，为了减少化学农药的用量以及施药过程中出现的农药浪费和污染问题，建议可以在有条件的地区和作物上加快推进植保专业化统防统治组织服务，依托统一服务确保植保工作落实到位，实现减少化学农药用量、提高科学用药水平、降低劳动强度的目的。另外，对于推进统防统治服务有难度的作物，建议加强对小型化、节药、省力施药设备的引进与补贴，依托先进施药设备提升农民的用药水平。

该文发表于《现代农药》2017年第6期

都市现代农业重大病虫害防控体系建设发展对策

王品舒[1]，董　杰[1]，郭书臣[2]，岳　瑾[1]，卢润刚[2]，杨建国[1]，张金良[1]

（1. 北京市植物保护站，北京　100029；2. 北京市延庆区植物保护站，北京　102100）

摘　要：为推进北京都市现代农业重大病虫害防控体系建设。采用调研方式调查了北京市延庆区农作物重大病虫害防控体系建设情况，分析了延庆区的现状和存在的问题，并提出了发展对策与建议。相关建设经验和问题思考可为北京和全国其他地区的防控体系建设工作提供借鉴。

关键词：都市现代农业；农作物；重大病虫害；防控体系；植保

北京农业是典型的都市现代农业，具有生产、生态、生活、示范四大功能，“一二三”产业相互融合，重大病虫害防控工作既要保障作物稳产，同时也要兼顾生态环境和农产品质量安全。目前，北京的“两田”作物有玉米、小麦、水稻、甘薯、景观作物以及各类蔬菜作物，主要病虫害包括玉米田的黏虫、玉米螟、大（小）斑病、褐斑病等；麦田的麦蚜、吸浆虫、白粉病、叶锈病等；稻田的纹枯病、稻水象甲等；甘薯田的茎线虫病、病毒病、根腐病等；各类景观作物田的蚜虫、棉铃虫、黑斑病、叶锈病、根腐病等；菜田的蚜虫、粉虱、蓟马、害螨以及各种病害。另外，在延庆、密云、怀柔及周边地区还有土蝗、稻蝗、负蝗、小车蝗等蝗虫。

延庆区是北京市重要的农业种植区，也是北京市蝗虫、草地螟等多种病虫害的重要发源地，区域内的重大病虫害防控工作对全市总体工作意义巨大。2012年，北京市植物保护站、延庆区植物保护站针对延庆区农作物重大病虫害防控体系建设情况开展了调研，梳理了延庆区农作物重大病虫害防控体系的现状和特色，分析了存在的问题，提出了相关建议和对策，以期为全市农作物重大病虫害防控体系建设工作提供参考依据，并为全国其他地区开展相关工作提供借鉴。

1　重大病虫防控体系现状

近年来，延庆区在“公共植保、绿色植保”的理念指导下，坚持“预防为主、综合防治”的植保方针，以健全植保队伍建设为先导，以加强监测预报能力为基础，以加大投入建设植保专防队为保障，以深化职能建立农民田间学校与植物诊所为辅助，依托市、区财政资金支持，大力提升农作物重大病虫害防控能力，稳步推进病虫害绿色防控技术的推广应用，形成了较为完善的县域农作物重大病虫害防控体系，病虫害发生的监测预报及防控能力得到了显著提升。

1.1　打造了一支具有较高业务能力的植保队伍

延庆区植物保护站承担了延庆区的农作物重大病虫害防控工作，近几年，通过不断加强人员队伍建设，加快人才引进与培养，形成了一支具有30余名技术人员，包括5名高级农艺师的植保队伍，为延庆区落实植保工作打下了坚实基础。

1.2　形成了较为完善的监测预报体系

延庆区通过加强县域病虫害监测点的建设与管理，提升监测预报人员的业务能力，强化病虫害监测预报的规范化、标准化，在区级建立了病虫观察圃、养虫室、病虫害实验室，配备了相应仪器设备，并在康庄、永宁等镇建立了13个病虫害监测点，针对不同病虫建立了监测预报机制，实行7～10天一查，7天一报，一周一会商分析，每年对监测预报人员开展2次以上培训，病虫害监测预报准确率达到了90%以上，中、短期95%以上，测报时效性达到15天以上，重大病虫害为害损失控制在5%以内。2008年延庆区植物保护站准确预报了草地螟的大规模暴发。

1.3　探索建立了病虫害专业化统防统治组织

病虫害专业化统防统治组织具有组织有序、反应迅速、机动灵活、装备精良、技术先进的特点，是歼灭区域农作物重大病虫害，阻截重大疫情发生蔓延的中坚力量。截至2012年年底，延庆区在康庄、延庆、大榆树等镇建立了4支植保专业化防治队伍，现有人员60人，持证上岗人员6人，装备了各类植保器械85台，其中大中型植保器43台，服务农田1万余亩，通过调查测算，专业化统防统治与农户自主防治相比，平均每亩减少2～3次用药，节省农药成本9.5元，减少用工50%。2011年，绿菜园植保专业化防治队被评为全国农作物病虫害专业化统防统治示范组织。另外，延庆区植物保护站承担了蝗虫的国家级监测任务，制定了防蝗应急预案，成立了一支由30人构成的应急防治队，常年储备机动喷雾器30台，高效、低毒、低残留药剂5t，通过每年组织演练，保证队伍的业务能力，确保出现紧急蝗情时，立即进行防治，保证蝗虫“不起飞、不成灾”。

1.4　建立了多所农民田间学校与植物诊所

自2005年北京市第1所农民田间学校在延庆区开办以来，截至2012年，延庆区植物保护站共在康庄镇、沈家营镇、永宁镇、旧县镇等乡镇开办农民田间学校57所，其中新建22所，续建37所，培养农民辅导员22名，科技示范户200余名，农民学员1 120人，辐射全区所有蔬菜产区。通过农民田间学校的培训，为当地病虫害的监测，新知识、新技术、新产品的推广和应用奠定了群众基础。

2012年，延庆区植物保护站在康庄镇小丰营村成立了北京市第1个植物诊所，同时在延庆镇、沈家营镇蔬菜产区各开设1个植物诊所，辐射康庄镇、沈家营镇、延庆镇3个镇的蔬菜生产基地1万亩。植物诊所由区植物保护站专业技术人员“坐诊”，通过专业化的诊断服务为农户提供有针对性的防治“处方”，提高农户对病虫害防治的针对性，同时，在诊断过程中，专业技术人员可以收集并掌握当地农业生产上突发性及主要病虫的发生动态，为区域性监测预警与防控提供服务。

1.5　重点推广一系列绿色防控技术措施

延庆区利用各级财政资金，开展了农药空瓶回收、以旧换新、发放补贴药械、推广绿色防控技术等工作，通过开展农作物重大病虫害绿色防控工作，改善了农田生态环境。

1.6　大力开展病虫害防控技术的宣传培训

近几年，延庆区植物保护站每年通过举办各类病虫害防治现场会、观摩会，利用广播、电视、网络等为农户、专业化服务组织提供病虫预报信息和防治技术指导，扩大了信息的辐射范围、提升了农户应对病虫害的能力。

2　存在的问题

2.1　人才的引进和培养问题

延庆区经济基础较为薄弱，人才待遇水平偏低，支撑人才发展的科技项目资金有限，因此，近几年，虽然延庆区植物保护站引进了一些植保技术人才，但是人数偏少，一些实验设备依然缺乏稳定运行资金和操作人员，长期来看，制约了新型测报技术的引进应用，同时也造成一些深入的防治技术研究无法稳定开展。

2.2　监测预报技术急需提高

延庆区的病虫害监测预报力量还不能满足全区的工作需要，现有监测人员平均年龄偏大、年轻梯队业务骨干缺乏、监测手段较为传统、监测布点数量依然不足，急需在测报工具、测报技术、测报方法上引进创新，降低一线技术人员工作强度，提高区级监测预报效率。

2.3 病虫害专业化统防统治组织的建设和管理措施急需完善

本次调研中发现几个制约统防统治的问题亟待解决：①部分农户对统防统治服务效果依然抱有怀疑态度，导致防治队伍不能成片作业，既降低了防治队伍的作业效率，同时，未作业区域病虫的扩散，也会导致作业区病虫复发，影响作业区防治效果，给防治队伍在当地的生存和发展增加难度；②延庆区位于北京郊区，劳动力在市区务工的工资待遇相对理想，而作为防治队伍队员不仅工作辛苦，还需要经常接触农药，导致防治队伍不易招聘到高素质的队员，制约了一些新技术和设备的推广使用；③队员长期接触农药，存在影响身体健康的潜在风险，需要开展队员的安全防护和知识培训；④农村存在一些采用互助形式，收取少量费用为农户开展服务的组织，这类防治队伍配备的设备小，技术水平不高，但是由于“土生土长”，容易被农户接受，通过规范和引导，可以补充专业化防治队伍力量的不足；⑤防治服务的责任划定和纠纷解决渠道及措施是防治队伍和农户关注的重点问题，相应措施有待进一步探索完善。

2.4 农民田间学校和植物诊所的运行模式需要进一步探索

随着农民田间学校和植物诊所建设数量的增加，区级植物保护站的工作压力明显加大，在持续运营过程中，如何吸引更多的农业科研院所专家参与公益事业需要思考，同时，如何让更多农户接受这种服务模式，做好服务指导工作也要进一步探索，另外，现有植物诊所数量偏少，工作场所相对固定，每周出诊次数有限，还不能在田间地头解决农户的病虫害防治技术问题。

2.5 绿色防控技术的长效补贴机制有待建立

目前，北京地区的物化补贴主要是依靠各类项目资金，根据项目的任务范围和实施区域开展相关工作，由于各类试验示范项目无法跨年连续实施，导致主推技术随项目任务频繁调整，各类需要长期连续使用的绿色防控技术不能在短期内取得预期效果，农户也不容易在项目执行期内掌握和接受新技术、新产品，甚至还会因为初次使用效果不理想，增加以后推广这类技术的难度。

2.6 宣传培训形式需要进一步丰富

目前，宣传培训的形式主要还是现场会、观摩会、广播、电视、网络等，由于现场会的参会人数有限，农户订阅报纸的比例较低，本地电视台的植保报道时限短，用户网络安装率不高等各类因素制约，仍然有数量众多的农户无法及时获取预报和防控信息。

3 发展对策与建议

3.1 稳步推进，制定长期发展规划

在北京都市现代农业建设过程中，农作物重大病虫害防控工作事关农业稳定生产、农田生态环境建设、农产品质量安全等社会各界关注的热点问题，建议各级部门统筹谋划，及时制定长期发展规划，明确发展目标和工作重点，强化对行业的财政政策支持，加大对基层植保部门的科技项目倾斜力度，稳步提升技术人才队伍的业务能力，确保在市、区两级建立强有力的农作物重大病虫害防控工作队伍。

3.2 强化支撑，引进创新监测技术

针对各区普遍存在的监测队伍人员年龄偏大，一线技术人员往往“身兼数职”等现象，要加强新型监测设备、技术的引进和应用，提升监测效率，尤其是要加强对保护地蔬菜田的监测和防治技术指导。

3.3 积极引导，完善防治队伍建设模式

①要加大植保专业化统防统治的技术指导和宣传推介，同时也要推进监督措施出台，保证防治过程中方法得当、效果到位，通过较好的防治体验，让更多农户认可统防统治服务；②建议相关部门加大设备选

型和推介，简化设备操作方法，同时，增加农药、药械和病虫草害防治相关知识的培训次数，提高队员业务能力；③探索最大限度保护队员人身安全的适用设备和方法，积极鼓励建立保障队员权益的保险等机制；④加强对优秀小型防治队伍的引导与扶持，统筹建立各类防治队伍的统一服务平台，形成以植保专业化防治队为主体，以小型互助组织为辅助的多层次统防统治形式，有针对性地满足不同种植户的防治需求；⑤积极推进服务标准、防治指标的制定工作，为防治服务的责任划定和纠纷解决提供参考依据。

3.4 加强合作，建立农民田间学校和植物诊所的运营机制

建议相关部门完善顶层设计，出台配套政策，探索物质奖励、名誉鼓励、教学体验等方式，吸引更多的专家、学者、学生到一线农民田间学校和植物诊所授课和从事公益服务。另外，相关部门也要加强对农民田间学校和植物诊所的宣传、技术支持和人才倾斜力度，建立可借鉴复制的管理及运行机制，逐步探索建立热线机制，配备流动诊所，加大出诊频率，方便农户及时就诊。

3.5 积极推进，探索长效补贴机制

北京农田面积小，财政补贴的资金压力不大，通过长效补贴机制，可以提高财政资金使用效率，提升各类绿色防控技术的推广应用比例，改善生态环境，形成显著的社会和生态效益，建议相关部门研究探索，尽快出台植保方面的长效补贴机制。

3.6 大力创新，丰富宣传培训方法

建议统筹建立全市的农业信息推广服务平台，加强市、区各部门间联动，扩大平台在农户中的使用比例，利用平台发布防控信息，推广新型防治技术，做好农户的服务工作。

该文发表于《安徽农学通报》2017年第22期

北京农药使用减量工作的法律依据和政策措施

王品舒[1]，赵锦一[2]，黄　斌[2]，王玉珏[2]，周景哲[3]，岳　瑾[1]，夏　菲[4]
（1.北京市植物保护站，北京 100029；2.北京市农业局，北京 100029；
3.北京市土肥工作站，北京　100029；4.北京市园林科学研究院，北京　100102）

摘　要：农药使用减量工作是推进农业生态环境安全和农产品质量安全的重要工作措施。本文归纳整理了国家和北京市涉及农药使用减量工作的法律法规和政策措施，以期为相关部门推进农药使用减量工作提供参考。

关键词：农药；减量；法律；政策；绿色防控

农药是重要的生产资料，对于保障农作物免受病虫草鼠侵害至关重要。以往，我国农业生产较为粗放、相关管理制度不够健全，个别地区出现了一些由于滥用农药所导致的农产品质量安全问题。近几年，随着公众对农业生产安全、农产品质量安全、农业生态环境安全重视程度越来越高，农药使用减量工作受到各级政府的高度重视，国家和北京市也出台了一系列法律法规和政策措施推动农药使用减量工作。

本研究对国家和北京市涉及农药使用减量工作的法律法规和政策措施进行了归纳整理，以期为行业主管部门和各级植物保护机构落实有关政策，推动农药使用减量工作提供参考依据。

1　国家相关法律政策

1.1　相关法律

1997年5月8日发布的《农药管理条例》是我国第1部全面系统的农药管理法规，标志着我国农药管理法制化的开始。2017年2月8日，国务院通过了《农药管理条例》的重大修订，并自2017年6月1日起正式施行。现行《农药管理条例》重点强化了管理机制、加强了监管力度、提高了农药生产经营使用的违法成本。其中，第32条对农药使用减量工作做出相关规定："国家通过推广生物防治、物理防治、先进施药器械等措施，逐步减少农药使用量""县级人民政府应当制定并组织实施本行政区域的农药减量计划"，同时，要求县级人民政府农业主管部门鼓励和扶持设立专业化病虫害防治服务组织、指导农药使用、指导农药使用者有计划地轮换使用农药，减缓有害生物的抗药性。

为管理和引导生产者科学用药，防止出现过量使用农药等问题，我国多部现行法律都有相关规定。其中，《中华人民共和国农业法》（2013年1月1日起施行）第58条、《中华人民共和国环境保护法》第49条（2015年1月1日起施行）、《中华人民共和国水污染防治法》（2008年6月1日起施行）第47条、《中华人民共和国清洁生产促进法》（2003年1月1日起施行）第22条要求农业生产者合理使用农药。《中华人民共和国水污染防治法》第48条规定：县级以上地方人民政府农业主管部门和其他有关部门指导农民合理使用农药，防止过量使用。《中华人民共和国农业法》第65条、《中华人民共和国食品安全法》（2015年10月1日起施行）第11条鼓励生产者采取生物措施或者使用高效低毒低残留农药进行防治。另外，还有部分法律法规也对农药使用做出了相关规定。

1.2　相关政策

2015年、2016年，国务院根据防治水污染和土壤污染工作需要，制订了《水污染防治行动计划》（2015年4月2日印发）、《土壤污染防治行动计划》（2016年5月28日印发），其中多项内容涉及农药使用减量工作。一是《水污染防治行动计划》第3条提出："推广低毒、低残留农药使用补助试点经验，开展农作物病虫害绿色防控和统防统治""到2020年，农作物病虫害统防统治覆盖率达到40%以上"。二是《土壤污染防治行动计划》第8条提出："农村土地流转的受让方要履行土壤保护的责任，避免因过度施肥、滥用农药等掠夺式农业生产方式造成土壤环境质量下降"；第11条提出："严格控制林地、草地、园地的农药使用量，禁止使用高毒、高残留农药。完善生物农药、引诱剂管理制度，加大使用推广力度"；第19条提出："科学施用农药，推行农作物病虫害专业化统防统治和绿色防控，推广高效低毒低残留农药和现代植保机械""到2020年，全国主要农作物化肥、农药使用量实现零增长，利用率提高到40%以上"。

农业部根据2015年中共中央国务院一号文件（简称中央一号文件，全书同）以及相关会议精神，制定了农业行业的农药使用减量工作实施方案和意见，其中，有两个政策文件对行业具有指导性作用：一是2015年2月17日发布的《到2020年农药使用量零增长行动方案》（以下简称《方案》），《方案》是指导全国农药使用量减量工作，推进农业生产安全、农产品质量安全和生态环境安全的重要实施方案，提出了农药使用量零增长的目标任务，即主要农作物病虫害生物、物理防治覆盖率达到30%以上，病虫害专业化统防统治覆盖率达到40%以上，农药利用率达到40%以上。另外，《方案》还提出了"控、替、精、统"农药减量工作技术路径，其中，"控"，即是控制病虫发生为害；"替"，即是高效低毒低残留农药替代高毒高残留农药、大中型高效药械替代小型低效药械；"精"，即是推行精准科学施药；"统"，即是推行病虫害统防统治。二是2015年4月10日发布的《农业部关于打好农业面源污染防治攻坚战的实施意见》（农科教发〔2015〕1号），第3条提出："力争到2020年农业面源污染加剧的趋势得到有效遏制，实现'一控两减三基本'"，其中"两减"，即减少化肥和农药使用量，实施农药零增长行动，确保农作物病虫害绿色防控覆盖率达30%以上，农药利用率均达到40%以上，全国主要农作物农药使用量实现零增长；第6条提出"实施农药零增长行动"重点任务，涉及病虫监测预警、绿色防控技术集成与推广、专业化统防统治与绿色防控融合、低毒生物农药补贴等几个方面，是推进农药使用减量工作的重要措施。

2 北京市相关法律政策

2.1 相关法律

《北京市水污染防治条例》自2011年3月1日起施行，第50条规定："本市鼓励种植业通过推行测土配方施肥、病虫害生物防治等措施，提高肥料使用效率，合理使用有机肥和化肥，减少化学农药施用量，防止污染水环境。"

2.2 相关政策

北京市人民政府根据国家防治水污染和土壤污染行动计划，配套制定了工作方案。一是2015年12月22日印发的《北京市水污染防治工作方案》，第3条提出："积极开展农作物病虫害绿色防控，大力推广使用低毒、低残留农药""到2019年，全市农作物病虫统防统治覆盖率达到40%以上，生态涵养发展区全部施用环境友好型农药""到2020年，全市农药利用率提高到45%以上，化学农药施用量减少15%以上"。第33条提出："加大对节水设备产品、有机肥、污泥衍生产品和低毒低残留农药使用的资金支持力度"。二是2016年12月24日印发的《北京市土壤污染防治工作方案》，第10条提出"科学施用农药化肥。全面禁止施用列入国家名录的高毒、高残留农药，推行农作物病虫害专业化统防统治和绿色防控，推广高效低毒低残留农药和精准高效植保机械""到2019年，全市农作物病虫害统防统治覆盖率达到40%以上，生态涵养发展区全部施用环境友好型农药""到2020年，全市农药利用率提高到45%以上，化学农药施用量减少15%以上""加强农药包装、农膜等农业废弃物回收处理，自2017年起，在大兴、通州、顺义等蔬菜生产重点区开展试点并逐步推广"。

北京市农业主管部门根据国家和北京市政策，制定了适用于北京市实际情况的具体方案。2016年10月12日北京市农业局发布了《北京市到2020年农药使用减量行动方案》（以下简称《方案》）。《方案》是全市各级农业主管部门和植保机构落实化学农药减量工作的指导依据，其中提出北京市农药使用减量行动的目标是“到2020年，全市农田化学农药使用总量明显减少，总量减至500t，比2015年减少14%左右。农药利用率达45%，绿色防控覆盖率达60%以上，统防统治覆盖率达45%以上，农产品质量农药残留检测合格率达98%以上。农业（农药）面源污染得到有效控制，生态环境得到明显改善”。同时，《方案》明确了六大任务，即“切实提高病虫监测预警能力、持续增强植物疫情防控能力、加快推进病虫绿色防控技术体系、有效提升科学安全用药水平、大力推进植保专业化统防统治、深入强化植保法制建设”。2016年11月24日，北京市农村工作委员会、北京市发展和改革委员会、北京市农业局联合印发了《北京市“十三五”时期都市现代农业规划》（以下简称《规划》）和《北京市“十三五”时期生态农业综合建设暨农业面源污染防治规划》，进一步明确了“十三五”时期涉及农药使用减量工作的相关任务，具体工作目标是：化学农药施用量实现负增长，化学农药利用率提高到45%。《规划》还提出了“十三五”时期的十项重点工程，在“生态农业建设工程”中提出“在化学农药减施方面，逐步淘汰剧毒高毒农药，大力推进生物防治、促进专业化统防统治与绿色防控融合，全市主要农作物病虫害专业化统防统治覆盖率达到40%、绿色防控覆盖率达到60%、化学农药利用率达到45%，生态涵养发展区全部施用环境友好型农药”。另外，北京市相关部门还制定了一系列其他政策措施涉及农药使用减量工作，本文不再赘述。

3 讨论

法律法规和政策措施是推进农药使用减量工作的基础保障，北京市根据国家总体部署，制定了符合北京都市现代农业发展需求的法规政策，明确了相应的目标任务和工作措施，有效推动了北京市现阶段农药使用减量具体工作。随着近几年国家和北京市对农业生态环境保护和农产品质量安全的重视程度越来越高，北京市农药使用减量工作仍然面临很多挑战，建议在政策制定过程中，侧重考虑3个重点。一是建立长效补贴机制。目前，北京市主要依托示范项目开展农药械补贴和绿色防控技术推广工作，由于项目资金额度和任务内容每年会有变化，导致实施方案、实施区域、主推绿控技术和产品需要根据任务内容有所调整，造成各类绿控技术既不能普惠到全市种植户，也无法确保各类绿控技术在一片区域长期连续使用，一些具有较好应用效果的技术和产品难以通过几年时间的连续使用让农民熟练掌握并接受。现有补贴方式不利于各项技术措施发挥预期效果，也在一定程度上制约了北京市农药使用减量工作，因此，建议加快出台以绿色生态为导向的农业补贴制度，建立农药械长效补贴机制，明确相应的政策措施。二是推进植保社会化服务。植保社会化服务有利于推进植保作业的规范化和标准化，也有助于相关部门加强对农药投入品的监管，从而在农药使用环节提高农药利用率、减少农药投入量，建议财政、审计等部门加大对政府购买服务措施的政策配套，推动北京市植保社会化服务发展。另外，北京市也需要根据都市现代农业特点，加大力度推介与统防统治配套的农药、药械、防治技术和管理模式，指导相关企业提高作业水平、完善工作标准和管理制度。三是推动农产品优质优价。绿色防控技术是减少化学农药投入量，提升农产品品质的重要措施之一，要实现绿色防控技术的大范围应用，一方面需要补贴政策带动，另一方面需要形成绿色防控农产品优质优价的有效措施。建议建立便于消费者甄别的绿色防控优质农产品识别方式，通过优质农产品的宣传推介和品质体验，实现销售市场对绿色防控农产品优质优价的认可，从而鼓励和带动生产者改善农药投入情况、增强科学减量使用农药的意识、逐步减少化学农药的投入量。

玉米病虫害绿色防控技术

北京市玉米褐斑病的发生与综合防治

岳 瑾，谢爱婷，杨建国，董 杰，乔 岩，王品舒，张金良，袁志强
（北京市植物保护站，北京 100029）

摘 要：简述了近年来北京市玉米褐斑病的发生特点，着重分析了2013年重发原因，提出了清洁田园、合理密植，加强健身栽培暨田间管理、种植抗病品种、适期开展化学防治等综合防治措施。

关键词：玉米褐斑病；发生；防治

在我国，玉米种植面积3.1×108hm^2，产量16 397.36万t，占全国粮食总产的 30%以上，是仅次于水稻和小麦的第三大粮食作物，可作为粮食和饲料，在农业生产中占有重要位置。近年来，北京市玉米播种面积始终保持在1.33×10^{5}hm^{2}左右，其中延庆、密云区春玉米占40%，其余60%为其他区县种植的夏玉米。

据近两年植保统计数据显示，玉米褐斑病的发生频率明显增加，逐渐成为北京市玉米生长中后期的重要病害，发病田玉米一般减产5%～10%，严重地块可减产20%～30%，该病害严重制约了玉米安全生产。2013年中等至偏重发生，发生面积从2012年的2.15×10^{5}hm^{2}上升到2013年的4.82×10^{5}hm^2。为了更好地指导生产防治，笔者就该病在北京的发生特点和发病条件加以分析，并提出田间综合防治措施。

玉米褐斑病由鞭毛菌亚门节壶菌属真菌（Physoderma maydis Miyabe）引致，是玉米上的一种专性寄生菌，寄生在薄壁细胞内。休眠孢子囊近圆形至卵圆形或球形，壁厚，黄褐色，略扁平，有囊盖。玉米褐斑病病菌以休眠孢子囊在土壤或病残体中越冬，翌年靠气流传播到玉米植株上，条件适宜时萌发产生大量的游动孢子，孢子在叶片表面的水滴中游动，并形成侵染丝，侵入为害[1]。

该病主要发生在玉米叶片、叶鞘和茎秆上，先在顶部叶片尖端发生，叶片和叶鞘相连处易染病，病斑最多，病斑易密集成行。最初为黄褐色或红褐色小斑点，病斑为圆形、椭圆形，小病斑融合成大病斑，多个病斑汇合成不规则形。严重时叶片上出现几段甚至全部布满病斑。在叶鞘和叶脉上出现较大褐色斑点，发病后期病斑表皮组织易破裂，叶细胞组织呈坏死状，散发黄褐色粉末，叶片干枯，叶脉和维管束残存如丝状。茎部发病多发生在茎节附近，遇风易倒折[2]。

1 发病特点

（1）发病急，时间集中，传播蔓延迅速。2013年7月底，玉米褐斑病在个别区（县）普遍发生，且零星出现发病较重田块，大约10天内扩展至全市普遍发生，且严重发生田块数明显上升，占发病田块的29.3%。

（2）发生面积大，发生程度重。2013年玉米褐斑病发生面积4.82×10^{5}hm^2，占播种面积的46%，其中大部地区中等发生，个别地区偏重发生。据2013年8月10日调查，病田率70%，一般地块病株率13%～62%，严重地块病株率100%。

（3）品种间抗性表现差异大。玉米品种抗病性差是发病重的重要原因之一。不同玉米品种，对褐斑病抗性差异明显。调查显示，郑单958、京单28、中金368、纪元1号、中单28普遍发生，发生程度重，尤其是京单28、郑单958两个品种，发病最重。

（4）发病程度因种植条件而异。据调查，玉米种植密度大、植株长势弱的田块发病较重，种植密度较小、植株生长健壮的田块发病较轻；地力贫瘠的田块发病较重，肥力高的田块发病较轻；另外，地势低洼、田间积水的田块发病较重。

2 重发原因

2.1 气象条件

气象条件适宜是玉米褐斑病发生重的重要因素，2013年夏季北京多阵雨天气，气温较高，田间湿度较大，造成玉米褐斑病在多地发生与蔓延。6 月全市平均降雨114.3mm，比常年偏多5成；大范围强降水主要集中在7月前半月：分别是7月1—2日、7月8—10日、7月15—16日，其中7月15—16日出现全年最大降雨过程，全市平均降雨量为58.1mm，达暴雨量级。个别区（县）的部分地块田间积水，为褐斑病的发生创造了极有利的环境条件。

2.2 菌源基数

近年来，北京市小麦-玉米连年种植，连作面积大。另外，玉米秸秆还田率近 100%，病菌以休眠孢子囊在土壤或带病秸秆残体中越冬，田间积累了大量病原菌，这也是病害加重发生的重要原因之一。

2.3 栽培管理措施

（1）自2008年京郊实施玉米高产创建以来，大规模示范推广以增加种植密度为核心的关键技术，通过此项技术，有效提高了收获穗数及产量，然而种植密度的增加，也造成了田间通风不良，给褐斑病创造了适宜发病的小环境。

（2）耕作方式多以旋耕为主，这就造成耕层较浅，既影响植株根系下扎，导致植株抗性减弱，也造成病菌在土壤表层积累。

（3）施肥以氮肥为主，忽视了钾肥、微肥的施用，造成植株抗病性降低。

3 综合防治

结合玉米褐斑病发病急、传播蔓延快的特点，其防治重点应放在尽早预防上，采取农业防治、化学防治相结合的综合防治手段，做到早发现、早预防、早防治。

3.1 农业防治

（1）清洁田园，减低菌源基数。玉米收获后，应及时清除田间病残体，或深耕深埋，以降低褐斑病病菌基数。发病重的地块应将秸秆集中处理，禁止秸秆还田。

（2）采取轮作倒茬的方式阻断病菌传播。重发生田应与非禾本科作物如瓜类、蔬菜等经济作物轮作倒茬，从而阻断病菌的传播。

（3）合理密植，改善植株通透性。根据品种差异，合理密植，一般种植密度应控制在4 000株/亩以内，以免密度过大或过小，提高田间通风、透光性。

（4）合理施肥，提高作物抗病性。不用病株作饲料或沤肥，或应待其充分腐熟后再施入田间；实施配方施肥，施足基肥，适时追肥，防止偏施氮肥；合理增施磷、钾肥，追施复合肥，补施微肥；尤其是要施足钾肥，以提高抗病能力。

（5）合理排灌，避免湿度过大。降雨后应及时排水，防止田间积水，降低田间湿度，创造不利于病害发生的环境条件。

3.2 化学防治

在玉米4～5叶期，用25%三唑酮WP 1 500倍液或70%甲基硫菌灵WP 1 000 倍液叶面喷雾，可预防褐斑病的发生。在玉米7～8叶期褐斑病发病初期，可用 25%三唑酮WP、10%苯醚甲环唑WG等药剂1 500倍液喷雾防治，喷药要均匀。为提高防效，可在药液中加入磷酸二氢钾或尿素等，促进玉米生长，提高植株抗病能力。在多雨年份，施药7天后视病情进行再次防治，喷药后6天内若遇降雨，应在雨后补喷。

参考文献

[1] 周克请，李元良，王东升，等.玉米褐斑病要提早预防[J]. 天津农林科技，2010（4）：38.

[2] 姚丽，姚红. 鲜食甜玉米常见病害发生与防治措施[J]. 吉林蔬菜，2010（5）：73.

该文发表于《中国植保导刊》2014年第8期

北京市玉米大斑病的发生特点与综合防治策略

岳 瑾，张 智，董 杰，谢爱婷，乔 岩，王品舒，张金良，袁志强
（北京市植物保护站，北京 100029）

摘 要：简述了近年来玉米大斑病在北京市的发生特点，着重分析了2012年、2014年重发生的原因，提出了种植抗病品种、清洁田园、合理密植，加强健身栽培、适期开展化学防治等综合防治策略。

关键词：玉米大斑病；发生特点；防治策略

截至2014年，北京市玉米播种面积始终保持在120万亩以上，其中延庆、密云县春玉米占40%，其余60%为其他区县种植的夏玉米。据统计，在玉米生产中，玉米大斑病已经成为发生最为普遍、为害最重的玉米病害，且最近几年呈加重趋势[1]。据北京市植保统计数据显示，玉米大斑病的发生频率明显增加，2008年以来玉米大斑病中等至偏重发生，发生面积从2008年的79.6万亩次上升到2012年的9.27×10^6亩次，发病田玉米一般减产15%～20%，严重地块可减产 30%～50%，其造成的实际损失从2008年的552t上升到2013年的1 029.6t。由此可见，该病逐渐成为北京市玉米生长中后期的重要病害，严重制约了玉米安全生产。为更好地指导生产防治，笔者就该病在北京的发生特点和发病条件加以分析，并提出田间综合防治策略。

1 病源及侵染循环

玉米大斑病由大斑凸脐蠕孢菌属真菌[Exserohilum turcicum（Pass.）Leonard et Suggs]引致，玉米大斑病病原菌以菌丝体在病残体内越冬，成为翌年病害的主要初次侵染来源，带有未腐烂病残体的粪肥及带病种子也可成为初侵染源。分生孢子作为初侵与再侵接种体借气流、风雨传播，主要从寄主表皮直接侵入，也可从气孔侵入致病。

2 发生特点

2.1 发病高峰期多在玉米抽雄以后

玉米大斑病在玉米整个生育期内均可发病，但是发病高峰期一般在玉米抽雄以后。根据玉米大斑病病情扩展情况，玉米大斑病可划分为3个阶段。玉米出苗至7月末为指数增长期；8月初至9月初为增长期；9月中旬以后到玉米生育后期为衰退期[2]。发病高峰期之所以出现在玉米抽雄以后，主要是因为玉米花粉有利于提高孢子的萌发率[3]。

2.2 下部叶片重于上部

由于中下部叶片抗性差，所处的小气候环境更适于大斑病孢子萌发生长，因此，玉米大斑病一般从中下部叶片开始发生，并逐渐向上扩展。中下部叶片的病斑面积占比明显高于上部叶片。

2.3 不同品种发病程度差异大

发病病斑大致分两类，在具有Ht基因型的玉米品种上表现为褪绿型病斑和萎蔫型病斑；在不具有Ht基因型的感病植株上，病斑沿着叶脉的纹路逐渐扩大，最后形成大小不等的呈长梭形的萎蔫型病斑。北京地区主栽品种中先玉335及其有血缘关系的品种为高感病品种，发病率较高，发生程度较重。2012年，北京北部山区先玉335病株率一般为20%～35%，最高可达100%。中抗大斑病的品种有京科968和京单38，田间发病率较高，但病叶率较低。抗病品种有农大108、郑单958、纪元一号、宁玉525、中金368等，田间发病率较低，发生程度较轻。

2.4 春玉米重于夏玉米

由于北京北部山区耕作方式为一年一熟，是春玉米的主要种植区域。该地区属于冷凉地区，气温、相对湿度、降水等气象条件均有利于大斑病的发生发展。夏玉米区主要集中在东南部的平原地区，与北部相比，气温较高，不利于大斑病的发生。因此，就统计数据而言，春玉米的玉米大斑病发病率高于夏玉米。

3 重发原因

3.1 气象条件

玉米大斑病发生与气象条件密切相关。北京气候属暖温带半湿润半干旱季风气候，冬季寒冷干燥，夏季高温多雨。一般6—8月为雨季，降水量占全年降水量的 70%，并多以暴雨形式出现。玉米大斑病发病高峰期，温度20～25℃，相对湿度90%以上时，易导致该病害暴发流行。北部山区冷凉地区，遇有偏多降水年份，玉米大斑病将偏重发生。平原地区降水正常但温度偏低年份，玉米大斑病也会偏重发生。受降雨偏多影响，2000年以来，2005年、2006年、2008年和2012年北京地区玉米大斑病为中等至偏重发生，其余年份轻发生或偏轻发生。持续少雨干旱会抑制大斑病的发生。2014年，延庆、密云等冷凉地区玉米大斑病的发病时期提前，发病率和病情指数明显高于去年和常年，但是进入7月后，持续干旱，病情迅速减轻，最终为轻发生。

3.2 菌源基数

玉米大斑病病菌以菌丝体或分生孢子在病残体上越冬，多年重茬会导致田间菌源的积累。北京玉米种植区，几乎连年重茬，加之秸秆还田措施的实施，目前，田间菌源累计量较大。

3.3 栽培管理措施

高密度栽培是玉米高产创建的措施之一。目前，北京地区玉米的栽培密度普遍为每亩4 000～4 500株。密植后，导致田间郁闭度增加，通风透光受阻，所营造出的小气候，更加有利于玉米大斑病发生。

3.4 土壤肥力

由于连年重茬，土中有机质正不断减少，不利于玉米壮苗健苗的形成。后期需追肥时，北京普遍为等雨追肥，如果降雨时间延后，施肥就会偏晚。类似情况下会导致植株抗性降低，易于病害侵染流行。此外，在肥料品种上，追肥品种依然主要以速效氮肥为主，玉米中后期脱肥尤其是氮肥不足现象严重导致玉米中后期植株抗逆性严重降低。

4 综合防治

结合玉米大斑病发病重、传播蔓延快的特点，其防治重点应放在尽早预防上，采取农业防治、化学防治相结合的综合防治手段，做到早发现、早预防、早防治。

4.1 种植抗病品种

防治玉米大斑病的经济有效方法是选择抗性较好、产量高、综合性状优良的玉米品种。可选择农大108、郑单958、纪元一号、宁玉525、中金368。

4.2 农业防治

（1）清洁田园，减低菌源基数。玉米收获后，应及时清除田间病残体，或秋季深耕改土，以降低大斑病病菌基数。发病重的地块应将秸秆集中处理，禁止秸秆还田，病残体做堆肥的要充分腐熟。

（2）采取轮作倒茬的方式阻断病菌传播。重发生田应与非禾本科作物轮作倒茬，从而阻断病菌的传播。

（3）适当早播，合理密植，改善植株通透性。根据品种差异，合理密植，一般种植密度应控制在4 000

株/亩以内，以免密度过大或过小，提高田间通风、透光性。

（4）合理施肥，提高作物抗病性。不用病株作饲料或沤肥，或应待其充分腐熟后再施入田间；实施配方施肥，施足基肥，适时追肥，在苗期和抽雄期阶段特别要注意增施氮肥；追施复合肥，补施微肥以提高玉米植株抗病性。

（5）及时摘除底部叶片。抽雄前，玉米大斑病多发生在植株下部的 2～3 片叶，及时摘除底部叶片并带出田外深埋，可在一定程度上抑制病害的流行。

（6）合理排灌，避免湿度过大。降雨后应及时排水，防止田间积水，降低田间湿度，创造不利于病害发生的环境条件。

4.3 化学防治

在心叶末期至抽雄期或发病初期，用50%多菌灵可湿性粉剂、50%甲基硫菌灵可湿性粉剂、75%百菌清可湿性粉剂、80%代森锰锌可湿性粉剂500倍；或20%三唑酮乳油1 000～1 500倍；或农抗120水剂200倍；10%苯醚甲环唑水分散粒剂1 500～2 000倍，每亩用药液65kg，喷药要均匀，尽量接触整株叶片，重点选择穗位以上叶片喷施，间隔7～10天喷施1次，喷施2～3次，注意药剂交替使用，病情严重的地块，可适当加大用药量，以保证防治效果。

参考文献

[1] 刘杰，姜玉英，曾娟，等. 2012年玉米大斑病重发原因和控制对策[J]. 植物保护，2013，39（6）：86-90.

[2] 李海春，付俊范，王新一，等. 玉米大斑病病情发展及病斑扩展时间动态模型的研究[J]. 南京农业大学学报，2005，28（4）：50-54.

[3] 杨信东，高洁，于光，等. 玉米大斑病发生及防治若干问题的研究[J]. 吉林农业大学学报，2004，26（2）：134-137.

该文发表于《中国植保导刊》2015年第3期

北京市玉米矮化病的发生与病因初探

岳　瑾[1]，杨建国[1]，郭书臣[2]，董　杰[1]，王品舒[1]，张金良[1]，乔　岩[1]，袁志强[1]
（1.北京市植物保护站，北京　100029；2.北京市延庆区植物保护站①，北京　102100）

摘　要：本试验针对北京市延庆区为害严重的玉米矮化病，初步总结了其发病情况并开展了病因的初步研究，结果表明玉米矮化病发病率达13%～26%，减产率达18.56%。发病田块土壤中分离鉴定出马舒德矮化线虫，可能是发病原因之一。

关键词：北京；玉米矮化病；发生；病因

玉米矮化病是近几年来在北京市延庆区的一种新发病害，其表现为玉米苗4～5片叶时出现异常，吸水吸肥的同时停止生长，只有极个别的植株雄穗上结几颗小玉米粒，绝大多数植株不结实或早衰而死。由于病株酷似君子兰，故又称“君子兰”苗，当地农户把“君子兰”苗玉米说成得了“癌症”，由此可见该病害的为害之大。究其病因说法较多，1997年吉林省双辽市玉米制种田发生较重，最初认为是“玉米病毒病”，后经专家会诊被确定为由于金针虫为害，伤口感染所致的“玉米苗期茎基腐病”。2002年该地区发生面积达2 000余公顷，专家会商诊断为由玉米旋心虫为害所致。2008年，国家玉米产业技术体系植保研究人员，从辽宁黑山和吉林农安的异常植株根际土壤中也分离到大量的玉米矮化线虫和轮枝镰孢、亚粘团镰孢以及细菌等可能的致病生物。至此，该病的病因存在3种说法[1-4]。

北京市2013年、2014年玉米矮化病均有发生，主要分布在延庆区的康庄镇、延庆镇、沈家营镇、大榆树镇。为确定其致病因，北京市植物保护站、延庆区植物保护站共同开展了相关研究。

1　材料与方法比

1.1　试验材料

供试土样采自延庆区大榆树镇下辛庄村，将采集的0～20cm鲜土小心掰碎，并拣取其中杂物，混匀，4℃冰箱保存。

1.2　试验方法

1.2.1　线虫分离

贝尔曼漏斗法[5]在口径为20cm的塑料漏斗末端接一段橡皮管，在橡皮管后端用弹簧夹夹紧，在漏斗内放置一层铁丝网，其上放置两层纱网，并在上面放一层线虫滤纸，把100g土样均匀铺在滤纸上，加水至浸没土壤。置于20℃室温条件下分离。分别在经过24h后，打开夹子，放出橡皮管内的水于小烧杯中，然后同离心浮选法一样，用3个套在一起的筛网过筛、冲洗、收集、计数。

1.2.2　鉴定方法

根据线虫的口针、食道及尾部形态等特征的不同，将分离出的线虫进行种类鉴定，此项工作由中国农业科学院植物保护研究所植物线虫课题组负责完成。

① 2015年11月17日，北京市政府办公厅正式发布消息称，经国务院批准，撤销密云县、延庆县，设立密云区、延庆区，因此，全书统一表述为“密云区、延庆区”

1.2.3 测产

收获前，每小区选有代表性的5点，每点10m^{2}进行实收测产。

2 结果与分析

2.1 北京地区玉米矮化病的表现与发生

玉米叶片呈黄色褪绿或白色失绿纵向条纹；植株矮缩，顶端生长受到严重抑制，外观下部茎节膨大；根系不发达，新生气生根扭曲变形；剥开外部2～3片叶的叶鞘，大部分植株基部可见明显的褐色病斑，病斑呈纵向扩展；再剥开1～2片叶，可见叶鞘和茎秆上有纵向或横向的组织开裂，似“虫道”状，剖秆后观察开裂部撕裂组织呈明显的对合；部分发病的大苗叶鞘边缘发生锯齿状缺刻；少数大苗新长出的叶片顶端发生腐烂（图1）。据统计，2014年延庆区发病时间为6月，发生面积4万亩，主要在大榆树镇、延庆镇、康庄镇，发病率平均为13%～26%。

图1 玉米矮化病的为害状

2.2 线虫的鉴定

2.2.1 分类地位

分离线虫为马舒德矮化线虫（*Tylenchorhynchu mashhoodi*）[6]，属垫刃目（Tylenchida），垫刃亚目（Tylenchina），垫刃总科（Tylenchoidea），刺科（Belonolaimidae），端垫刃亚科（Telotylenchinae），矮化属（*Tylenchorhynchus*）。

2.2.2 形态描述

雌虫虫体略向腹面弯曲，体环纹清楚。头圆，稍缢缩，口针基球圆形，中食道球发达，食道腺长梨形，稍交与肠，贲门大。卵巢前伸，卵母细胞单行排列，阴道长不大于体宽的1/2。尾圆锥形，尾环清晰。雄虫基本同雌虫，交合刺弓形（图2）。

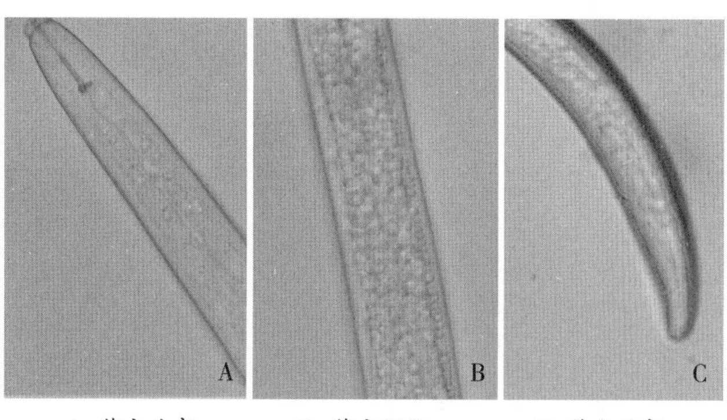

A 雌虫头部　　B 雌虫阴门　　C 雌虫尾部

图2 马舒德矮化线虫

2.3 产量影响

矮化病对产量影响较大，平均减产率达18.56%。平均亩产较未发病地块的744.15kg/亩下降至发病地块的605.99kg/亩（表1）。

表1 矮化病对产量的影响

药剂处理	穗粒数 / 粒	千粒重 /g	产量 /（kg/ 亩）	减产率 /%
矮化病地块 1	690.0	396.2	654.06	12.1
矮化病地块 2	540.8	384.8	474.99	36.17
矮化病地块 3	653.2	410.3	678.06	8.88
矮化病地块 4	622.0	426.5	627.39	15.69
矮化病地块 5	660.0	405.7	625.89	15.89
矮化病地块 6	640.4	397.0	629.24	15.44
矮化病地块 7	590.0	393.8	562.27	24.44
矮化病地块 8	704.4	372.9	657.33	11.67
矮化病地块 9	579.6	384.0	544.73	26.80
矮化病平均值	631.16	396.8	605.99	18.56
CK	601.6	449.8	744.15	—

3 结论与讨论

玉米矮化病对北京市，特别是延庆区玉米生产具有很大影响，发病率达13%～26%，减产率达18.56%。发病田块土壤中分离鉴定出马舒德矮化线虫，这可能是发病原因之一，但还需要开展回接试验验证。下一步应继续开展土壤病源分离鉴定，以确定具体发病原因，进而研究防治技术。

参考文献

[1] 张宁，高俊明，李红，等. 太谷县玉米田植物寄生线虫种类及垂直分布[J]. 山西农业科学，2009，37（10）：51-54，96.

[2] 张绍升. 植物线虫病害诊断与治理[M]. 福州：福建科学技术出版社，1999：15-16.

[3] 谢辉. 植物线虫分类学[M]. 合肥：安徽科学技术出版社，2000：21-38.

[4] 赵立荣，谢辉，冯志新，等. 云南省果树根际的两种矮化线虫[J]. 植物检疫，2002，16（5）：265-267.

[5] 毛小芳，李辉信，陈小云，等. 土壤线虫三种分离方法效率比较[J]. 生态学杂志，2004，23（3）：149-151.

[6] 刘维志. 植物线虫志[M]. 北京：中国农业出版社，2004：53-54，105-106.

该文发表于《北京农业》2015年5月中旬刊

玉米螟在延庆区的发生规律及综合防治技术

王建泉[1]，田学伟[1]，岳　瑾[2]，郭书臣[1]
（1.北京市延庆区植物保护站，北京　102100；2.北京市植物保护站，北京　100029）

摘　要： 近几年，玉米螟在延庆区普遍发生，且有逐渐加重的趋势，发生面积达90%以上，以二代玉米螟为害为主，钻蛀茎秆、雌穗穗轴，影响养分和水分的输送，降低产量和质量。控制该虫发生要做到加强田间管理、做好病情测报、释放天敌等综合防治措施。

关键词： 玉米螟；发生规律；防治措施

延庆区玉米常年种植面积2.5×10^6亩左右，每年病虫害发生面积接近1.5×10^7亩次，产量损失5 000t左右。其中玉米螟发生面积4.0×10^6亩次，产量损失1 200t，是玉米最重要的虫害。主要集中在康庄、延庆、旧县等山区乡镇，东部山区发病较轻。

1　玉米螟在延庆区发生规律及现状

玉米螟[Ostriniafurnacalis（Guenee）]又名玉米钻心虫，属鳞翅目，草螟科，主要为害玉米、高粱、谷子、豆类作物。一年发生两代，一般受害减产3%～5%，大发生年份减产10%以上。

1.1　为害症状

玉米螟以幼虫为害。初龄幼虫蛀食嫩叶形成排孔花叶。3龄后幼虫蛀入茎秆，为害花苞、雄穗及雌穗，受害玉米营养及水分输导受阻，长势衰弱、茎秆易折，雌穗发育不良，影响结实。

1.2　发生规律

玉米螟在延庆区以老熟幼虫在玉米被害部位及根茬内越冬。成虫常在晚上羽化，白天多躲在杂草丛或作物间，夜间活动，飞行能力强。越冬幼虫5月中下旬进入化蛹盛期，5月下旬至6月上旬越冬代成虫盛发，一代幼虫6月中下旬盛发为害，此时玉米正处于心叶期，为害很重。二代幼虫7月下旬为害玉米穗部。幼虫老熟后于9月下旬进入穗及茎部越冬。

成虫昼伏夜出，有趋光性。成虫将卵产在玉米叶背中脉附近，每块卵20～60粒，每头雌蛾可产卵400～500粒，卵期3～5天，幼虫5龄，历期17～24天。初孵幼虫有吐丝下垂习性，并随风或爬行扩散，钻入心叶内啃食叶肉，只留表皮。3龄后蛀入为害雄穗、雌穗、叶鞘、叶舌均可受害。老熟幼虫一般在被害部位化蛹，蛹期6～10天[1]。

1.3　发生现状

在延庆区，玉米螟常年发生面积4.0×10^6亩次，产量损失1 200t。主要集中在康庄、延庆、旧县等山区乡镇，东部山区发病较轻。

2015年冬后存活调查，共调查1 000秆，百秆平均5头。黑光灯成虫诱集：共计323头。越冬基数调查：对5个乡镇的5块玉米地进行剥秆调查，共调查500株，平均百株活虫数3头。

一代幼虫为害轻。此时主要为害叶片，形成排孔花叶，轻发生或者中等发生对玉米产量影响不大。

主要是二代玉米螟为害重，此时玉米螟主要钻蛀茎秆、雌穗穗轴或直接为害雌穗，影响养分和水分输送，籽粒灌浆不足而影响产量和质量。

2 玉米螟发生原因

2.1 越冬基数

在玉米螟越冬基数大的年份，田间第1代卵及幼虫密度高，一般发生为害就重。随着农村生活条件的改善，使玉米秸秆燃烧的比例大幅降低，大量的秸秆存留和处理不当，造成越冬虫口基数的提高，而且连年递增，形成恶性循环。

2.2 气候因素

温度在25～26℃，相对湿度90%左右，对产卵、孵化及幼虫成活极为有利，暴雨可增加初孵幼虫的死亡率。

近几年冬季气温变暖，形成暖冬，幼虫滞育时间短，降低了死亡率，使越冬基数增加。

2.3 防治意识不强

多数农民对玉米螟为害不重视，没有防治意识，任其为害。特别是二代玉米螟为害时，正值雨季，玉米生长旺盛，田间作业不便，也影响了农民防治的积极性，导致玉米螟发生严重。

3 防治技术

玉米螟的防治要做到4个结合。即越冬防治与田间防治相结合；心叶期防治和穗期防治相结合；化学防治和生物防治相结合；防治玉米与防治其他寄主作物相结合。

3.1 农业防治

在春季越冬幼虫化蛹羽化前，采用烧柴、沤肥、作饲料等办法处理玉米秸秆，降低越冬幼虫数量。成虫将卵产在玉米叶背中脉附近，每块卵20～60粒。当农民进行农事操作时注意一下叶背，发现虫卵后及时消灭。

3.2 化学防治

心叶末期花叶株率达10%以上进行普治，5%～10%进行挑治，5%以下可以不施药。若花叶率超过20%，或100株玉米累计有卵30块以上，需连防2次。穗期虫穗率达10%或百穗花丝有虫50头时，要立即防治。可选用1.5%辛硫磷颗粒剂按1：1.5拌筛制好的颗粒，于心叶末期撒入玉米喇叭口内，每株撒施1～2g即可。

3.3 生物防治

在玉米螟产卵始期至产卵盛期末期，释放赤眼蜂1～2次，每亩释放1万～2万头。也可每亩用每克含100亿以上孢子的Bt乳剂200mL，按药、水、干细砂比率为0.4：1：10配成颗粒剂撒施或与其他药剂混合喷雾。延庆区最常用的防治方法是释放赤眼蜂。

3.3.1 赤眼蜂防治玉米螟原理

赤眼蜂（松毛虫赤眼蜂）是一种卵寄生蜂，它的雌性成蜂将卵产在害虫卵内，蜂卵在害虫卵内孵化变为幼虫，以害虫卵液为营养，来完成自己的生长发育，从而破坏害虫的胚胎发育，当发育到成蜂后咬破害虫卵壳羽化，再去寻找新的害虫卵寄生，如此循环不断，将害虫消灭在卵期，达到防治害虫的目的。

3.3.2 赤眼蜂防治害虫的优点

一是防治害虫在卵期，符合“预防为主”的植保方针；二是减少用工达99.6%，效果可达到70%以上；三是对人畜、有益生物无害、环境无污染；四是对抑制害虫有连续效应，生态效益、社会效益显著。

3.3.3　田间放蜂技术

放蜂数量确定：玉米田百株虫量在30～50头，亩放蜂量不能低于3万头；百株虫量在30头以下，亩放蜂量1万～2万头，放蜂1～2次。

放蜂方法：距地边12m为第一放蜂行，之后每隔12m设一放蜂行；每一放蜂行的第一放蜂点距地头13m，以后每隔26m设一放蜂点。

注意事项：放蜂器要防止阳光直射和雨水冲淋，放在叶子背面；挂在植株中上部，挂放牢靠防止脱落。

3.3.4 延庆区3年来放蜂情况

近3年累计放蜂24亿头，涉及康庄、永宁、大榆树、延庆等镇，面积达24万亩次，辐射面积15万亩次（表1）。

表1　延庆区3年来放蜂情况统计

年份	放蜂量 / 亿头	放蜂面积 / 万亩	被害株率 /%		防效 /%	减少化学农药用量 /kg
			未放蜂田块	放蜂田块		
2013	8	8	20	7	65	4 000
2014	11	11	18	5	72.2	5 500
2015	5	5	13	4	69.2	2 500
合计	24	24				12 000

4　结论

玉米螟在延庆区以二代为害为主。越冬基数和气候因素是影响玉米螟发生的主要原因。防治上通过推广赤眼蜂防治玉米螟技术，3年来共挽回粮食损失185万kg，减少化学农药用量12 000kg，提高了玉米的产量和质量，保护了生态环境，促进了延庆区农业的可持续发展。

参考文献

[1]　贾秀海，耿军. 玉米螟发生规律与综合防治[J]. 农技服务，2010，27（12）：1 587，1 589.

该文发表于《北京农业》2016年2月下旬刊

北京地区黏虫对5种杀虫剂的抗药性

董 杰[1]，刘小侠[2]，岳 瑾[1]，乔 岩[1]，褚艳娜[2]，王品舒[1]，张青文[2]
（1.北京市植物保护站，北京 100029；2.中国农业大学 农学与生物技术学院，北京 100193）

摘 要：采用浸叶法测定了北京地区6个黏虫*Mythimna separata*（Walker）种群对5种不同类型杀虫剂的抗药性。结果表明：与相对敏感品系相比，6个田间黏虫种群对5种杀虫剂均表现出不同程度的抗性水平。其中，对氯虫苯甲酰胺（抗性倍数为 1.314～4.213）、甲氨基阿维菌素苯甲酸盐（抗性倍数为1.000～4.385）和毒死蜱（抗性倍数为1.083～5.936）表现为敏感至低水平抗性；对虫螨腈（抗性倍数为1.355～20.80）和氯氟氰菊酯（抗性倍数为1.748～13.98）表现为敏感至中等水平抗性。因此，北京地区的黏虫防治应注重将氯虫苯甲酰胺、甲氨基阿维菌素苯甲酸盐和毒死蜱与虫螨腈或氯氟氰菊酯交替或轮换使用，以延缓抗药性的产生与发展。

关键词：黏虫；杀虫剂；敏感性；抗药性

黏虫*Mythimna separata*（Walker）又名剃枝虫、行军虫，属鳞翅目（Lepidoptera）夜蛾科（Noctuidae），是一种迁飞性、多食性、暴发性的世界性害虫。在我国除西藏自治区未见报道外其他省市均有发生，是我国粮食作物的重要害虫，每年南北往返迁飞为害，给农业生产造成巨大损失[1, 2]。近几年，该虫在我国东北、华北、黄淮部分地区多次出现高密度集中为害情况[3, 4]。2012年和2013年，北京市3代黏虫和2代黏虫严重发生，发生面积都在4×105hm^{2}以上，分别占全市玉米播种面积的33.4%和37.9%[5]，对秋粮生产造成了严重威胁。

目前，在农业生产中防治黏虫主要以有机磷和拟除虫菊酯类农药为主。研究表明，黏虫对拟除虫菊酯类农药已产生了不同程度的抗药性，尽管其对有机磷类农药仍较敏感，但长期使用后势必会导致抗药性的产生[6, 7]。为此，笔者就北京市几个有代表性的黏虫种群对几种新型杀虫剂和目前生产上常用杀虫剂的抗药性进行了测定，以期为黏虫防治过程中合理使用化学农药提供参考。

1 材料与方法

1.1 供试黏虫

田间种群：于2013年6月分别采自北京市顺义、大兴、延庆、平谷、怀柔、房山6个不同代表性区县的玉米田或小麦田（图1），每个区县采集5龄或6龄黏虫幼虫100头以上，在室内用玉米叶饲养至化蛹，饲养条件为温度（25±1）℃，光周期14L：10D，相对湿度（65±5）%。待蛹将要羽化时放入养虫笼内，成虫喂以10%蜂蜜水，并放入产卵条供其产卵。孵化的F1代幼虫饲养至3龄中期，供毒力测定用。

相对敏感品系：1998年引自河北省农林科学院植物保护研究所，在室内不接触药剂的情况下饲养至今。

1.2 供试药剂

选用了5种不同作用类型的杀虫剂，分别是邻酰氨基苯甲酰胺类的20%氯虫苯甲酰胺悬浮剂（chlorantraniliprole，SC），吡咯类的240g/L虫螨腈（chlorfenapyr）SC，拟除虫菊酯类的2.5%氯氟氰菊酯水乳剂（*lambda*-cyhalothrin，EW），有机磷类的480g/L毒死蜱乳油（chlorpyrifos，EC），均由江西施普润农化有限公司生产；大环内酯抗生素类的5%甲氨基阿维菌素苯甲酸盐水分散粒剂（emamectin benzoate，WG），江西天人生态股份有限公司生产。

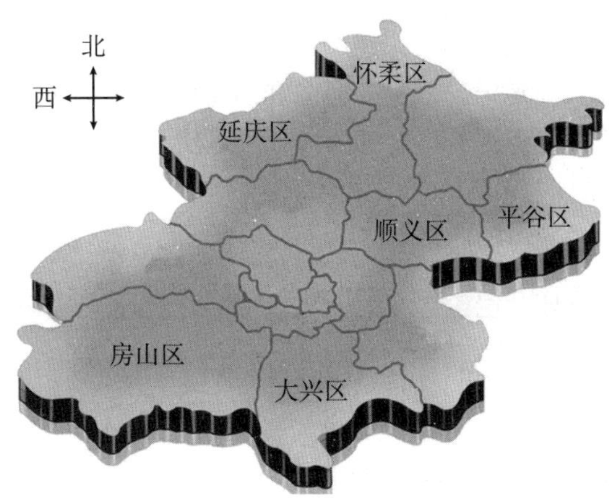

图1 北京地区田间种群黏虫采集地点分布

1.3 测定方法

选取F1代生长一致的3龄幼虫，用浸叶法[8]测定各药剂的室内毒力。将待测药剂用蒸馏水稀释成7～9个等比系列质量浓度，将玉米叶片（温室内种植，不喷施任何杀虫剂）在待测药液中浸10s后于培养皿上自然晾干。每个培养皿中放入适量处理叶片，接入整齐一致的3龄中期黏虫幼虫10头，每浓度重复3次，每浓度共30头幼虫，用封口膜封口，放入培养箱内，控制条件同1.1节。分别以蒸馏水处理和实验室内饲养的敏感品系为对照。根据不同药剂的不同作用特性，氯虫苯甲酰胺于处理72h后检查幼虫死亡数量，以幼虫不能正常爬行为死亡标准；甲氨基阿维菌素苯甲酸盐、虫螨腈、氯氟氰菊酯、毒死蜱于处理48h后检查幼虫死亡数量，以镊子轻触虫体不动者为死亡。

1.4 数据统计与分析

试验数据采用PoloPlus软件进行统计，计算毒力回归方程的斜率、LC_{50}值及其95%置信限。以各杀虫剂对田间种群的LC_{50}值除以该杀虫剂对敏感品系的LC_{50}值，得到抗性倍数；以LC_{50}值的95%置信限不重叠作为判断不同杀虫剂间毒力差异显著性的标准[9]。抗性水平的分级标准[10]：抗性倍数3倍以下为敏感；3～5倍为敏感性降低；5～10倍为低水平抗性；10～40倍为中等水平抗性；40～160倍为高水平抗性；>160为极高水平抗性。

2 结果与分析

2.1 不同杀虫剂对黏虫敏感品系的毒力

浸叶法测定结果（表1）表明，甲氨基阿维菌素苯甲酸盐对黏虫敏感品系的毒力最高，LC_{50}值为0.013mg/L，其次是虫螨腈和氯虫苯甲酰胺，LC_{50}值分别为0.293mg/L和0.389mg/L，氯氟氰菊酯和毒死蜱对敏感品系的毒力偏低，LC_{50}值分别为2.044mg/L和2.238mg/L。各药剂对黏虫敏感品系的毒力次序为：甲氨基阿维菌素苯甲酸盐>虫螨腈、氯虫苯甲酰胺>氯氟氰菊酯、毒死蜱。

表1 5种杀虫剂对黏虫敏感品系3龄幼虫的毒力

供试药剂 Insecticides	斜率 ± 标准误 Slope ± SE	LC_{50}（95%置信限）LC_{50}（95% CL）/（mg/L）	卡方值 x^2
氯虫苯甲酰胺 chlorantraniliprole	1.532 ± 0.282	0.389（0.251 ～ 0.541）	4.858
甲氨基阿维菌素苯甲酸盐 emamectin benzoate	2.637 ± 0.511	0.013（0.010 ～ 0.016）	13.41
虫螨腈 chlorfenapyr	1.754 ± 0.289	0.293（0.214 ～ 0.395）	3.139
氯氟氰菊酯 lambda-cyhalothrin	1.527 ± 0.281	2.044（1.469 ～ 3.175）	8.448
毒死蜱 chlorpyrifos	2.888 ± 0.375	2.238（1.810 ～ 2.754）	10.48

2.2 黏虫田间种群对氯虫苯甲酰胺的抗药性

与敏感品系相比，顺义、大兴、延庆、平谷、怀柔和房山6个黏虫种群对氯虫苯甲酰胺的抗药性水平较低，有 5个种群的抗性倍数均在3以下，属于敏感阶段；仅延庆种群对氯虫苯甲酰胺的敏感性略有下降，LC_{50}值为1.639 mg/L，为敏感种群的4.213倍（表2）。

表2 黏虫田间种群3龄幼虫对氯虫苯甲酰胺的抗性水平

种群 Populations	斜率 ± 标准误 Slope ± SE	LC_{50}（95% 置信限） LC_{50}（95% CL）/（mg/L）	卡方值 x^2	抗性倍数 Resistance ratio
顺义	1.300 ± 0.219	0.573（0.357 ~ 0.790）	8.764	1.473
大兴	1.021 ± 0.175	0.883（0.518 ~ 1.297）	19.39	2.270
延庆	1.142 ± 0.261	1.639（1.063 ~ 2.826）	7.164	4.213
平谷	0.993 ± 0.262	0.534（0.185 ~ 0.887）	3.421	1.373
怀柔	2.068 ± 0.310	0.511（0.387 ~ 0.662）	2.393	1.314
房山	1.331 ± 0.273	0.759（0.448 ~ 1.100）	11.62	1.951

2.3 黏虫田间种群对甲氨基阿维菌素苯甲酸盐的抗药性

与氯虫苯甲酰胺相同，黏虫田间种群对甲氨基阿维菌素苯甲酸盐的抗药性水平也较低。6个黏虫种群中，有3个种群的抗性倍数均在3以下，属于敏感阶段；顺义、房山和延庆种群对甲氨基阿维菌素苯甲酸盐的敏感性略有下降，LC_{50}值分别为 0.057mg/L、0.050mg/L和0.046mg/L，分别产生了4.385倍、3.846倍和3.538倍的抗药性（表3）。

表3 黏虫田间种群3龄幼虫对甲氨基阿维菌素苯甲酸盐的抗性水平

种群 Populations	斜率 ± 标准误 Slope ± SE	LC_{50}（95% 置信限） LC_{50}（95% CL）/（mg/L）	卡方值 x^2	抗性倍数 Resistance ratio
顺义	1.594 ± 0.255	0.057（0.041 ~ 0.086）	13.78	4.385
大兴	0.965 ± 0.216	0.028（0.016 ~ 0.043）	16.70	2.154
延庆	1.934 ± 0.299	0.046（0.035 ~ 0.062）	7.762	3.538
平谷	4.956 ± 1.016	0.013（0.011 ~ 0.016）	15.25	1.000
怀柔	4.218 ± 0.688	0.014（0.012 ~ 0.017）	9.757	1.077
房山	1.984 ± 0.301	0.050（0.038 ~ 0.067）	10.53	3.846

2.4 黏虫田间种群对虫螨腈的抗药性

北京地区6个黏虫田间种群对虫螨腈的抗药性差异明显（表4）：与敏感品系相比，大兴和延庆种群的抗药性水平最高，LC_{50}值分别为 6.093mg/L和5.812mg/L，抗性倍数分别为20.80和19.84；顺义种群次之，LC_{50}为 3.227mg/L，抗性倍数为11.01，上述3个种群对虫螨腈均产生了中等水平抗性；房山种群对虫螨腈产生了低水平抗性，LC_{50}为2.087mg/L，其抗性倍数为7.123，其他两个地区的黏虫种群对虫螨腈仍然敏感。

表4　黏虫田间种群3龄幼虫对虫螨腈的抗性水平

种群 Populations	斜率 ± 标准误 Slope ± SE	LC_{50}（95% 置信限） LC_{50}（95% CL）/(mg/L)	卡方值 x^2	抗性倍数 Resistance ratio
顺义	1.303 ± 0.170	3.227（2.385 ~ 4.697）	22.40	11.01
大兴	1.997 ± 0.262	6.093（4.863 ~ 7.786）	16.05	20.80
延庆	1.934 ± 0.299	5.812（4.423 ~ 7.804）	7.762	19.84
平谷	2.225 ± 0.411	0.397（0.299 ~ 0.518）	5.226	1.355
怀柔	3.203 ± 0.490	0.765（0.621 ~ 0.935）	4.841	2.611
房山	2.376 ± 0.415	2.087（1.627 ~ 2.745）	7.791	7.123

2.5　黏虫田间种群对氯氟氰菊酯的抗药性

结果（表5）表明：北京地区黏虫田间种群均对氯氟氰菊酯产生了一定程度的抗药性，其中顺义种群的抗性水平最高，LC_{50}值为28.58mg/L，抗性倍数为 13.98，为中等水平抗性；延庆种群的抗性水平最低，抗性倍数为1.748，属于敏感阶段；其他4个地区的黏虫种群对氯氟氰菊酯的敏感性降低或产生了低水平抗性。

表5　黏虫田间种群3龄幼虫对氯氟氰菊酯的抗性水平

种群 Populations	斜率 ± 标准误 Slope ± SE	LC_{50}（95% 置信限） LC_{50}（95% CL）/(mg/L)	卡方值 x^2	抗性倍数 Resistance ratio
顺义	1.415 ± 0.214	28.58（21.66 ~ 39.82）	10.43	13.98
大兴	1.638 ± 0.245	15.13（11.59 ~ 20.92）	8.240	7.402
延庆	1.120 ± 0.271	3.572（1.336 ~ 5.787）	7.030	1.748
平谷	2.290 ± 0.324	9.369（7.328 ~ 11.98）	12.63	4.584
怀柔	3.373 ± 0.632	9.641（7.825 ~ 11.91）	2.688	4.717
房山	2.787 ± 0.457	9.132（7.336 ~ 11.67）	6.350	4.468

2.6　黏虫田间种群对毒死蜱的抗药性

与敏感品系相比，供试黏虫田间种群对毒死蜱的抗药性水平较低。6个黏虫种群中，除大兴和房山种群产生了低水平抗性或敏感性降低外，其他4个种群的抗性倍数均在3以下，属于敏感阶段（表6）。

表6　黏虫田间种群3龄幼虫对毒死蜱的抗性水平

种群 Populations	斜率 ± 标准误 Slope ± SE	LC_{50}（95% 置信限） LC_{50}（95% CL）/(mg/L)	卡方值 x^2	抗性倍数 Resistance ratio
顺义	2.704 ± 0.512	3.183（2.537 ~ 3.889）	4.189	1.422
大兴	2.647 ± 0.550	13.28（9.517 ~ 16.53）	4.628	5.936
延庆	2.958 ± 0.554	3.878（3.038 ~ 4.711）	4.075	1.733
平谷	4.272 ± 0.737	2.423（1.898 ~ 3.096）	8.209	1.083
怀柔	3.001 ± 0.468	3.922（3.193 ~ 4.858）	5.421	1.752
房山	3.307 ± 0.656	8.520（6.705 ~ 10.50）	4.815	3.807

3　结论与讨论

氯虫苯甲酰胺属于邻酰氨基苯甲酰胺类杀虫剂，作用位点为鱼尼丁受体，对鳞翅目害虫及其抗药性种群具有优异的防治效果[11, 12]。但由于用量大及使用频率较高，部分害虫已经对其产生不同程度的抗药性。有报道指出，华中地区的岳阳和云梦两个小菜蛾田间种群对氯虫苯甲酰胺已达中等水平抗性（抗性倍数分别为23.1和10.6）[13]，华南地区增城小菜蛾田间种群甚至对其产生了极高水平抗性，抗性倍数高达606[14]和2 000[15]。本研究表明，北京地区黏虫田间种群对氯虫苯甲酰胺也产生了一定的抗药性，但抗性水平还较低，仍处于敏感和敏感性略有下降阶段。

甲氨基阿维菌素苯甲酸盐作为一种大环内酯抗生素类杀虫、杀螨剂，具有胃毒和触杀作用，其作用机制是阻断昆虫的神经传导系统，使其麻痹直至死亡[16]。甲氨基阿维菌素苯甲酸盐作为高效、低毒杀虫剂已被广泛使用。本研究表明，除顺义、房山和延庆黏虫种群对甲氨基阿维菌素苯甲酸盐的敏感性有所降低（抗性倍数分别为4.385、3.846和3.538）外，北京地区其他黏虫田间种群对该药剂仍处于敏感阶段（抗性倍数<3）。

虫螨腈是一种新型吡咯类杀虫、杀螨剂，药剂本身对昆虫无毒杀作用，但其与昆虫接触或被取食后，可在昆虫体内被氧化代谢并转变为具有杀虫活性的化合物，后者作用于虫体细胞内线粒体，破坏由ADP转变成ATP的生理过程，使得ATP合成受阻，最终导致害虫死亡[22]。虫螨腈可防治鳞翅目、同翅目、鞘翅目和害螨等多种害虫。本研究表明，除平谷和怀柔黏虫田间种群对虫螨腈仍处于敏感状态（抗性倍数分别为1.355和2.611）外，北京其他地区田间种群已经对虫螨腈产生了7.123～20.795倍的抗药性。

氯氟氰菊酯属于拟除虫菊酯类杀虫剂，其作用机理主要是使钠离子通道长期开放，导致害虫兴奋过度而死亡[17]，目前害虫已普遍对其产生了不同程度的抗药性[19]。本研究结果表明，除延庆黏虫田间种群对氯氟氰菊酯仍处于敏感阶段（抗性倍数为1.748）外，北京地区其他种群已经对氯氟氰菊酯产生了4.468～13.983倍的抗药性。

毒死蜱是目前全球应用最广泛的5种杀虫剂之一，也是我国用于替代高毒有机磷农药的品种之一，具有触杀、胃毒和熏蒸作用[20]。害虫或螨对毒死蜱的抗性发展一般比较缓慢[21, 22]。本研究表明，除大兴和房山种群分别对其产生了低水平抗性和敏感性降低外（抗性倍数分别为5.936和3.807），其他4个种群均处于敏感状态。说明北京地区黏虫对毒死蜱仍具有较高的敏感性，这与目前北京地区普遍使用毒死蜱作为防治黏虫的首选药剂的措施是相吻合的。

由于黏虫的迁飞能力很强，每次迁飞都可能使抗性基因被稀释，从而降低了抗性产生的速率，但应该注意到，迁飞这一特性只能延缓而不能完全阻止抗性的发展[6, 23]。本研究表明，北京地区部分区县的黏虫田间种群已经对虫螨腈、氯氟氰菊酯和毒死蜱产生了不同程度的抗药性。此外，笔者在研究中还发现，对虫螨腈产生中等水平抗性的黏虫田间种群，对氯氟氰菊酯和毒死蜱还产生了一定的交互抗性，而对氯虫苯甲酰胺和甲氨基阿维菌素苯甲酸盐则无交互抗性（将另文发表）。因此，在黏虫的综合治理中，应尽量避免虫螨腈与拟除虫菊酯类和有机磷类杀虫剂在相同地块使用，以延缓抗性增长；而作用机制新颖、毒性低的杀虫剂如氯虫苯甲酰胺、甲氨基阿维菌素苯甲酸盐等可以作为传统杀虫剂毒死蜱、氯氟氰菊酯等的交替或轮换使用药剂，以降低抗性产生的风险，延长杀虫剂的使用寿命。

参考文献

[1] 王玉正，张孝羲. 黏虫（Mythimna separata Walker）迁飞行为研究[J]. 生态学报，2001，21（5）：772-779.

[2] 李亚红，汪铭，李庆红，等. 2012年云南省粘虫发生特点及防控措施[J]. 中国植保导刊，2013，33（6）：32-34.

[3] 潘蕾，翟保平. 2002年我国华北三代粘虫大发生的虫源分析[J]. 生态学报，2009，29（11）：6 248-6 256.

[4] 张云慧，张智，姜玉英，等. 2012年三代粘虫大发生原因初步分析[J]. 植物保护，2012，38（5）：1-8.

[5] 董杰，岳瑾，乔岩，等. 粘虫的生物学及综合防治技术[J]. 北京农业，2014，（8月下）：115.

[6] 杨春龙，龚国玑，谭福杰，等. 粘虫抗药性监测及其机制的初步研究[J]. 植物保护，1995，21（3）：2-4.

[7] 宋高翔，杨胜林，王普昶. 有机生产模式下牧草粘虫防治方法的初步研究[J]. 草地学报，2011，19（5）：880–883.

[8] 邢家华，柴伟纲，王松尧，等. ZJ0967对粘虫、小菜蛾和斜纹夜蛾的生物活性[J]. 植物保护，2007，33（5）：115–118.

[9] 王彦华，苍涛，赵学平，等.褐飞虱和白背飞虱对几类杀虫剂的敏感性[J].昆虫学报， 2009，52（10）：1 090–1 096.

[10] 沈晋良，谭建国，肖斌，等.我国棉铃虫对拟除虫菊酯类农药的抗性监测及预报[J]. 昆虫知识，1991，28（6）：337–341.

[11] CORDOVA D，BENNER E A，SACHER M D，*et al.* Anthranilic diamides： a new class of insecticides with a novel mode of action，ryanodine receptor activation[J]. *Pesticide Biochemistry and Physiology*，2006，84（3）： 196–214.

[12] 徐尚成，俞幼芬，王晓军，等. 新杀虫剂氯虫苯甲酰胺及其研究开发进展[J]. 现代农药，2008，7（5）：8–11.

[13] 夏耀民，鲁艳辉，朱勋，等. 华中地区小菜蛾对9种杀虫剂的抗药性测定[J]. 中国蔬菜，2013（22）：75–80.

[14] 胡珍娣，陈焕瑜，李振宇，等. 华南小菜蛾田间种群对氯虫苯甲酰胺已产生严重抗性[J]. 广东农业科学，2012（1）：79–81.

[15] WANG X L，WU Y D. High level of resistance to chlorantraniliprole evolved in field populations of *Plutella xylostella*[J]. *Journal of Economic Entomology*，2012，105（3）： 1 019–1 023.

[16] 毕富春，赵建平. 甲氨基阿维菌素苯甲酸盐对主要害虫药效概述[J]. 现代农药，2003，2（2）：19，34–36.

[17] BLACK B C，HOLLINGWORTH R M，AHAMMADSAHIB K I，*et al.* Insecticidal action and mitochondrial uncoupling activity of AC–303，630 and related halogenated pyrroles[J]. *Pesticide Biochemistry Physiology*，1994，50： 115– 128.

[18] 华纯. 拟除虫菊醋类农药的进展和剂型[J]. 世界农药，2009，31（5）：39–44.

[19] 邢剑飞，刘艳，颜冬云. 昆虫对拟除虫菊酯农药的抗性研究进展[J]. 环境科学与技术，2010，33（10）：68–74.

[20] 边全乐. 使用毒死蜱的安全性[J]. 中国农学通报，1997，13（6）：71.

[21] RIBEIRO B M，GUEDES R N C，OLIVEIRA E E，*et al.* Insecticide resistance and synergism in Brazilian populations of *Sitophilus zeamais*（Coleoptera： Curculionidae）[J]. *Journal of Stored Products Research*，2003，39： 21–31.

[22] AHMAD M，ARIF MI，AHMAD M. Occurrence of insecticide resistance in field populations of Spodoptera *litura*（Lepidoptera： Noctuidae）in Pakistan[J]. *Crop Protection*，2007，26： 809–817.

[23] 毕富春，王文丽. 粘虫对杀虫剂敏感性的研究[J]. 华北农学报，1989，4（2）：79–82.

该文发表于《农药学学报》2014年第6期

不同类型药剂对北京地区黏虫的室内毒力测定

董　杰[1]，岳　瑾[1]，乔　岩[1]，褚艳娜[2]，王品舒[1]，张金良[1]，袁志强[1]，杨建国[1]
（1.北京市植物保护站，北京　100029；2.中国农业大学农学与生物技术学院，北京　100193）

摘　要：采用浸叶法，在室内测定了5种药剂对北京地区黏虫的毒力。结果表明，甲氨基阿维菌素苯甲酸盐对黏虫3龄幼虫的毒力最高，氯虫苯甲酰胺和虫螨腈次之，毒死蜱和氯氟氰菊酯的毒力较低。建议在黏虫应急防控中应用甲氨基阿维菌素苯甲酸盐、氯虫苯甲酰胺和虫螨腈（延庆除外）等药剂，以提高防治效果。

关键词：黏虫；药剂；毒力

黏虫[*Mythimna separata*（Walker）]属于鳞翅目夜蛾科，俗称剃枝虫、五彩虫，在我国除西藏自治区外其他各省市均有分布，因其具有群聚性、迁飞性、多食性和暴食性的为害特点，成为我国全国性的重要农业害虫，主要为害麦、稻、粟、玉米等禾谷类粮食作物及棉花、豆类、蔬菜等多种农作物[1, 2]。

2012年和2013年，受异常气候条件影响，加之虫源和食料条件充足，造成北京市三代黏虫和二代黏虫在玉米田暴发为害，发生程度面积之大、范围之广和密度之高为北京市1997年以来罕见，对玉米等粮食作物生产安全造成了严重威胁。黏虫作为一种突发性重大害虫，使用农药进行防治是重要措施之一。为此，作者测定了几种不同作用类型杀虫剂对黏虫3龄幼虫的毒力，以期为黏虫的药剂防治提供科学依据。

1　材料与方法

1.1　供试药剂

选用了5种不同作用类型的杀虫剂，分别是邻酰胺基苯甲酰胺类的20%氯虫苯甲酰胺悬浮剂（江西施普润农化有限公司）、大环内酯抗生素类的5%甲氨基阿维菌素苯甲酸盐水分散粒剂（江西天人生态股份有限公司）、吡咯类的240g/L虫螨腈悬浮剂（江西施普润农化有限公司）、拟除虫菊酯类的2.5%氯氟氰菊酯水乳剂（江西施普润农化有限公司）和有机磷类的480 g/L 毒死蜱乳油（江西施普润农化有限公司）。

1.2　供试黏虫

采自北京延庆、顺义、房山3个不同代表性区县的玉米田或小麦田，采集时为5龄、6龄幼虫，在室内用玉米叶饲养至化蛹，饲养条件为（25±1）℃，光周期为14L：10D，RH（65±5）%。待蛹将要羽化时放入养虫笼内，成虫喂以10%蜂蜜水，放入产卵条供其产卵，孵化的F1代幼虫饲养至3龄中期供毒力测定用。

1.3　测定方法

选取F1代生长一致的3龄幼虫用浸叶法测定各药剂的室内毒力。将待测药剂用蒸馏水稀释成7～9个等比系列浓度，将玉米叶片（温室内种植，不喷施任何杀虫剂）在待测药液中浸10s，取出后放在培养皿上自然晾干。每个培养皿中放入适量处理叶片，接入整齐一致的3龄中期的黏虫幼虫10头，每浓度重复3次，每浓度共30头幼虫，用封口膜封口，放入培养箱内，控制条件同上。以蒸馏水和实验室内饲养敏感品系为对照。根据不同药剂的不同作用特性，氯虫苯甲酰胺处理72h后检查幼虫死亡数量以幼虫不能正常爬行为死亡标准。甲氨基阿维菌素苯甲酸盐、虫螨腈、氯氟氰菊酯、毒死蜱处理48h后检查死亡数量，以镊子轻触虫体幼虫不动者为死亡。

1.4 数据统计与分析

试验数据采用PoloPlus软件进行统计，计算毒力回归方程的斜率、LC_{50}值及其95%置信限，以LC_{50}值的95%置信限不重叠作为判断不同杀虫剂间毒力差异显著的标准[3]。

2 结果与分析

2.1 不同药剂对黏虫3龄幼虫的室内毒力测定结果

由表1可以看出，5种药剂对黏虫3龄幼虫的毒力差异明显，毒力最高的是甲氨基阿维菌素苯甲酸盐，延庆、顺义、房山3个种群的LC_{50}分别为0.046mg/L、0.057mg/L、0.050mg/L，其次是氯虫苯甲酰胺，延庆、顺义、房山3个种群的LC_{50}分别为1.639mg/L、0.573mg/L、0.759mg/L，虫螨腈、氯氟氰菊酯和毒死蜱3种药剂对不同区县黏虫种群的毒杀效果不同，3种药剂对延庆种群的毒力高低顺序为：氯氟氰菊酯>毒死蜱>虫螨腈；对顺义种群的毒力高低顺序为：毒死蜱>虫螨腈>氯氟氰菊酯；对房山种群的毒力高低顺序为：虫螨腈>毒死蜱>氯氟氰菊酯。

表1 不同药剂对黏虫3龄幼虫的室内毒力

供试药剂	种群	斜率 ± 标准误	LC_{50}*（mg/L）	x^2
	延庆	1.142 ± 0.261	1.639（1.063 ~ 2.826）	7.164
氯虫苯甲酰胺	顺义	1.300 ± 0.219	0.573（0.357 ~ 0.790）	8.764
	房山	1.331 ± 0.273	0.759（0.448 ~ 1.100）	11.623
	延庆	1.934 ± 0.299	0.046（0.035 ~ 0.062）	7.762
甲氨基阿维菌素苯甲酸盐	顺义	1.594 ± 0.255	0.057（0.041 ~ 0.086）	13.781
	房山	1.984 ± 0.301	0.050（0.038 ~ 0.067）	10.531
	延庆	1.934 ± 0.299	5.812（4.423 ~ 7.804）	7.762
虫螨腈	顺义	1.303 ± 0.170	3.227（2.385 ~ 4.697）	22.397
	房山	2.376 ± 0.415	2.087（1.627 ~ 2.745）	7.791
	延庆	1.120 ± 0.271	3.572（1.336 ~ 5.787）	7.030
氯氟氰菊酯	顺义	1.415 ± 0.214	28.581（21.663 ~ 39.822）	10.428
	房山	2.787 ± 0.457	9.132（7.336 ~ 11.674）	6.350
	延庆	2.958 ± 0.554	3.878（3.038 ~ 4.711）	8.209
毒死蜱	顺义	2.704 ± 0.512	3.183（2.537 ~ 3.889）	4.189
	房山	3.307 ± 0.656	8.520（6.705 ~ 10.500）	4.815

*注：LC_{50}的范围为95%置信限

2.2 不同药剂对黏虫3龄幼虫的毒力比较

由表2可以看出，甲氨基阿维菌素苯甲酸盐表现出了对黏虫3龄幼虫极高的活性，以毒死蜱为标准药剂，甲氨基阿维菌素苯甲酸盐相对毒力指数分别达到了84.304（延庆种群）、55.842（顺义种群）和170.400（房山种群）。氯虫苯甲酰胺对黏虫3龄幼虫的活性也较高，其相对毒力指数分别为2.366（延庆种群）、5.555（顺义种群）和11.225（房山种群）。虫螨腈和氯氟氰菊酯对不同黏虫种群的活性差异较大，相对毒力指数从0.111 ~ 4.082不等。

表2　不同药剂对黏虫3龄幼虫的相对毒力指数

供试药剂	相对毒力指数 *		
	延庆种群	顺义种群	房山种群
氯虫苯甲酰胺	2.366	5.555	11.225
甲氨基阿维菌素苯甲酸盐	84.304	55.842	170.400
虫螨腈	0.667	0.986	4.082
氯氟氰菊酯	1.086	0.111	0.933
毒死蜱	1.000	1.000	1.000

*注：相对毒力指数=毒死蜱的LC_{50}/相应药剂的LC_{50}

3　结论与讨论

甲氨基阿维菌素苯甲酸盐作为一种大环内脂抗生素类杀虫杀螨剂，它主要通过胃毒和触杀作用来杀死害虫，其作用机制是阻断昆虫的神经传导系统，使其产生麻痹现象，造成死亡。本试验证明它对黏虫幼虫具有极高的活性，是防治黏虫的优良药剂。

氯虫苯甲酰胺是第1个具有新型邻酰胺基苯甲酰胺类化学结构的广谱杀虫剂，其杀虫机制是通过与昆虫体内的鱼尼丁受体结合，导致细胞内源钙离子释放的失控和流失而使其肌肉瘫痪，对鳞翅目害虫及其抗药性种群具有优异的防治效果[4, 5]。本试验中氯虫苯甲酰胺对黏虫3龄幼虫表现出了较高的活性。此外，氯虫苯甲酰胺对天敌和传粉昆虫几乎无不良影响[4]，是一类比较有应用前景的药剂。

虫螨腈是一种新型吡咯类杀虫杀螨剂，该药剂本身对昆虫无毒杀作用，其作用机制是昆虫接触或取食后，在昆虫体内被氧化代谢转变为具有杀虫活性的化合物，然后作用于虫体细胞内线粒体，破坏ADP转变成ATP的生理过程，使得ATP合成受阻，最终导致害虫死亡[6]。大量研究表明，虫螨腈对钻蛀、刺吸和咀嚼式害虫以及螨类具有良好的防治效果[7–9]。本试验中虫螨腈对房山黏虫种群的毒力较高，对延庆和顺义黏虫种群的毒力较低，可能与延庆和顺义黏虫种群对虫螨腈产生了抗性有关。

目前在农业生产中防治黏虫主要以有机磷农药和拟除虫菊酯类农药为主，研究表明，黏虫对拟除虫菊酯类农药已产生了不同程度的抗药性，虽然黏虫对有机磷类农药仍较敏感，但有机磷农药的长期使用，势必会导致抗药性的产生[10–12]，本试验也表明，拟除虫菊酯类农药氯氟氰菊酯和有机磷类农药毒死蜱对黏虫的毒力都较低。

在黏虫的化学防治中，推荐使用甲氨基阿维菌素苯甲酸盐、氯虫苯甲酰胺和虫螨腈（延庆除外），尽量减少氯氟氰菊酯和毒死蜱等常规杀虫剂的用药次数，以提高防治效果。同时要交替使用不同杀虫机理的杀虫剂，以减轻农药对害虫的环境压力，延缓害虫抗药性的产生。

参考文献

[1]　喻健. 玉米黏虫发生、为害及综合防治方法[J]. 安徽农学通报，2010，16（19）：68–69.

[2]　李亚红，汪铭，李庆红，等. 2012年云南省粘虫发生特点及防控措施[J]. 中国植保导刊，2013，33（6）：32–34.

[3]　章金明，张蓬军，黄芳，等. 浙江菜区斜纹夜蛾对几类杀虫剂的敏感性[J]. 浙江农业学报，2014，26（1）：110–116.

[4]　徐尚成，俞幼芬，王晓军，等. 新杀虫剂氯虫苯甲酰胺及其研究开发进展[J]. 现代农药，2008，7（5）：8–11.

[5]　杨桂秋，童怡春，杨辉斌，等. 新型杀虫剂氯虫苯甲酰胺研究概述[J]. 世界农药，2012，34（1）：31–34.

[6]　张文成，王开运，牛芳，等. 虫螨腈胁迫对甜菜夜蛾保护酶系和解毒酶系的诱导效应[J]. 植物保护学报，2009，36（5）：455–460.

[7] 邓明学，覃旭，谭有龙，等. 10%虫螨腈SC防治柑橘木虱、潜叶蛾等四种柑橘害虫田间药效试验[J]. 南方园艺，2011，22（6）：6–9.

[8] 莫志莲，许焕明，许光明，等. 240g/L虫螨腈悬浮剂防治柑橘全爪螨田间药效试验[J]. 广西植保，2012，25（1）：12–14.

[9] 王华建，李继，周铁锋，等. 虫螨腈防治茶假眼小绿叶蝉试验[J]. 浙江农业科学，2012（6）：864–865.

[10] 杨春龙，龚国玑，谭福杰，等. 黏虫抗药性监测及其机制的初步研究[J]. 植物保护，1995，21（3）：2–4.

[11] 裴晖，欧晓明，王永江，等. 杀虫单与有机磷杀虫剂混配对黏虫的增效作用研究[J]. 新农药，2006，10（1）：23–25.

[12] 宋高翔，杨胜林，王普昶. 有机生产模式下牧草黏虫防治方法的初步研究[J]. 草地学报，2011，19（5）：880–883.

黏虫的生物学及综合防治技术

董 杰，岳 瑾，乔 岩，张金良，袁志强，王品舒
（北京市植物保护站，北京 100029）

摘 要：黏虫是我国重要的农业害虫，具有迁飞性、群聚性、杂食性和暴食性的为害特点。本文详细介绍了黏虫的形态特征、发生规律及综合防治技术，以期为北京市玉米黏虫的防治工作起到指导作用。

关键词：玉米；黏虫；防治

黏虫[*Mythimna separata*（Walker）]又名剃枝虫、行军虫、五彩虫，属鳞翅目夜蛾科，是一种迁飞性、群聚性、多食性和暴发性的世界性害虫。在我国除西藏自治区未见报道外其他省市都有发生，主要为害麦、稻、粟、玉米等禾谷类粮食作物及棉花、豆类、蔬菜等多种农作物[1，2]。近年来，黏虫在我国东北、华北、黄淮部分地区多次出现高密度集中为害情况[3-5]。2012年和2013年，北京市三代黏虫和二代黏虫严重发生，发生面积都在4×105hm^{2}以上，分别占全市玉米播种面积的33.4%和37.9%，对玉米生产造成了严重威胁。玉米是北京市重要的粮食作物，也是种植面积最大的作物品种，抓好玉米黏虫的防治工作，对保障秋粮丰收具有重要意义。

1 形态特征

成虫：体长15～17mm，翅展36～40mm。头部与胸部灰褐色，腹部暗褐色。前翅灰黄褐色、黄色或橙色。内横线往往只现几个黑点，环纹与肾纹呈两个淡黄色圆斑，界限不显著，肾纹后端有一个白点，其两侧各有一个黑点；外横线为一列黑点；亚缘线自顶角内斜至M_2，为一条暗黑色条纹；外缘线为一列黑点。后翅暗褐色，向基部色渐淡。雄蛾体稍小，体色较深。

卵：直径约0.5mm，半球形，有光泽，表面具六角形有规则的网状脊纹。初产时白色，孵化前呈黄褐色至黑褐色。卵粒常排列成2～4行或重叠堆积成块，每个卵块一般有几十粒至百余粒。

幼虫：老熟幼虫体长36～40mm，体色多变。发生量小时，体色较浅，大发生时体色呈浓黑色。头部红褐色，头盖有网纹，额扁，头部中央沿蜕裂线有一“八”字形黑褐色纹。幼虫体表有许多纵形条纹，背中线白色，边缘有细黑线，两侧有两条红褐色纵线条，两纵线间均有白色纵形细纹。腹面污黄色，腹足外侧有黑褐色斑。

蛹：体长19～23mm，红褐色；腹部第5、6、7节背面近前缘处有横列的马蹄形刻点，中央刻点大而密，两侧渐稀。尾端有一对粗大的刺，刺的两旁各有短而弯曲的细刺2对。雄蛹生殖孔在腹部第9节，雌蛹生殖孔位于第8节。

2 发生规律

黏虫在我国从北到南一年发生2～8代，在北纬33℃以北地区不能越冬，长江以南以幼虫和蛹在稻桩、杂草、麦田表土下等处越冬。翌年春天羽化，迁飞至北方为害，成虫有趋光性和趋化性。成虫需取食补充营养，常产卵于叶尖或嫩叶、心叶皱缝间，使叶片成纵卷。幼虫共6龄，初孵幼虫行走如尺蠖，有群集性。1、2龄幼虫躲在植株基部叶背或分蘖叶背光处为害，3龄后食量大增，5～6龄进入暴食阶段，其食量占整个幼虫期90%左右。3龄后的幼虫有假死性，受惊动迅速卷缩坠地，白天潜伏在心叶或土缝中，傍晚或阴天爬到植株上为害。老熟幼虫入土化蛹。该虫适宜温度为10～25℃，相对湿度为85%。产卵适温19～22℃，适宜相对湿度为90%左右，气温低于15℃或高于25℃，产卵明显减少，气温高于35℃不能产卵。

3　综合防治技术

黏虫繁殖速度快，可在短期内暴发成灾，幼虫3龄后食量暴增，因此，防治黏虫应采取 “控制成虫发生，减少产卵量，抓住幼虫 3 龄暴食为害前关键防治时期，集中连片普治重发生区，隔离防治局部高密度区，控制重发生田转移为害。密切监视一般发生区，对超过防治指标的点片及时挑治”的策略。

3.1　成虫诱杀技术

利用黏虫成虫的趋光、趋化性，采用杀虫灯、性诱捕器等诱杀成虫，以减少成虫产卵量，降低田间虫口密度。

（1）杀虫灯法。在成虫发生期，于田间安置杀虫灯，灯间距100m，晚 8 点至早5点开灯，诱杀成虫。

（2）性诱捕法。用配黏虫性诱芯的干式诱捕器，每亩一个插杆挂在田间，诱杀成虫。

3.2　幼虫防治技术

在幼虫发生初期及时喷药防治，把幼虫消灭在3龄之前。

（1）达标防治。当玉米田虫口密度达30头/百株以上时，可用50%辛硫磷乳油、80%敌敌畏乳油、40%毒死蜱乳油75～100g/667m^{2}加水50kg或20%灭幼脲3号悬浮剂、25%氰・辛乳油20～30mL或4.5%高效氯氰菊酯50mL加水30kg均匀喷雾，或用5%甲氰菊酯乳油、5%氰戊菊酯乳油、2.5%高效氯氟氰菊酯乳油、2.5%溴氰菊酯乳油1 000～1 500倍液、3%啶虫脒乳油1 500～2 000倍液喷雾防治。

（2）早期防治。低龄幼虫期可用5%卡死克乳油4 000倍液，或灭幼脲1～3号500～1 000倍液喷雾防治，防治黏虫幼虫效果好，且不杀伤天敌。

3.3　封锁隔离技术

在黏虫幼虫迁移为害时，可在其转移的道路上挖深沟，对掉入沟内的黏虫集中处理，阻止其继续迁移，或撒15cm宽的药带进行封锁；或在玉米田用40%辛硫磷乳油75～100g/667m^{2}加适量水，拌沙土30kg制成毒土撒施进行隔离。

3.4　保护利用天敌技术

可释放赤眼蜂、中红侧沟茧蜂等天敌寄生黏虫的卵或幼虫，同时注意保护田间的蜘蛛、寄生蜂等自然天敌。

3.5　注意事项

（1）施药时间应在晴天上午9点以前或下午5点以后，若遇雨天应及时补喷，要求喷雾均匀周到、田间地头，路边的杂草都要喷到。施药时要穿好防护服，戴好口罩。根据发生严重程度，可适当加大或减少用药量。

（2）黏虫重发时具有相对集中的特点，要突出重点，集中防控，积极组织开展专业化大面积连片统防统治，及时防治低龄幼虫，严格控制重发田幼虫转移为害。施药机械可采用自走式高秆作物喷雾机、风送式喷雾机或烟雾机等。

参考文献

[1]　喻健. 玉米黏虫发生、为害及综合防治方法[J]. 安徽农学通报，2010，16（19）：68-69.

[2]　李亚红，汪铭，李庆红，等. 2012年云南省黏虫发生特点及防控措施[J]. 中国植保导刊，2013，33（6）：32-34.

[3]　潘蕾，翟保平. 2002年我国华北三代黏虫大发生的虫源分析[J]. 生态学报，2009，29（11）：6 248-6 256.

[4]　张云慧，张智，姜玉英，等. 2012年三代黏虫大发生原因初步分析[J]. 植物保护，2012，38（5）：1-8.

[5]　姜玉英，曾娟，任宝珍，等. 2012年全国3代黏虫防控对策分析[J]. 中国植保导刊，2013，33（6）：64-68.

该文发表于《北京农业》2014年第24期

基于DNA条形码技术的常见赤眼蜂种类识别

岳 瑾[1]，董 杰[1]，张桂芬[2]，王品舒[1]，乔 岩[1]，张 宁[3]，张金良[1]，袁志强[1]
（1.北京市植物保护站，北京 100029；2.中国农业科学院植物保护研究所，北京 100193；
3.北京市密云区植保植检站，北京 101500）

摘 要：采用DNA条形码技术，通过对线粒体DNA COI基因片段约680bp碱基序列的测序及比对分析，邻接法构建系统发育树，以螟黄赤眼蜂、玉米螟赤眼蜂、松毛虫赤眼蜂密云品系、松毛虫赤眼蜂沈阳品系为标定物，对采自密云区田间的分别寄生于杨扇舟蛾和玉米螟的赤眼蜂进行了分子检测。结果表明，已知种赤眼蜂与松毛虫赤眼蜂的COI基因同源性均达99%，且系统发育分析结果显示，都聚为一类，密云杨扇舟蛾-2013（MYYS-001）、密云杨扇舟蛾-2012（MYYS-002）、密云玉米螟-2013均为松毛虫赤眼蜂。

关键词：赤眼蜂；DNA条形码；种类识别

赤眼蜂是近年来应用广泛的一类卵寄生性天敌产品，广泛用于防治玉米、水稻、甘蔗、棉花、蔬菜和松树的鳞翅目害虫。北京市密云区从20世纪90年代就开始繁育和释放赤眼蜂，至今北京市每年定期在9个区县开展统一放蜂行动，主要用于防治玉米螟。为验证本市繁蜂种蜂、田间防治优势蜂的赤眼蜂具体种类，特开展了本试验。

本研究针对赤眼蜂体型微小，不同种类赤眼蜂间体型相似，非专门从事赤眼蜂分类人员难以快速准确识别的问题，采用DNA条形码技术，通过对线粒体DNA COI基因片段约680bp碱基序列的测序及比对分析，邻接法构建系统发育树，实现了快速准确鉴别不同种类赤眼蜂的目的。另外，本研究在密云区田间选取了分别寄生于杨扇舟蛾（繁育种源）和玉米螟（防治对象）中的赤眼蜂作为鉴定对象，鉴定结果表明，密云杨扇舟蛾-2013（MYYS-001）、密云杨扇舟蛾-2012（MYYS-002）、密云玉米螟-2013均为松毛虫赤眼蜂，将本市赤眼蜂的采种、繁殖和防治串联起来，为进一步应用奠定了基础。

1 材料与方法

1.1 供试虫源

已知种赤眼蜂玉米螟赤眼蜂、松毛虫赤眼蜂（密云品系、沈阳品系）、螟黄赤眼蜂，分别由北京市农林科学院植保环保研究所、北京市密云区植保植检站以及河北省农林科学院旱作农业研究所提供。

未知种赤眼蜂均采自密云，寄主分别为杨扇舟蛾和玉米螟，依据采集地点和寄主种类，分别编号为密云杨扇舟蛾-2013（MYYS-001）、密云杨扇舟蛾-2012（MYYS-002）、密云玉米螟-2013（MYYMM-001）。

1.2 主要试剂

DNA提取试剂主要包括蛋白酶K（美国Amresco公司生产）、乙二胺四乙酸钠（Na2EDTA）（≥99.0%，美国Amresco公司生产）、三羟甲基氨基甲烷（Tris）（≥99.5%，美国Amresco公司生产）、十二烷基磺酸钠（SDS）（98.5%，美国Amresco公司生产）、预冷无水乙醇（≥99.7%，北京化工厂生产）、氯化钠（超级纯）（北京华益化工有限公司生产）、氯仿（99.9%，北京化工厂生产）、异戊醇（98.5%，北京华益化工有限公司生产）；PCR反应试剂主要包括DNA条形码通用型引物（上海生工生物技术有限公司合成）、*Taq* DNA聚合酶（北京全式金生物技术有限公司生产）、dNTP（北京全式金生物技术有限公司生产）、10×buffer（北京全式金生物技术有限公司生产）等、ddH2O（100%，北京先领时代科技有限公司）；琼脂糖凝胶电泳所用试剂主要包括琼脂糖（美国Amresco公司生产）、分子量标准（BM2000Marker，北京博迈德生物技术有限公司生产）、Gold view染色剂（美国Amresco公司生产）、TBE（Tris 硼酸电泳缓冲液）（5×贮存液：54.0g Tris、57.1g 硼酸、20mL0.5mol/L EDTA，pH=8.0，溶解在1000mL超纯水中，工作液为贮存液的10倍稀释液）、上样缓冲液[0.25% 溴酚蓝、40%（W/V）蔗糖水溶液]。

1.3 主要仪器设备

主要仪器设备包括PCR仪（美国Bio-Rad公司生产）、高速低温离心机和普通离心机（德国Sigma公司生产）、恒温水浴锅（日本Sanyo公司生产）、电泳仪及水平电泳槽（美国Bio-Rad公司生产）、凝胶成像系统（GelDoc Universal Hood Ⅱ型，美国Bio-Rad公司生产），以及4℃、－20℃、－70℃冰箱（日本Sanyo公司生产）等。

1.4 DNA的提取

用软毛毛笔轻轻挑取单头赤眼蜂，置于滴有20μL DNA提取缓冲液（50mmol/L Tris-HCl，1mmol/L EDTA，20mmol/L NaCl，1% SDS， pH8.0）的帕拉膜上，以0.2mL的PCR 管底部作为匀浆器进行充分研磨匀浆，匀浆液吸入1.5 mL离心管中；用200μL DNA提取缓冲液分4次冲洗匀浆器和帕拉膜，将缓冲液移入同一离心管中；向管中加入5μL蛋白酶K（20mg/mL），涡旋混匀后，置于水浴锅中60℃水浴1h（中途混匀1次）；加入220μL氯仿/异戊醇（*V*：*V*=24：1），轻轻混匀数十次后，冰浴30min；然后以4℃、12 000r/min离心20min，取上清液；加入440μL预冷无水乙醇，轻轻混匀后于－20℃放置30min；取出后，于4℃、12 000r/min离心20min，小心弃去上清液后再加入440μL预冷75%乙醇洗涤，于4℃、12 000 r/min离心15min，小心弃去上清液；将离心管倒扣于洁净滤纸上，自然干燥20min，每管加入20μL超纯水，充分溶解后于－20℃保存备用。

1.5 COI基因序列的 PCR扩增、电泳检测及序列测定

COI基因序列扩增所使用的引物为DNA 条形码标准引物LCO1490（5'-GGTCA ACAAA TCATA AAGAT ATTGG-3'）和HCO2198（5'-TAAAC TTCAG GGTGA CCAAA AAATC A-3'）（ Folmer et al.，1994），由上海生工生物工程技术服务有限公司合成。PCR反应体系为30μL，其中*Taq DNA*聚合酶（1.0 U/μL）0.4μL、dNTPs （0.2mmol/L） 0.6μL、10×Buffer（含Mg^{2+}）3μL、上游引物和下游引物（10pmol/μL）各0.6μL、DNA模板1μL、ddH2O 24.4μL。反应条件：94℃预变性10min；35个循环：94℃ 30s、52℃ 30s、72℃ 1min；最后72℃延伸10min。取5μL PCR 扩增产物，加2μL上样缓冲液（0.25% 溴酚兰、40% 蔗糖水溶液），以DNA Marker 为参照，在含有染色剂GoldView的1.5%的琼脂糖凝胶上进行电泳分离（电泳液为0.5×TBE），85V 电泳45min 后，以凝胶成像系统分析结果。将经电泳检测验证合格的PCR 产物送北京三博远志生物技术有限公司进行双向测序。每种赤眼蜂测定2～5头。

1.6 COI基因序列分析

以DNAMAN软件读取序列，并对每条序列进行碱基的读取和反复比对，以确保获得的序列为目的基因片段。再用Clustal W软件进行COI基因序列分析， 通过MEGA5.1软件采用邻接法（neighbor-joining，NJ）、以烟粉虱MED隐种（Q型）为外群构建系统进化树，系统进化树各分支的置信度采用自展法（BP）重复检测1 000次。选取每种赤眼蜂所测序列中出现频率最高的单倍型序列，并结合NCBI中已公开的赤眼蜂COI基因序列构建进化树。

2 结果与分析

2.1 PCR扩增、序列测定及同源性分析

本试验以3种未知赤眼蜂和4种已知赤眼蜂的DNA为模板，以DNA条形码的通用型引物LCO1490/HCO2198进行PCR扩增，电泳检测结果显示，每种赤眼蜂均可扩增出清晰的长度约为690 bp的靶标片段（图1）。

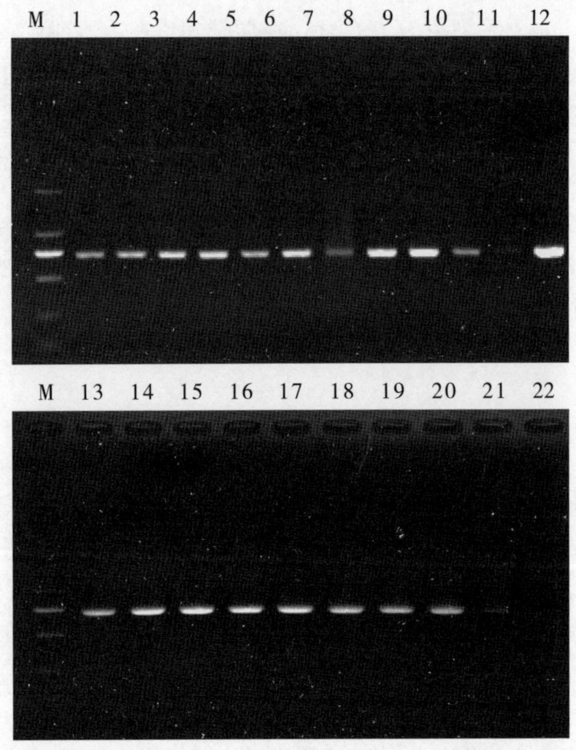

图1　引物LCO1490 /HCO2198对7种赤眼蜂COI基因扩增电泳检测

M 2000bp DNA分子量标准；1～3 玉米螟赤眼蜂；4～6松毛虫赤眼蜂-密云品系；7～9松毛虫赤眼蜂-沈阳品系；10～12 螟黄赤眼蜂；13～15 MYYS-001；16～18 MYYS-002；19～21 MYYMM-001；22 阴性对照（超纯水）。

对电泳检测验证合格的PCR产物进行纯化和序列测定，然后将所得到的已知种和未知种赤眼蜂的COI基因序列进行比对，并提交到NCBI上进行BLAST分析。结果显示，编号MYYS-001、MYYS-002、MYYMM-001的未知种赤眼蜂均与松毛虫赤眼蜂的同源性达到99%，而与玉米螟赤眼蜂和螟黄赤眼蜂的同源性分别达到94%和93%（表1）。

表1　已知种赤眼蜂和未知种赤眼蜂COI基因序列同源性分析

已知种	未知种同源性（%）		
	MYYS-001	MYYS-002	MYYMM-001
玉米螟赤眼蜂	94	94	94
松毛虫赤眼蜂－密云品系	99	99	99
松毛虫赤眼蜂－沈阳品系	99	99	99
螟黄赤眼蜂	93	93	93

2.2　系统发育树构建

将所得序列拼接后以Clustal W.软件一并进行比对，修剪成长度约为680 bp的片段进行系统发育分析，以烟粉虱MED隐种为外群，以邻接法（NJ）对7种赤眼蜂COI基因序列共同构建系统发育树。聚类分析结果显示，编号MYYS-001、MYYS-002、MYYMM-001的未知种赤眼蜂均与松毛虫赤眼蜂聚为一支，自展支持率为100%（图2）。

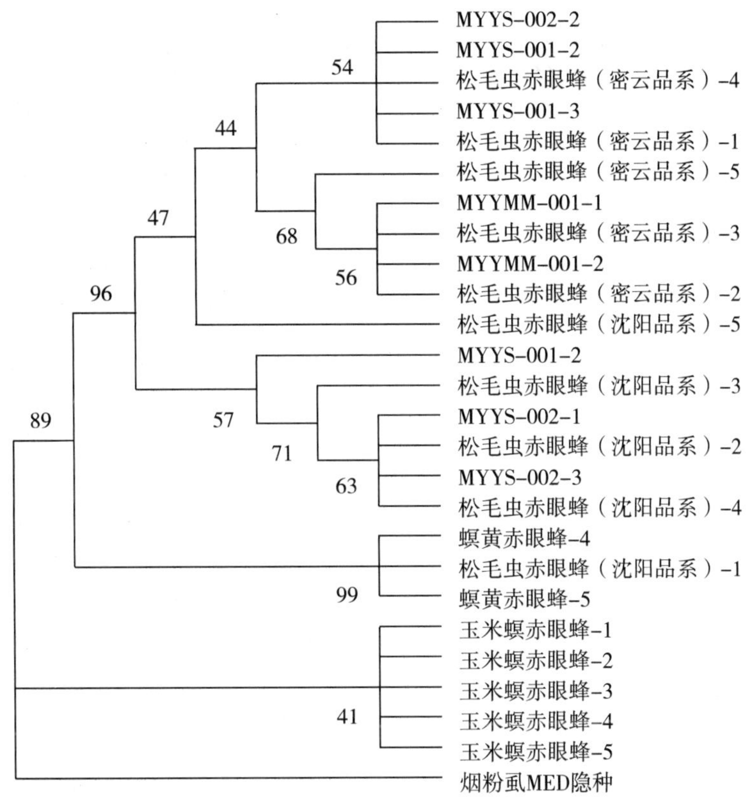

图2　邻接法构建的7种赤眼蜂系统发育树

3 结论与讨论

根据BLAST比对分析结果，编号分别为MYYS-001、MYYS-002、MYYMM-001的未知种赤眼蜂均与松毛虫赤眼蜂COI基因同源性达99%，且系统发育分析结果显示，它们都聚为一类，故可得出结论：上述3个未知种赤眼蜂均为松毛虫赤眼蜂。

本研究基于DNA条形码技术，建立了适于田间应用的赤眼蜂种类快速鉴别方法，从而为在赤眼蜂应用过程中开展防治效果调查提供了技术手段；另外，本研究明确了密云杨扇舟蛾-2013（MYYS-001）、密云杨扇舟蛾-2012（MYYS-002）、密云玉米螟-2013均为松毛虫赤眼蜂，本研究得出的结论，为北京市持续开展以松毛虫赤眼蜂品系为基础的赤眼蜂防治玉米螟技术的应用奠定了基础。

参考文献

[1] 付海滨，丛斌，杜贤章，等. mtDNA COⅡ基因序列应用于赤眼蜂分子鉴定的研究[J]. 中国农业科学，2006，37（9）：1 927-1 933.

[2] 李正西，沈佐锐. 赤眼蜂分子鉴定技术研究[J]. 昆虫学报，2002，45（5）：559-566.

[3] 耿金虎，李正西，沈佐锐. 诊断引物应用于我国三种重要赤眼蜂分子鉴定的研究[J]. 昆虫学报.2004，47（5）：639-644.

该文发表于《中国植保导刊》2014年第5期

褐足角胸肖叶甲防治技术初探

岳 瑾[1]，杨建国[1]，王品舒[1]，董 杰[1]，王泽民[2]，乔 岩[1]，张金良[1]，袁志强[1]
（1.北京市植物保护站，北京 100029；2.北京市顺义区植保植检站，北京 101300）

摘 要：【目的】筛选适宜防除玉米田褐足角胸肖叶甲的杀虫剂品种。【方法】本研究选取4种杀虫剂设置12种处理，通过田间试验，评价各药剂的杀虫效果。【结果】4.5%高效氯氰菊酯乳油1 200倍液、2.5%溴氰菊酯乳油1 000倍液处理能有效地控制褐足角胸肖叶甲成虫的为害，建议在生产上推广应用。【结论】上述两种处理适用于玉米田褐足角胸肖叶甲的防除工作。

关键词：褐足角胸肖叶甲；防治；初探

褐足角胸肖叶甲*Basilepta fulvipes*（Motschulsky）属昆虫纲鞘翅目肖叶甲科角胸叶甲属，这一虫害在我国分布较广且为害作物各不相同，在北京、河北主要为害玉米，在江苏为害菊花，在广西壮族自治区、云南等地为害香蕉[1]。近年来褐足角胸肖叶甲在北京市顺义、延庆等区玉米田普遍发生，仅2014年全市发生面积约2.1×10^5亩次，严重的地块被害率 50%～80%。褐足角胸肖叶甲以成虫啃食玉米叶片，从玉米苗期至成株期均可受害，但以玉米抽雄前受害最重。据观察，成虫怕光，喜欢集中在心叶内为害，啃食叶肉造成许多小孔，有时被啃食的小孔连接起来，使叶片横向被切断，或叶片呈破碎状。玉米苗期受害，褐足角胸叶甲在心叶内为害，使心叶卷缩在一起，呈牛尾状，生长受到严重抑制。鉴于褐足角胸肖叶甲对玉米的为害现状以及国内外对其防治技术研究报道较少，笔者于2014年对褐足角胸肖叶甲的防治药剂进行了初步筛选，旨在指导田间防治工作。

1 材料和方法

1.1 供试昆虫

顺义区南彩镇夏玉米田田间为害的褐足角胸肖叶甲成虫。

1.2 寄主作物

玉米，品种为郑单958。

1.3 供试药剂

4.5%高效氯氰菊酯乳油、2.5%溴氰菊酯乳油、1.8%阿维菌素乳油、1%苦参碱可溶液剂。

1.4 试验设计

1.4.1 小区设计

各小区处理采用随机区组排列，小区面积为100m^2，重复3次，小区间留1m 隔离带。

1.4.2 药剂处理

于褐足角胸叶甲成虫发生盛期将试验用药按设定剂量（表1）配成药液（40kg/亩） 进行叶面喷雾，喷雾要均匀，喷雾重点部位为玉米心叶。

表1 供试药剂设定剂量

药剂	浓度（倍）		
4.5% 高效氯氰菊酯乳油	1 200	1 500	1 800
2.5% 溴氰菊酯乳油	1 000	2 000	3 000
1.8% 阿维菌素乳油	6 000	7 000	8 000
1% 苦参碱可溶液剂	800	1 200	1 600
CK	清水	清水	清水

1.4.3 调查、记录和药效计算方法

施药前调查虫口基数，施药后1天、3天、5天、7天调查存活虫数，每小区按5点取样法每点取10株，共取50株。防治效果计算方法如下：

虫口减退率（%）=（施药前虫数－施药后虫数）/施药前虫数×100

校正防效（%）=（药剂处理区虫口减退率－空白对照区虫口减退率）/（100－空白对照区虫口减退率）×100

1.4.4 数据分析

数据统计分析采用SPSS软件，方差分析采用邓肯氏新复极差法进行多重比较。

2 结果与分析

试验结果表明（表2），防治褐足角胸肖叶甲成虫，4.5%高效氯氰菊酯乳油、2.5%溴氰菊酯乳油药效明显好于1.8%阿维菌素乳油、1%苦参碱可溶液剂。前两种杀虫剂，施药后第1天，1 500倍4.5%高效氯氰菊酯、1 000倍2.5%溴氰菊酯防效最好，均在88%以上；相对防效最差的是3 000倍2.5%溴氰菊酯，为79.2%。施药后第3天，1 200倍4.5%高效氯氰菊酯的相对防效最好，为92.5%；相对防效最差的依然是3 000倍2.5%溴氰菊酯，为65.61%。施药后第5天，相对防效基本与药后3天持平。对比同一药剂的不同浓度处理，在药后1天、3天、5天均呈随稀释倍数增大，相对防效下降的趋势。

针对后两种杀虫剂，总体防效均较差。施药后第1天，相对防效以8 000倍1.8%阿维菌素乳油、800倍1%苦参碱可溶液剂防效相对较好，分别为35.86%、42.15%；药后3天、5天防效均为负数，说明此两种药剂针对褐足角胸肖叶甲成虫的防治，效果较差、持效时间短。

根据持续防效和防治成本综合评价认为4.5% 高效氯氰菊酯乳油 1 200 倍液、2.5%溴氰菊酯乳油1 000 倍液处理能有效地控制褐足角胸肖叶甲成虫的为害，建议在生产上推广应用。1.8%阿维菌素乳油、1%苦参碱可溶液剂各浓度处理对褐足角胸肖叶甲成虫均没有效果。

表2 褐足角胸肖叶甲成虫田间防效/%

药剂	用药浓度（倍）	药后 1 天		药后 3 天		药后 5 天	
		虫口减退率	校正防效	虫口减退率	校正防效	虫口减退率	校正防效
4.5% 高效氯氰菊酯乳油	1 200	84.62	85.10a	96.34	92.50a	97.12	92.57ab
	1 500	90.56	90.85a	93.12	85.90a	96.76	91.65ab
	1 800	86.95	87.36a	93.24	86.15a	96.86	91.90ab
2.5% 溴氰菊酯乳油	1 000	87.61	88.00a	89.34	78.16a	91.23	77.39bc
	2 000	82.34	82.89a	85.62	70.53ab	89.11	71.92bc
	3 000	78.53	79.20a	83.22	65.61ab	86.57	65.37c

（续表）

药剂	用药浓度（倍）	药后 1 天		药后 3 天		药后 5 天	
		虫口减退率	校正防效	虫口减退率	校正防效	虫口减退率	校正防效
1.8% 阿维菌素乳油	6 000	19.93	22.43c	29.29	–44.90e	41.68	–50.39e
	7 000	13.44	16.14c	26.68	–50.25e	36.54	–63.64f
	8 000	35.86	37.86c	56.23	10.31d	48.95	–31.64d
1% 苦参碱可溶液剂	800	42.15	43.95b	48.62	–5.29e	53.66	–19.49d
	1 200	35.61	37.62c	39.84	–23.28e	47.63	–35.04e
	1 600	33.21	35.29c	38.97	–25.06e	45.21	–41.28d
CK		–3.22	—	51.20	—	61.22	—

注：同列中带不同字母者表示在0.05水平差异显著

3 讨论

试验结果说明应用1.8%阿维菌素乳油、1%苦参碱防治对褐足角胸叶肖甲成虫防治效果不明显。但是，卢行尚、陈彩贤[2，3]试验认为阿维菌素不管是单用还是混用对香蕉褐足角胸叶肖甲均有良好的防治效果，苦参碱复配药剂也对香蕉褐足角胸叶肖甲有较好防效，但持效性同样较差，有待进一步试验研究。

参考文献

[1] 屈振刚，路子云，赵聚莹，等. 玉米田褐足角胸叶甲发生规律及防治技术研究[J]. 华北农学报，2011，26（S1）：225–228.

[2] 陈彩贤. 香蕉褐足角胸叶甲药剂防治试验研究[J]. 安徽农业科学，2009，37（20）：9 527–9 529.

[3] 卢行尚，卢亭君. 几种植物源杀虫剂对香蕉褐足角胸叶甲的防效试验[J]. 广西植保，2014（4）：9–11.

该文发表于《北京农业》2015年第19期

高度可调太阳能杀虫灯杀虫效果研究

岳　瑾[1]，杨建国[1]，董　杰[1]，王品舒[1]，王泽民[2]，乔　岩[1]，张金良[1]，袁志强[1]
（1.北京植物保护站，北京　100029；2.顺义区植保植检站，北京　101300）

摘　要：为了测试固定式杀虫灯和可调式杀虫灯对玉米大田桃蛀螟和玉米螟的诱杀效果，在北京市顺义区进行了一系列大田试验，旨在测试两种杀虫灯的优缺点，为其在大田应用奠定基础。结果表明：玉米大田中可调式杀虫灯在玉米生长期诱杀害虫的效果略好于固定式杀虫灯；剖秆调查表明，可调式杀虫灯对越冬害虫的防治效果明显好于固定式。故可调式杀虫灯在诱杀桃蛀螟及玉米螟上整体好于固定式杀虫灯，可在农业生产实践中推广应用。

关键词：杀虫灯；玉米；桃蛀螟；玉米螟；防治效果

玉米是禾本科草本植物玉秫黍的种子。原产地是墨西哥或中美洲，1492年哥伦布在古巴发现玉米，以后直到整个南北美洲都有栽培。玉米长成时就玉米利用而言，大体经历了作为人类口粮、牲畜饲料和工业生产原料的3个阶段，口粮消费占玉米总消费的比重在5%左右，但是随着时代的发展，这个比例有逐步降低的趋势。玉米是三大粮食品种之一，为解决人类的温饱问题起到很大作用。时至今日，玉米仍然是全世界各国人民餐桌上不可或缺的食品：在“玉米的故乡”墨西哥，“国菜”玉米饼的年消耗量达到1.2×10^8t之多，人们无论贫富贵贱都非常喜欢食用；在发达国家和地区，玉米也被作为补充人体所必需的铁、镁等矿物质的来源为人们广泛食用；在某些贫困国家和地区，玉米依然是人们廉价的果腹之物。玉米作为重要的粮食作物之一，在种植过程中病虫害成为了制约产量的重要因素。为了防控玉米螟和桃蛀螟两种主要害虫，我们使用了两种杀虫灯在玉米大田中进行实验，以验证其防治效果。

1　材料与方法

1.1　供试作物

在北京市顺义区赵全营镇万亩方玉米田开展试验。诱虫种类调查时间为2015年6月3日至2015年8月26日，剖秆调查时间为2015年10月8日。

1.2　试验处理

分别设置两种太阳能杀虫灯，即固定高度太阳能杀虫灯（YH-2D型）和高度可调式太阳能杀虫灯，两种杀虫灯均由北京宏达益德能源科技有限责任公司生产，其中高度可调式太阳能杀虫灯的高度每周调查时调节一次，其高度比玉米高出20cm。两种太阳能杀虫灯处理与对照共3组处理、3个重复，共计9个小区，每小区10亩，处理组每小区安装一盏太阳能杀虫灯，对照组不安装（图1）。

1.3　调查内容与方法

诱虫种类与数量调查：6月3日至8月26日，每隔7天调查一次，两种太阳能杀虫灯集虫桶中的害虫种类与数量，并进行记录。

剖秆调查：10月8日，青贮玉米收获前每处理随机取5点，每点取双行40 株，共计200株，通过剖秆调查蛀茎率，玉米螟、桃蛀螟单株活虫数，计算防效。

高度可调式太阳能杀虫灯　　固定高度太阳能杀虫灯

图1　太阳能杀虫灯田间安置情况

2　结果与分析

2.1　主要诱虫种类

调查结果显示，本次试验共诱捕到5种昆虫。其中害虫4种，益虫1种。在4种害虫中鳞翅目2科3种、鞘翅目1科1种，其中以玉米螟和桃蛀螟为害较重。具体的发生种类、为害部位、为害虫态、为害状和为害程度如表1所示。

表1　玉米田主要诱虫种类

虫害种类	分类地位	为害部位	为害虫态	为害状
亚洲玉米螟 *Ostrinia furnacalis*	鳞翅目，螟蛾科	茎、果实	幼虫	茎秆、穗柄、穗轴被蛀食后，形成隧道，破坏植株内水分、养分的输送，使茎秆倒折率增加，籽粒产量下降
桃蛀螟 *Conogethes punctiferalis*	鳞翅目，螟蛾科	籽粒和穗轴	幼虫	取食玉米粒，并能引起严重穗腐，且可蛀茎，造成植株倒折
棉铃虫 *Helicoverpa armigera Hubner*	鳞翅目，夜蛾科	蕾、花、铃，也取食嫩叶	幼虫	蛀食蕾、花、铃，也取食嫩叶，造成植株大量减产，严重时死亡
铜绿丽金龟 *Anomalacorpulenta Motsch*	鞘翅目，丽金龟科	根、叶	幼虫、成虫	使寄主植物叶子萎黄甚至整株枯死
异色瓢虫 *Harmonia axyridis*（Pallas）	鞘翅目，瓢虫科	无	无	无

2.2　诱杀玉米螟效果

观察图2发现，第1代玉米螟幼虫应出现在6月3日之前；之后一直呈上升趋势，到6月17日左右到达峰值；随之气温增高，降水增多，第1代成虫产卵发育，7月1日左右出现第2代，并在7月8日左右出现第2个峰值；随后随着气温下降，降雨减少，玉米螟种群个数呈现下降趋势，到8月26日以后逐渐消失。

比较两种杀虫灯对玉米螟的诱杀效果，高度可调太阳能杀虫灯的诱杀数量在整个调查期均高于固定高度太阳能杀虫灯，诱杀效率平均高于固定高度的6.5%。

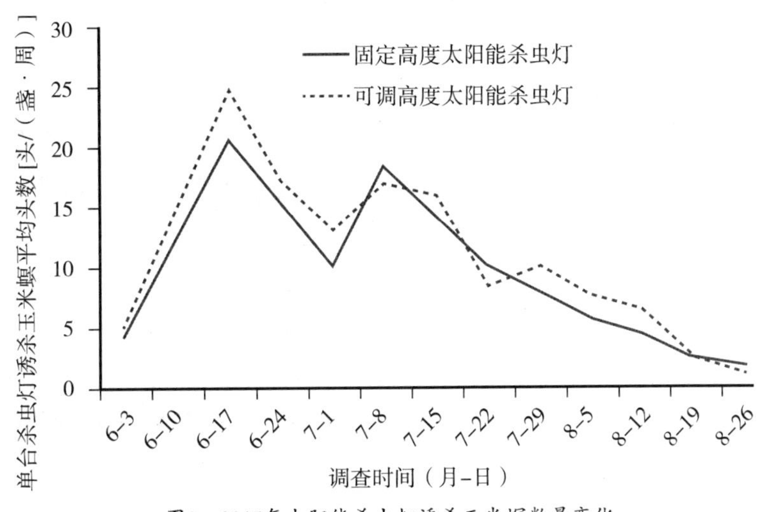

图2　2015年太阳能杀虫灯诱杀玉米螟数量变化

2.3　诱杀桃蛀螟效果

观察图3发现，在6月17日以后桃蛀螟开始出现。7月上旬进入羽化盛期，二代卵盛期跟着出现，这时玉米抽穗扬花，7月29日左右为害达到峰值；8月初为2代幼虫为害盛期。二代羽化盛期在8月上、中旬，这时玉米近成熟，晚播春玉米正抽穗扬花，成虫集中在这些玉米上产卵，第3代卵于7月底8月初孵化，8月中、下旬进入3代幼虫为害盛期，故在8月19日出现了第2次高峰。8月26日以后由于温度降低，玉米成熟，桃蛀螟种群数量逐渐下降。

比较两种杀虫灯对桃蛀螟的诱杀效果，高度可调太阳能杀虫灯的诱杀数量在整个调查期均高于固定高度太阳能杀虫灯，诱杀效率平均高于固定高度的5%。

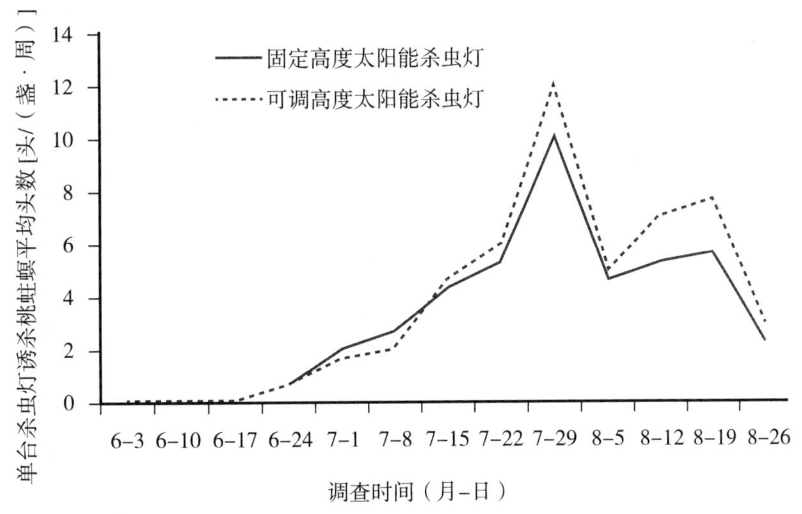

图3　2015年太阳能杀虫灯诱杀桃蛀螟数量变化

2.4　剖秆调查

观察表2发现，对比剖秆调查的被害株率，对照组为77%，最高；固定高度太阳能杀虫灯为46.5%，仅次之；可调高度杀虫灯为38.5%，最低，防效最好。对比玉米螟、桃蛀螟单株活虫数，玉米螟活虫数为对照>固定>可调；桃蛀螟活虫数为对照>可调>固定，说明可调高度太阳能杀虫灯在诱杀桃蛀螟上效果低于固定高度杀虫灯，而在诱杀玉米螟上效果远高于固定高度杀虫灯。

表2　剖秆调查结果

指标处理	调查株数	被害株数	被害株率	玉米螟		桃蛀螟	
				单株活虫数（头/株）	显著性差异	单株活虫数（头/株）	显著性差异
固定	200	93	46.50%	1.75	1.42a	0.76	0.55a
可调	200	77	38.50%	1.14	1.88b	0.85	0.87a
对照	200	114	77.00%	1.97	2.03b	1.13	1.11b

注：同列中带不同字母者表示在0.05水平差异显著

3　结论与讨论

（1）明确了北京地区为害玉米大田的主要害虫有两种，桃蛀螟和玉米螟；通过诱捕器捕到害虫的个数，可以推断玉米螟和桃蛀螟发生的时间和为害峰值出现的时间，为诱杀两种害虫推广奠定了基础，有利于害虫防治。

（2）高度可调太阳能杀虫灯对玉米螟、桃蛀螟的诱杀数量在整个调查过程中均高于固定处理。剖秆调查显示可调高度太阳能杀虫灯在诱杀桃蛀螟上效果低于固定高度杀虫灯，而在诱杀玉米螟上效果远高于固定高度杀虫灯。综上所述：在诱杀玉米螟成虫上高度可调太阳能杀虫灯相对固定组表现出绝对的优势，而在诱杀桃蛀螟成虫上诱杀数量调查与剖秆调查的效果表现不一致，还应进一步开展相关试验调查。分析其原因，玉米螟在玉米生长过程中出现较早，正好是玉米生长旺盛期，玉米螟在实验过程中，生活区域水平高度变化大，在这一点，可调杀虫灯可以调节高度，达到最佳防治效果，而固定杀虫灯则不能，故可调杀虫灯的为害率最低；桃蛀螟出现时间较晚，且在玉米抽穗期为其为害高峰，桃蛀螟生活的水平高度变化不大，故可调和固定两种杀虫灯效果几乎一样。

参考文献

[1]　许英超，罗华，何建荣，等. 富阳市桃蛀螟的发生规律及其防治[J]. 浙江林业科技，2001（3）.

[2]　胡来祥，姚利民，张永忠，等. 桃蛀螟的发生与综合防治[J]. 安徽林业科技，2004（01）.

[3]　王振营，何康来，石洁，等. 桃蛀螟在玉米上危害加重原因与控制对策[J]. 植物保护，2006（02）.

[4]　鹿金秋，王振营，何康来，等. 桃蛀螟研究的历史、现状与展望[J]. 植物保护，2010（02）.

[5]　王伟业. 亚洲玉米螟发生规律及防治技术研究[D]. 黑龙江大学，2010.

该文发表于《农业科技通讯》2016年第12期

小麦病虫害绿色防控技术

北京市及河北省小麦赤霉菌群体遗传结构及生物学特性鉴定

董　杰[1]，张金良[1]，杨建国[1]，张　昊[2]，冯　洁[2]
（1.北京市植物保护站，北京　10029；2.中国农业科学院植物保护研究所/
植物病虫害生物学国家重点实验室，北京　100193）

摘　要：本文分析了北京市与河北省小麦赤霉菌群体遗传结构以及基础生物学特性。结果表明，所有菌株均为禾谷镰刀菌，属于一个大的单一群体，群体内具有较高的遗传多样性水平。毒素化学型测定表明，北京与河北地区小麦真菌毒素污染的主要风险为DON与15ADON毒素。表型测定显示，与*F.asiaticum*群体相比，具有较高的产孢能力，而生长速率和产毒能力较低。该群体对主要杀菌剂多菌灵、戊唑醇和氰烯菌酯均无抗药性产生。

关键词：小麦赤霉病；禾谷镰刀菌；群体遗传结构；杀菌剂抗性

由禾谷镰刀菌复合种（*Fusarium graminearum* species complex， FGSC）引起的小麦赤霉病是世界范围内的重要病害[1]。由于其为害的严重性，已经被国际玉米小麦改良中心（CIMMYT）确定为限制小麦产量的一个主要因素[2]。除了产量损失外，镰刀菌还能够产生多种真菌毒素，造成食品安全上的重大隐患。近10年来，小麦赤霉病在我国频繁暴发，特别是2012年，发病面积达1.5×10^9亩，约占全国总面积的50%。在我国，长江中下游地区如江苏、安徽、湖北等省份是小麦赤霉病的传统流行区[3]，但是由于气候变化及耕作制度改变等因素的影响，赤霉病北移十分明显。北部黄河流域省份原来只有零星发生，但近几年河北南部、河南、山东、山西、陕西南部也相继发生较为严重的小麦赤霉病。

2004年，O'Donnell等采用宗系谱法创建了禾谷镰刀菌新的分类框架，认为传统的禾谷镰刀菌是一个至少包含9个独立种的复合种[4]。随后，又不断有新的种被发现，目前禾谷镰刀菌复合种下共包含15个种[5]。这一分类体系也被世界各国研究者广泛接受。Zhang等（2012）对中国小麦赤霉菌的群体遗传结构进行了大范围的研究，确定中国南北方优势群体分别为*Fusarium graminearum*和*Fusarium asiaticum*，发现*F.asiaticum*具有明显的群体分化，产3ADON毒素的菌株为优势群体，正在由东向西取代NIV群体，而北方各省份的*F.graminearum*并没有明显的群体分化，属于一个大的随机交配群体[6]。与之相似，近年来多个国家相继报道了赤霉菌群体在种和毒素化学型水平上的更替事件，如荷兰*F.graminearum*取代*F.culmorum*[7]，加拿大3ADON型的*F.graminearum*取代15ADON群体[8]，美国路易斯安那州NIV型*F.asiaticum*群体的发现[9]等。说明由于全球贸易快速发展以及气候、耕作制度的改变，容易造成新群体的入侵和扩张，从而使病害的发生发展规律产生新的特点，毒素污染的种类与程度也会发生相应的变化。因此，对赤霉菌群体结构及基本生物学特性进行持续监测，是进行有效防治的前提。中国小麦赤霉菌群体学研究多集中在长江流域，北部省份仅有少数报道。Zhang等和Shen等对2008—2010年中国北方部分省份的小麦赤霉菌进行鉴定，发现所有菌株均为产生15ADON毒素的*F.graminearum*[6, 10]。北美洲的研究表明，相对于15ADON，产3ADON的*F.graminearum*群体毒性更强，并在北美迅速扩张[8]。而我国目前北方省份近些年赤霉菌群体组成是否发生变化，是否有高风险的3ADON群体传入尚不清楚。本文对河北省和北京市2015年小麦赤霉菌进行了种和毒素化学型的鉴定，并测定了生长速率、产孢量、产毒以及对主要杀菌剂的抗性水平，分析了本地区赤霉菌群体结构，解析了其生态适应性，为制定适应本地区的小麦赤霉病的综合防控措施提供了理论依据，同时可为整个食品安全生产链条中的政府决策提供参考。

1 材料与方法

1.1 菌种收集

河北省与北京市小麦赤霉病样品采集于2015年5月，具体采集地信息如表1，采用张昊等（2008）[11]报道的方法进行单孢分离。每个病穗保存一株镰刀菌，共分离镰刀菌60株。采用安徽省采集的10株*F.asiaticum*菌株作为生物学特性鉴定的对照。

表1 菌种信息

采集地	采集年份 / 年－月	菌株数	菌株编号
河北省馆陶县	2015-05	12	Heb213-Heb224
河北省南和县	2015-05	18	Heb267-Heb284
北京市房山区	2015-05	14	Bjf1-Bjf14
北京市通州区	2015-05	16	Bjt1-Bjt16
安徽省凤台县	2012-05	10	Ah34-Ah43

1.2 种的鉴定

种的鉴定采用*TEF1* α 基因测序鉴定法[12]，采用引物EF1：3'-ATGGGTAAGGA（A/G）GACAAGAC-5’；EF2：3'-GGA（G/A）GTACCAGT（G/C）ATCATGTT-5'，扩增产物约700 bp，送生工生物工程（上海）股份有限公司进行测序，序列提交FUSARIUM ID或Genbank数据库进行BLASTn比对，种鉴定阈值为核苷酸一致性99%。采用MEGA 5.0软件MP法构建系统发育树进行验证。基因多样性相关参数由DnaSP软件计算。

1.3 毒素化学型的鉴定

毒素化学型采用基于毒素合成基因*Tri3*的引物组合进行多重PCR鉴定[8]，共包含4条引物，3CON：3’-TGGCAAAGACTGGTTCAC-5’；3NA：3’-GTGCACAGAATATACGAGC-5’；3D15A：3’-ACTGACCCAAGCTGCCATC-5'；3D3A：3’-CGCATTGGCTAACACATG-5’。其中NIV、15ADON和3ADON毒素化学型的特征条带分别为840 bp、610 bp和243 bp。

1.4 菌丝生长速率测定

将菌株接种于PDA培养基，28℃培养3天后，在靠近生长边缘打取6mm菌饼，接种于新的PDA培养基中央，每个菌株3个重复，28℃避光培养，在24h和72h分别在菌落边缘标记4个不同的点，测量24～72h之间的菌落生长长度，计算生长速率。

1.5 分生孢子产量测定

将一个6mm菌饼放入盛有2mL绿豆汤培养基的15mL离心管，30°倾斜放入摇床，恒温28℃、220r/min振荡培养10天。采用DM4000B显微镜的计数模块测定分生孢子浓度，每个菌株3次重复。

1.6 毒素产量测定

各菌株毒素产量采用液相色谱-质谱联用法进行检测，色谱条件参照Suga等[13]的报道，NIV、15ADON和3ADON毒素标准品购自Sigma。首先，将菌株接种于PDA培养基，28℃培养3天，用6mm打孔器在菌落生长边缘打取5个菌饼，均匀接种于大米培养基中，每个菌株3次重复，不加病原菌的三角瓶做对照，前3天每天轻轻晃动1次，25～27℃避光培养7天。将三角瓶放入烘箱60℃过夜烘干，放入A11研磨仪研磨30s，取10g放入80mL乙腈/水（80：20，vol/vol），120r/min震荡1h，采用Whatman No.4滤纸过滤，取2mL滤液过Bond Elut单端孢霉烯族毒素SPE固相萃取柱，再取1 mL滤液过0.22 μ m过滤器，装入Agilent 2mL进样瓶，上机检测。

1.7 对主要杀菌剂敏感性的测定

选用3种常用杀菌剂，多菌灵（carbendazim）、戊唑醇（tebuconazole）、氰烯菌酯（phenamacril）进行药剂敏感性测定。97.5%多菌灵原药（沈阳化工股份有限公司），95.5%戊唑醇原药（中国农业大学种子病理药理实验室提供），91.2%氰烯菌酯原药（浙江大学提供）用二甲基亚砜（DMSO）配制成1×10^4μg/mL母液备用。配制含有杀菌剂浓度为0μg/mL、0.025μg/mL、0.050μg/mL、0.100μg/mL、0.200μg/mL、0.400μg/mL、0.800μg/mL、1.600μg/mL的PDA平板。将供试菌种在不含药PDA平板培养3天，在菌落边缘的同一圆周上用打孔器打取直径为5mm的菌饼，菌丝面朝下接种于培养皿中央，每处理 3 次重复，置于25℃培养箱内黑暗培养，待对照菌落接近培养皿边缘时测定各处理菌落直径，计算各杀菌剂的有效抑制中浓度EC_{50}。

2 结果与分析

2.1 种和毒素化学型的鉴定结果

将测序结果与*Fusarium* ID和GenBank数据库进行比对分析，所有60株菌均为禾谷镰刀菌（*Fusarium graminearum*）。系统发育分析也显示与标准参照菌株*F.graminearum* NRRL6394和NRRL29169聚合在同一分支，而与*F.asiaticum*参照菌株有明显的分化（图1）。对*TEF*-1α基因多样性进一步分析，各地区检测到的单倍型为4～6个，单倍型多态性（h_d）和位点平均差异数量（π）分别为0.553～0.765和0.00208～0.00362，说明均具有较高的多态性水平。中性选择参数Tajima's D值均不显著。具体多样性信息见表2。

毒素化学型的鉴定结果显示，所有菌株均产生610bp的特异性条带，说明这些地区的禾谷镰刀菌的优势产毒化学型为15ADON。

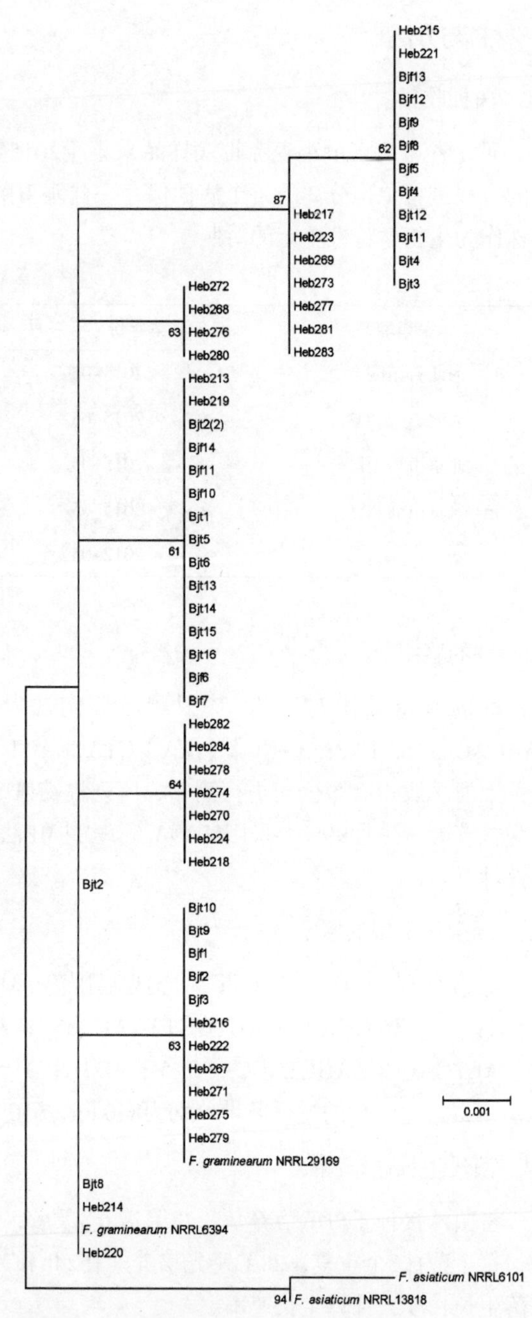

图1 基于*TEF1α*基因的小麦赤霉菌系统发育分析

表2 *TEF-1α*基因核苷酸多态性

群体	*n*	*S*	*h*	*PiA*	h_d	π	*D*
河北省馆陶县	12	5	6	4	0.765	0.00362	−0.927
河北省南和县	18	3	4	3	0.553	0.00208	−1.129
北京市房山区	14	7	4	4	0.642	0.00222	−0.071
北京市通州区	16	5	5	3	0.683	0.00219	−0.698

注：*n*：群体数量；*S*：多态位点数量；*h*：单倍型数量；*PiA*：多态信息位点数量；h_d：单倍型多态性；π：位点平均差异数量；*D*：D值检验

2.2 菌丝生长速率测定测定结果

菌丝生长速率测定结果显示，北京市及河北省*F.graminearum*群体的平均生长速率为8.04 ~ 8.50mm/天，4个群体间无明显差异（表3）。而对照组*F. asiaticum*群体为9.03 ± 0.42，生长速率明显快于*F.graminearum*群体（P<0.05）。

2.3 分生孢子产量测定结果

菌丝生长速率测定结果显示，北京市及河北省*F.graminearum*群体的平均分生孢子产量为（30.45 ~ 35.60）× 10^4个/mL，4个群体间无明显差异（表3）。但显著高于对照组*F.asiaticum*群体（19.95 ± 3.94，$p<0.05$）。

表3 菌株生长速率、产孢量及毒素产量*

群体 Population	生长速率 /（mm/天）Growth rate	产孢量 /（10^4 个/mL）Conidial production	毒素产量 /（μg/mL）Mycotoxin production			
			DON	15ADON	3ADON	Trichothecene
河北省馆陶县	（8.50 ± 0.27）b	（35.60 ± 3.47）a	（426.3 ± 51.2）a	（110.4 ± 20.2）a	（7.6 ± 2.5）b	（534.4 ± 62.3）b
河北省南和县	（8.04 ± 0.45）b	（33.11 ± 3.54）a	（370.9 ± 46.9）a	（92.6 ± 18.7）a	（10.9 ± 2.3）b	（476.2 ± 57.1）b
北京市房山区	（8.21 ± 0.35）b	（30.45 ± 2.65）a	（400.6 ± 61.2）a	（100.9 ± 11.7）a	（8.5 ± 3.3）b	（510.8 ± 65.3）b
北京市通州区	（8.19 ± 0.32）b	（34.81 ± 1.98）a	（387.8 ± 57.1）a	（115.2 ± 23.1）a	（7.4 ± 3.8）b	（579.3 ± 67.3）b
安徽省凤台县	（9.03 ± 0.42）a	（19.95 ± 3.94）b	（417.6 ± 41.2）a	（15.6 ± 2.2）b	（223.6 ± 36.1）a	（657.8 ± 73.3）a

*每列数据后不同字母表示显著性$P<0.05$

2.4 禾谷镰刀菌群体毒素产量测定结果

毒素测定结果显示，各菌株之间产毒量差异显著，但4个*F.graminearum*群体间DON毒素及15ADON衍生物的产量无显著差异。对照组*F.asiaticum*群体DON毒素产量与*F.graminearum*群体间无显著差异，但3ADON毒素的量显著高于15ADON毒素（表3）。因此，*F.asiaticum*群体总单端孢霉烯族毒素（trichothecene）的量显著高于*F.graminearum*群体（$P<0.05$）。

2.5 禾谷镰刀菌群体对杀菌剂的敏感性

对3种主要杀菌剂抗性的测定结果显示，北京市和河北省采集的所有菌株均为敏感型菌株，没有发现抗性菌株存在。河北与北京的群体对3种杀菌剂抗性水平相似，其EC_{50}均无显著差异。对照组*F.asiaticum*群体对多菌灵的EC_{50}显著高于北京与河北*F.graminearum*群体（$P<0.05$）。而对戊唑醇与氰烯菌酯的抗性水平，*F.asiaticum*与*F.graminearum*群体间无显著差异。总体来看，氰烯菌酯的EC_{50}范围和平均值最低，其次为戊唑醇，多菌灵最高（表4）。

表4 禾谷镰刀菌群体对多菌灵、戊唑醇与氰烯菌酯的抗性*

药剂 Fungicide	EC_{50} 范围 /（μg/mL）			E_{C50} 平均值 /（μg/mL）		
	北京	河北	安徽	北京	河北	安徽
多菌灵 Carbendazim	0.397 ~ 0.732	0.367 ~ 0.715	0.521 ~ 0.710	（0.521 ± 0.113）b	（0.498 ± 0.095）b	（0.635 ± 0.051）a
戊唑醇 tebuconazole	0.262 ~ 0.443	0.251 ~ 0.599	0.259 ~ 0.554	（0.301 ± 0.076）a	（0.351 ± 0.105）a	（0.342 ± 0.093）a
氰烯菌酯 phenamacril	0.074 ~ 0.248	0.062 ~ 0.301	0.069 ~ 0.314	（0.121 ± 0.092）a	（0.154 ± 0.081）a	（0.158 ± 0.078）a

*每列数据后不同字母表示显著性$P<0.05$

3 讨论

小麦赤霉病是世界范围内的重要病害，严重威胁小麦的安全生产。目前已知至少有20余种镰刀菌可以引起小麦赤霉病，并且在各大洲表现出明显不同的区域分布特征。如*F.graminearum*分布最为广泛，在各国均有分布，在北美洲、欧洲及东亚北部为优势种；*F.asiaticum*主要分布在亚洲，特别是东亚地区；*F.boothii*和*F.meridionale*在南美洲和亚洲的尼泊尔分布较多，而非洲的镰刀菌分布则更为复杂，种类也更多[14]。同时，近年来，随着气候及耕作制度变化，病原菌的生存环境也发生不同程度的改变。同时全球贸易一体化的发展，使病原菌随着农产品贸易在地区之间传播。这些都促使病原菌群体本身进行协同进化以适应环境，从而造成了病原菌群体结构的不断变化，如Waalwijk等发现并首先报道了在欧洲北部曾经的优势种黄色镰刀菌（*F.culmorum*）被禾谷镰刀菌（*F. graminearum*）所取代[7]。随后，多个国家发现了相同趋势[15, 16]。在中国小麦赤霉病的主要流行区长江流域，同样发现了3ADON型*F.asiaticum*群体具有取代NIV群体的趋势[6]。而在中国北方小麦产区，长期以来小麦赤霉病仅零星发生，因此对病原菌群体的系统性研究较少，特别是北京市小麦赤霉菌群体组成未见报道。但近10年来，中国小麦赤霉病北移十分明显，在河北南部、山东、河南省份频繁发生。因此，监测北方麦区赤霉菌群体结构具有重要意义。

本研究表明，2015年收集的北京市与河北省赤霉病菌均属于产15ADON化学型毒素的*F.graminearum*群体。与Zhang等对中国北方小麦赤霉菌是一个大的随机交配群体的推测一致[6]。*TEF*--1*α*基因多样性分析表明，同一采样点的赤霉菌群体内仍然存在较高的遗传多样性水平，表明群体内存在着频繁的遗传重组，这有利于赤霉菌对环境变化的快速适应以及新群体的形成。Ward等发现在加拿大，3ADON型*F.graminearum*群体近十几年间逐渐由东向西扩张，取代原有的15ADON群体。并且表型测定显示，3ADON群体具有更强的致病力及产毒能力，因此是一个高风险群体[8]。本研究并未在河北与北京检测到3ADON型*F.graminearum*菌株，说明这一群体尚未传入我国，应该加强监测，防止其传入我国北方地区，造成更大的为害。

生长速率和孢子产量是镰刀菌重要的生物学特性，对于其完成侵染十分重要。河北省和北京市各群体生长速率与分生孢子产量均无显著差异，这与种和毒素化学型的鉴定结果一致，证明其属于一个大的单一群体。对照组*F.asiaticum*群体的生长速率显著高于*F.graminearum*群体，而分生孢子产量则明显较低。这可能与两个种所处的环境不同有关，相对于长江流域的高温高湿环境，北方地区气候干燥，不利于菌丝生长，*F.graminearum*群体通过产生更多的孢子完成侵染。虽然一般认为赤霉菌通过子囊孢子完成初侵染，但在许多地区，特别是北方玉米-小麦轮作区，在田间植物残体上并没有发现大规模的子囊壳存在。因此，分生孢子也可能是其重要的侵染源。DON毒素在镰刀菌侵染小麦的过程中发挥着重要作用[17]。毒素测定结果显示，不同菌株之间毒素产量有显著差异，但北京与河北各*F.graminearum*群体之间的毒素产量无明显差异。而对照组*F.asiaticum*群体虽然DON毒素产量与各群体间也无显著差异，但其3ADON产量明显较*F.graminearum*群体的15ADON高。镰刀菌通过将过量的DON毒素乙酰化来降低毒性，减轻对自身危害。因此，乙酰化毒素的高产量也说明这一群体的高产毒能力。

目前，小麦赤霉病主要依靠化学防治。因此，监测病原菌群体对主要杀菌剂的抗性水平，对于指导合理用药十分重要。本研究结果表明，*F.graminearum*群体中未发现对3种杀菌剂的抗性菌株，并且各群体之间抗性水平无显著差异，这与北方地区较少用杀菌剂进行防治有关。长江流域省份采用多菌灵防治小麦赤霉病已有30多年的历史，本研究也发现安徽省的*F.asiaticum*群体对多菌灵的有效抑制中浓度显著高于其他群体。对3种主要杀菌剂进行对比表明，氰烯菌酯对禾谷镰刀菌的有效浓度最低，用药量最少，EC_{50}仅为多菌灵的1/3。多菌灵的EC_{50}值最高。实际应用中，由于并没有检测到抗药群体存在，3种杀菌剂在北京市和河北省都会有较好的防效。目前多菌灵和氰烯菌酯对禾谷镰刀菌作用机制已经明确，作用位点为单一靶标，产生抗药性的风险较大。因此在实际应用中，要注意药剂轮换使用。

综上所述，本研究首次明确了北京市小麦赤霉菌的组成，发现群体内存在丰富的遗传多样性，并证实其与河北省菌株同属一个大的单一群体。毒素化学型结果表明，北京与河北地区小麦真菌毒素污染的主要风险为DON与15ADON毒素。同时，多菌灵、戊唑醇与氰烯菌酯在这一地区均具有较好防效。研究结果为制定小麦赤霉病综合防控策略、减轻毒素污染提供了重要理论依据。

参考文献

[1] Nganje W E, Bangsund D A, Leistritz F L, et al. Estimating the economic impact of a crop disease: The case of *Fusarium* head blight in U. S. wheat and barley [C]// 2002 National Fusarium Head Blight Forum Proceedings, Erlanger, USA, 2002: 275-281.

[2] Stack R W. Return of an old problem: Fusarium head blight of small grains [J/OL]. APS Feature. http://www.apsnet.org/publications/apsnetfeatures/Pages/headblightaspx.

[3] Yang L J, van der Lee T, Yang X J, et al. *Fusarium* populations on Chinese barley show a dramatic gradient in mycotoxin profiles [J]. Phytopathology, 2008, 98(6): 719-727.

[4] O'donnell K, Ward T J, Geiser D M, et al. Genealogical concordance between the mating type locus and seven other nuclear genes supports formal recognition of nine phylogenetically distinct species within the *Fusarium graminearum* clade [J]. Fungal Genetics and Biology, 2004, 41(6): 600-623.

[5] Sarver B A, Ward T J, Gale L R, et al. Novel *Fusarium* head blight pathogens from Nepal and Louisiana revealed by multilocus genealogical concordance [J]. Fungal Genetics and Biology, 2011, 48(12): 1 096-1 107.

[6] Zhang H, van Der Lee T, Waalwijk C, et al. Population analysis of the *Fusarium graminearum* species complex from wheat in China show a shift to more aggressive isolates [J]. PLoS ONE, 2012, 7(2): e31722.

[7] Waalwijk C, Kastelein P, de Vries I, et al. Major changes in *Fusarium spp.* in wheat in the Netherlands [J]. European Journal of Plant Pathology, 2003, 109: 743-754.

[8] Ward T J, Clear R M, Rooney A P, et al. An adaptive evolutionary shift in *Fusarium* head blight pathogen populations is driving the rapid spread of more toxigenic *Fusarium graminearum* in North America [J]. Fungal Genetics and Biology, 2008, 45(4): 473-484.

[9] Gale L R, Harrison S A, Ward T J, et al. Nivalenol-type populations of *Fusarium graminearum* and *F. asiaticum* are prevalent on wheat in southern Louisiana [J]. Phytopathology, 2011, 101(1): 124-134.

[10] Shen Chengmei, Hu Yingchun, Sun Haiyan, et al. Geographic distribution of trichothecene chemotypes of the *Fusarium graminearum* species complex in major winter wheat production areas of China [J]. Plant Disease, 2012, 96(8): 1 172-1 178.

[11] 张昊，张争，许景升，等. 一种简单快速的赤霉病菌单孢分离方法——平板稀释画线分离法[J]. 植物保护，2008，34(6): 134-136.

[12] Geiser D M, del Maria Jimenez-Gasco M, Kang S, et al. FUSARIUM-ID v. 1.0: A DNA sequence database for identifying *Fusarium* [J]. European Journal of Plant Pathology, 2004, 110: 473-479.

[13] Suga H, Karugia G W, Ward T, et al. Molecular characterization of the *Fusarium graminearum* species complex in Japan [J]. Phytopathology, 2008, 98(2): 159-166.

[14] van der Lee T, Zhang H, Van Diepeningen A, et al. Biogeography of *Fusarium graminearum* species complex and chemotypes: a review [J]. Food Addit Contam Part A Chem Anal Control Expo Risk Assess, 2015, 32(4): 453-463.

[15] Nielsen L K, Jensen J D, Nielsen G C, et al. Fusarium head blight of cereals in Denmark: species complex and related mycotoxins [J]. Phytopathology, 2011, 101(18): 960-969.

[16] Beyer M, Pogoda F, Pallez M, et al. Evidence for a reversible drought induced shift in the species composition of mycotoxin producing Fusarium head blight pathogens isolated from symptomatic wheat heads [J]. International Journal of Food Microbiology, 2014, (182-183): 51-56.

[17] Maier F J, Miedaner T, Hadeler B, et al. Involvement of trichothecenes in *Fusarioses* of wheat, barley and maize evaluated by gene disruption of the trichodiene synthase (*Tri*5) gene in three field isolates of different chemotype and virulence[J]. Molecular Plant Pathology, 2006, 7(6): 449-461.

该文发表于《植物保护》2016年第6期

不同杀菌剂防治小麦赤霉病试验研究初报

张金良[1]，罗 军[2]，白文军[3]，董 杰[1]，佟国香[2]
（1.北京市植物保护站，北京 100029；2.北京市房山区农业科学研究所，北京 102425；
3.北京市农业局宣传教育中心，北京 100029）

摘 要：为筛选出安全高效的小麦赤霉病防治药剂品种，设置4种新型杀菌剂对小麦赤霉病的田间防效试验。杀菌剂包括20%三唑酮乳油、70%戊唑醇水分散粒剂、50%多菌灵可湿性粉剂、25%氰烯菌酯悬浮剂。在相同管理水平下，与清水防治处理的小麦对照组进行大区对比示范。结果表明：在相同的管理条件下，清水处理的产量为532.0kg/0.067hm^2；参试的4种药剂中，产量最高的是25%氰烯菌酯悬浮剂每亩100mL产量为564.0kg/0.067hm^2，比清水处理的增产32.0kg，增产率6.0%；其次是50%多菌灵可湿性粉剂每亩100mL产量为544.0kg/0.067hm^2，比清水处理的增产12.0kg，增产率2.3%；20%三唑酮乳油每亩50mL、70%戊唑醇水分散粒剂每亩10mL则与对照组差异不显著。综上可以看出，选用25%氰烯菌酯悬浮剂每亩100mL防治小麦赤霉病效果最好，在抽穗至扬花期喷施能较好地预防赤霉病的发生，从而获得较高的产量。

关键词：小麦赤霉病；药剂筛选；产量；防治效果

小麦赤霉病别名麦穗枯、烂麦头、红麦头，在全世界普遍发生，也是中国小麦上的主要病害[1]。小麦赤霉病在潮湿和半潮湿区域，尤其气候湿润多雨的温带地区灾害发生严重[2]。中国的长江中下游地区为主要发生区，黄淮地区为偶发区，陕西关中灌区及华北冬麦区有的年份发生也比较严重[3]。小麦从幼苗到抽穗都可受害，主要引起苗枯、茎基腐、秆腐和穗腐，其中为害最严重的是穗腐。在抽穗扬花期气候条件适宜，极易引起赤霉病流行。病害发生时，不仅造成小麦严重减产，还使其品质降低[4]。另外，赤霉病菌分泌产生脱氧雪腐镰刀菌烯醇（DON）毒素，当含量达到百万分之几的情况下即可造成人畜中毒，引起人类和哺乳动物呕吐、腹泻、头晕、流产等的急性毒性和干扰蛋白质合成、免疫功能下降等的慢性毒性，严重危害人民健康[5]。近年来，随着小麦产量水平、栽培密度、施肥水平的不断提高，小麦赤霉病发生为害程度日趋严重，对小麦高产稳产构成严重威胁[6]。迄今为止，还没有对赤霉病具有完全免疫的抗性小麦品种[7]。在生产上不能完全利用抗病品种控制赤霉病的情况下，小麦赤霉病在生产上仍依赖于化学防治，防治小麦赤霉病的药剂主要是以多菌灵为代表的苯并咪唑类杀菌剂，药剂防治就成了大面积控制小麦赤霉病流行的关键技术措施[8]。但是，自1992年在浙江海宁市小麦病穗上检测到世界首例禾谷镰孢菌（*Fusarium graminearum*）对多菌灵的抗药性菌株以来，已先后在浙、苏、泸、皖等地发现该病原菌的抗药性，且抗药性菌群体比例正迅速上升且分布范围不断扩大，华东地区已面临多菌灵等杀菌剂防治赤霉病失败的危机[9]。如何继续控制小麦赤霉病，尤其是控制多菌灵抗药性赤霉病的流行为害已成为广大科技工作者和种植者面临的重大课题[10]。25%氰烯菌酯悬浮剂属氰基丙烯酸酯类杀菌剂，其对引起小麦赤霉病的禾谷镰刀菌（*Fusarum graminearum*）和引起水稻恶苗病的串珠镰刀菌（*F.moniliforme*）的菌丝生长和发育均具有较高活性[11]。所以，本试验的设置为进一步研究氰烯菌酯在田间防治小麦赤霉病的效果，有效控制小麦穗期病虫害，找准最佳防治适期及最佳药剂，控制或减轻其发病程度与为害损失，提高小麦生产的安全性[12]，组织了20%三唑酮乳油、70%戊唑醇水分散粒剂、50%多菌灵可湿性粉剂和25%氰烯菌酯悬浮剂等 4种杀菌剂，开展小麦赤霉病防治效果的比较试验，为以后推广应用提供依据，现将研究结果报道如下。

1 材料与方法

1.1 试验材料、地点

试验供试药剂有20%三唑酮乳油每亩50mL、70%戊唑醇水分散粒剂每亩10mL、50%多菌灵可湿性粉剂每亩100mL、25%氰烯菊酯悬浮剂每亩100mL，小麦品种为轮选987。试验安排在北京市房山区窦店镇窦店村6农场，前茬为青贮玉米，土壤经过翻耕、重耙、旋耕后平整细碎，上虚下实[13]。试验地土壤肥力情况见表1。

表1 窦店6农场土壤基础5项

地点	土壤有机质 / (g/kg)	土壤全氮 / (g/kg)	土壤碱解氮 / (mg/kg)	土壤有效磷 / (mg/kg)	土壤速效钾 / (mg/kg)
窦店	21.800	1.871	106.00	31.40	147.00

1.2 试验设计

试验为大区示范试验，不设重复，20%三唑酮乳油每亩50mL、70%戊唑醇水分散粒剂每亩10mL、50%多菌灵可湿性粉剂每亩100mL、25%氰烯菊酯悬浮剂每亩100mL各喷施防治2.00hm^2，清水空白防治1.33hm^2。各处理进行3次调查，其他管理与大田管理相同[14]。

1.3 田间管理

试验于2014年10月1日播种，整地前施底肥复合肥50.0 kg/0.067hm^2，播种时磷酸二铵10.0kg/0.067hm^2，基本苗控制在约3 × 10^{5}株/0.067hm^2。追肥：拔节期追施尿素15.0kg，灌浆期喷施磷酸二氢钾2次。灌水次数和时间：冻水11月25日；春季灌4水，分别是3月下旬返青水、4月初拔节水、5月中旬开花水和5月下旬灌浆水。3月25日除草，4月20日防治蚜虫，5月6日进行试验[15]。

1.4 试验生育进程和群体变化情况

不同品种药剂处理的生育进程及群体情况是一致的，喷药不改变小麦本身的生育进程和群体情况[16]，具体生育期和群体变化情况见表2、表3。

表2 不同品种药剂处理的生育进程

处理	出苗期 / （月 – 日）	越冬期 / （月 – 日）	返青期 / （月 – 日）	起身期 / （月 – 日）	拔节期 / （月 – 日）	抽穗期 / （月 – 日）	开花期 / （月 – 日）	成熟期 / （月 – 日）	生育期 / 天
生育期	10–08	12–05	03–05	03–29	04–13	04–30	05–06	06–15	259

表3 不同品种药剂处理的群体情况

处理	基本苗 / 万株	冬前茎 / 万株	冬季死苗死茎率 /%	起身茎 / 万株	拔节总茎 / 万株	拔节大茎 / 万株	0.067 hm^2 穗数 / 万	分蘖成穗率 /%
群体	30.2	124.7	0.00	152.6	137.4	78.3	58.7	38.50

1.5 测定项目与方法

1.5.1 测定项目

测定5个项目，包括生育进程、群体指标、后期调查单株性状、测产和考种[17]。

1.5.2 测定方法

生育进程：播期、出苗期、三叶期、分蘖期、越冬期、返青期、起身期、拔节期、抽穗期、开花期、成熟期、收获期和全生育期等。群体指标：出苗后定点，定期调查基本苗、冬前茎、返青茎、最高茎、拔节期总茎数、拔节期大茎数和0.067hm^{2}穗数。后期调查单株性状：灌浆速率，灌浆期的基部第1、第2节间长。测产：每个处理选3个点，用金属框随机收获1m^2，收获后测定不同处理的0.067hm^{2}穗数，脱粒后测量千粒重和1m^{2}的产量。根据取样进行方差分析，比较处理之间的差异情况。考种：每个处理取3个定点的样点，调查不同品种药剂处理植株的穗部性状，单株性状，计算穗粒数。

2 结果与分析

2.1 不同品种药剂处理的产量情况

不同品种药剂处理的产量结果，从图1的数据可见：对照组清水处理的产量为532.0kg/0.067hm^2；产量最高的是25%氰烯菊酯悬浮剂每亩100mL处理的，为564.0kg/0.067hm^2，它比对照组增产32.0kg，增产6.0%；其次是50%多菌灵可湿性粉剂每亩100mL处理的，为544.0kg/0.067hm^2，增产2.3%；20%三唑酮乳油每亩50mL、70%戊唑醇水分散粒剂每亩10mL则与对照产量相差不大。说明在参试药剂品种里，25%氰烯菊酯悬浮剂每亩100mL在抽穗至扬花期喷施能较好地预防赤霉病的发生，从而获得较高的产量（图1）。

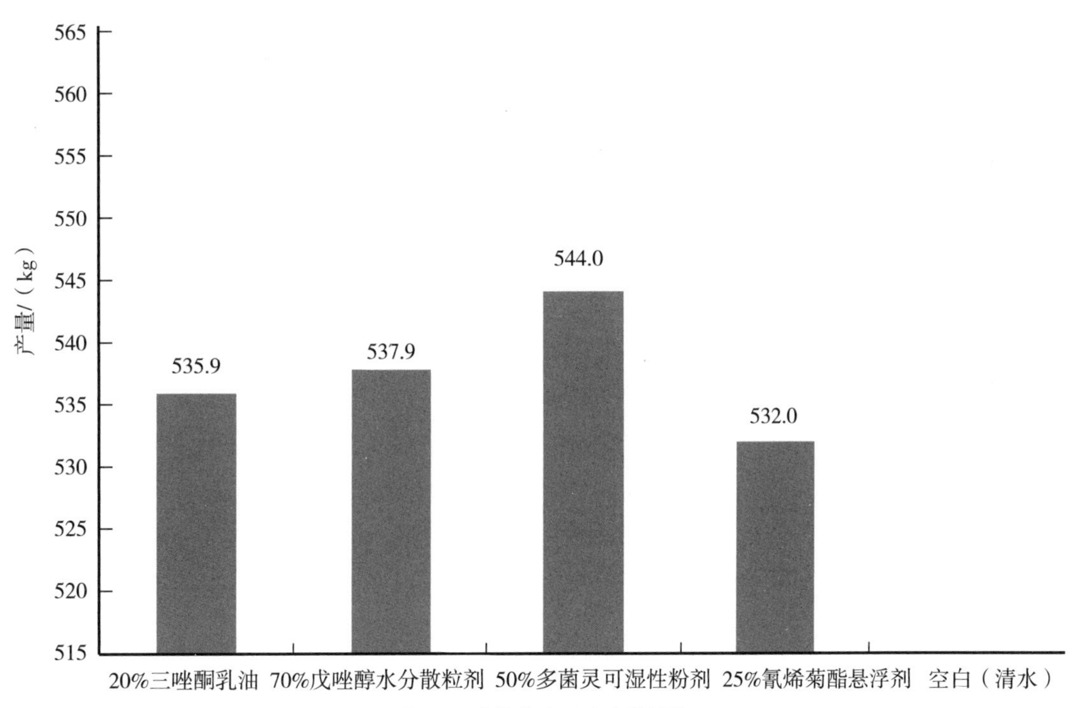

图1 不同拌种处理的产量结果

2.2 不同品种药剂处理的产量三要素

不同品种药剂处理的产量三要素，从表4给出的数据可见：不同药剂喷药处理是从5月6日开始，因此亩穗数相同均为880万个/hm^2；穗粒数和千粒重最高的是25%氰烯菌酯悬浮剂每亩100mL处理为28.5粒和39.6g，其他处理的穗粒数和千粒重与对照相当。因此可以看到预防赤霉病效果最好的是25%氰烯菌酯悬浮剂，其次是50%多菌灵可湿性粉剂（表4）。

表4 不同药剂处理的产量三要素

药剂品种	公顷穗数 / 万	穗粒数 / 粒	千粒重 /g	产量 / (kg/hm^2)	小区产量 / (kg/m^2)			
					Ⅰ	Ⅱ	Ⅲ	平均
20% 三唑酮乳油	880	27.4	39.2	8 034.483	0.792	0.811	0.809	0.804
70% 戊唑醇水分散粒剂	880	27.5	39.2	8 064.468	0.813	0.796	0.812	0.807
50% 多菌灵可湿性粉剂	880	27.8	39.2	8 155.922	0.807	0.814	0.827	0.816
25% 氰烯菊酯悬浮剂	880	28.5	39.6	8 455.772	0.848	0.853	0.834	0.845
空白（清水）	58.7	27.3	39.1	532.0	0.802	0.797	0.798	0.799

2.3 不同品种药剂处理的单株性状

不同品种药剂处理的单株性状，从表5的数据可见：在前期管理相同的条件下，不同品种药剂的处理株高、第1茎节长、第2茎节长相同，说明在抽穗扬花期进行赤霉病防治不影响小麦的植株性状；各处理的穗长与总小穗数相差不大，但不孕小穗以清水空白处理最多，其余各品种药剂相近，说明防治赤霉病药剂主要在于防止不孕小穗的增加，对穗部的其他性状影响较小（表5）。

表5 不同拌种处理的单株性状

处理	株高 /cm	基部第 1 茎节长 /cm	基部第 2 茎节长 /cm	穗长 /cm	总小穗数	不孕小穗数
20% 三唑酮乳油	85.3	6.7	9.4	8.6	17.8	2.9
70% 戊唑醇水分散粒剂	85.3	6.7	9.4	8.7	18.1	2.7
50% 多菌灵可湿性粉剂	85.3	6.7	9.4	8.7	18.1	2.7
25% 氰烯菊酯悬浮剂	85.3	6.7	9.4	8.7	18.3	2.5
空白（清水）	85.3	6.7	9.4	8.6	17.8	3.5
20% 三唑酮乳油	85.3	6.7	9.4	8.6	17.8	2.9

2.4 不同品种药剂处理的防治效果

不同品种药剂处理的防治效果，从表6的数据可见：各品种药剂处理7天后病情指数均开始下降，防治效果最好的是25%氰烯菌酯悬浮剂每亩100mL，空白清水处理的病情指数在上升；防治15天后病情指数下降较快，防治效果最好的还是25%氰烯菌酯悬浮剂。综合数据来看在本次试验中新型杀菌剂防治小麦赤霉病效果最好的是25%氰烯菌酯悬浮剂，其次是70%戊唑醇水分散粒剂与20%三唑酮乳油防治效果相当（表6）。

表6 新型杀菌剂防治小麦赤霉病效果

试验药剂及处理	重复	防前		防后 7 天				防后 15 天			
		病穗率	病指	病穗率	病指	防效 /%	平均防效 /%	病穗率	病指	防效	平均防效 /%
20% 三唑酮乳油	1	3.2	2.6	4.7	2.5	34.1	33.144	5.7	1.8	70.1	71.327
	2	3.4	2.8	5.3	2.7	33.9		6.3	1.7	73.8	
	3	3.6	2.6	4.4	2.6	31.4		5.4	1.8	70.1	
70% 戊唑醇水分散粒剂	1	4.1	3.4	5.5	3.2	35.5	34.743	6.5	2.2	72.1	71.840
	2	3.5	3.7	5.2	3.5	35.2		6.2	2.3	73.2	
	3	3.7	3.2	4.8	3.1	33.6		5.8	2.2	70.3	

（续表）

试验药剂及处理	重复	防前		防后 7 天				防后 15 天			
		病穗率	病指	病穗率	病指	防效 /%	平均防效 /%	病穗率	病指	防效	平均防效 /%
50% 多菌灵可湿性粉剂	1	3.9	3.8	4.9	3.4	38.7		5.9	1.9	78.4	
	2	4.3	3.5	6.3	3.2	37.3	38.901	7.3	2.1	74.1	77.162
	3	5.1	3.7	6.1	3.2	40.7		7.1	1.8	79.0	
25% 氰烯菊酯悬浮剂	1	5.5	3.9	4.3	3.1	45.5		5.3	1.5	83.4	
	2	3.2	4.4	4.8	3.3	48.6	47.834	5.8	1.5	85.3	85.100
	3	5.3	4.2	5.3	3.1	49.4		6.3	1.3	86.6	
空白（清水）	1	3.6	3.7	8.9	5.7			9.9	8.4		
	2	5.8	4.8	7.8	5.4			8.8	9.3		
	3	5.3	3.3	9.4	6.1			10.4	9.6		

3 讨论与结论

小麦赤霉病的药物防治不影响植株性状。本试验研究发现：在前期管理相同的条件下，不同品种药剂在抽穗扬花期进行赤霉病防治主要在于防止不孕小穗的增加，不影响小麦的植株性状，对穗部的其他性状影响较小。这一观点弥补了以往文献论著的不足。

小麦赤霉病的最佳防治适期为小麦扬花初期。据邵振润、周明国、仇剑波，等研究认为，氰烯菌酯杀菌剂具有高效、低毒、低残留、保护与治疗作用兼备和环境相容性好的优良特性。国内经多年大面积示范证明该杀菌剂不仅是目前国内外防治小麦赤霉病效果最佳的选择性杀菌剂，而且还能增加产量、减少毒素污染[18]。本试验中产量最高的是25%氰烯菌酯悬浮剂每亩100mL处理为564.0kg/亩，比对照空白清水处理的532.0kg/亩增产32.0kg，增产6.0%；其次是50%多菌灵可湿性粉剂每亩100mL为544.0kg/亩，增产2.3%；70%戊唑醇水分散粒剂每亩10mL与20%三唑酮乳油每亩50mL防治效果相当。经过本次试验筛选，新型杀菌剂防治小麦赤霉病效果最好的是25%氰烯菌酯悬浮剂，其次是50%多菌灵可湿性粉剂。根据不同处理间的防治效果及增产效果对比，经综合分析认为：小麦赤霉病可防不可治，发病后用药防治效果很差，所以小麦赤霉病最佳防治时期为初花期（扬花株率 5%~10%），25%氰烯菊酯悬浮剂每亩100mL在抽穗至扬花期喷施能较好地预防赤霉病的发生，从而获得较高的产量。同时，小麦抽穗扬花期阴雨天多或品种易感病宜间隔5~7天用第2次药。施药后 3h内遇雨，应及时补治。抽穗扬花期遇连续阴雨天气，赤霉病有流行可能时，喷药宁早勿晚，不能等到天晴或扬花时再喷药，应抢雨隙多次喷药防治，使用内吸性好、持效期长的药剂首次防治时期可提前到小麦抽穗初期[19]。

气候影响小麦赤霉病的发生程度。小麦赤霉病是小麦生产上一种典型的气候性病害，品种、地块和长势不同发病有很大差异[20]，尤以花期为害最重，小麦抽穗扬花期，若遇到连阴雨天气，容易发病流行，造成穗腐，严重影响小麦产量和品质，因此预防十分重要[21]。多年的经验表明按照预防为主，主动出击的原则喷施杀菌剂对控制病害流行非常关键。生产上首次用药防治小麦赤霉病，掌握“见花就打”的原则，田间有小麦开始开花了就可以用药防治，用药时间便于掌握，而且防治效果好。用药时间推迟，防效下降。因为2015年5月初的干旱少雨，可能使得本次试验中参试药剂的特性未能较好地表现，需要进一步试验进行验证[22]。

抗药性监测和早期预警是防治小麦赤霉病的有利措施。受试验设计、土壤肥力、地块条件等限制，本试验未做抗药性赤霉病流行病学的调查。因为赤霉病菌在自然界普遍存在，侵染寄主种类多，繁殖数量大、周期短，而抗药性赤霉病菌在群体中的比例难以检测的水平下，只要经过2~3年就可达15%以上的抗药性病原流行条件。所以今后还要进一步系统抓好抗药性监测，搞好早期预警，及时制定赤霉病防治技术预案，确保工作主动[23]。

综上所述，小麦赤霉病是小麦生产上一种典型的气候性病害，药物防治不影响植株性状。本次试验筛选出防治小麦赤霉病效果最好的新型杀菌剂是25%氰烯菌酯悬浮剂，其次是50%多菌灵可湿性粉剂。

参考文献

[1] 方兴洲. 小麦赤霉病研究进展[J]. 现代农业科技，2014（23）：148.

[2] 甘斌杰. 2003年安徽省小麦赤霉病的发生特点 · 防治对策与建议[J]. 安徽农业科学，2003，43（3）：361-362，388.

[3] 邵振润，周明国，仇剑波，等. 2010年小麦赤霉病发生与抗性调查研究及防控对策[J]. 农药，2011，50（5）：385-389.

[4] 陈将赞，丁灵伟，戴以太，等. 不同药剂防治小麦赤霉病试验[J]. 浙江农业科学，2012（2）：197-198.

[5] 金善宝. 中国小麦学[M]. 北京：中国农业出版社，1996：797-800.

[6] 孙光忠，彭超美，刘元明，等. 不同杀菌剂防治小麦赤霉病试验研究[J]. 湖北农业科学，2015，54（1）：82-83.

[7] 王丽芳，王越，陈雨，等. 不同药剂防治小麦赤霉病的效果研究[J]. 安徽农业科学，2014，42（7）：9 642-9 343.

[8] 顾宝根，刘经芬. 小麦赤霉病菌对多菌灵抗药性的研究[J]. 南京农业大学学报，1990，13（1）：57-61.

[9] 周明国，王建新，陆阅健，等. 小麦赤霉病菌对多菌灵抗药性变异研究[J].南京农业大学学报，1994，17（S1）：106-112.

[10] 恒奎，周明国，王建新，等. 氰烯菌酯防治小麦赤霉病及治理多菌灵抗药性研究[J].农药，2006，45（2）：92-103.

[11] 王龙根，倪珏萍，王凤云，等. 新型杀菌剂JS399-19的生物活性研究[J]. 农药，2004（8）：380-383.

[12] 金亮，寿伟国，应海明，等. 不同杀菌剂控制小麦赤霉病的田间防效比较试验[J]. 现代农业科技，2016（2）：147，153.

[13] 谢华伦，彭昌海，张广照，等. 不同药剂防治小麦赤霉病试验初报[J]. 湖北植保，2016，154（1）：27-28.

[14] 汪强高，朱昕，奚俊，等. 不同药剂防治小麦赤霉病药效试验[J]. 上海农业科技，2015（4）：134.

[15] 王清文，陆小成，张勇，等. 不同药剂防治小麦赤霉病药效试验[J]. 陕西农业科学，2015，09：33-34.

[16] 马勇. 小麦赤霉病药防的新理念[J]. 农学学报，2016，6（4）：20-25.

[17] 刘志超，胡凤灵，时萍. 不同药剂防治小麦赤霉病效果试验[J]. 安徽农学通报，2015，07（30）：104-105.

[18] 辛一兰，陈金唤，严福祥，等. 小麦赤霉病不同防治适期防效对比试验报告[J]. 陕西农业科学，2015（08）：32-33.

[19] 张洁，伊艳杰，王金水，等. 小麦赤霉病的防治技术研究进展[J]. 中国植保导刊.2014（01）：33.

[20] 王广富. 小麦赤霉病的发生及其防控[J]. 科学种养，2014（05）：18-19.

[21] 谭立云. 防治小麦赤霉病见花就打药[J]. 农药市场信息，2014（11）：10-12.

[22] 刘小宁，刘海坤，黄玉芳，等. 施氮量、土壤和植株氮浓度与小麦赤霉病的关系[J]. 植物营养与肥料学报，2015，21（2）：306-317.

[23] 李恒奎，周明国，王建新，等. 氰烯菌酯防治小麦赤霉病及治理多菌灵抗药性研究[J]. 农药，2006，45（2）：92-93，103.

该文发表于《农学学报》2016年第8期

北京市小麦“一喷三防”技术试验示范研究

张金良，谢爱婷，杨建国
（北京市植物保护站，北京 100029）

摘 要：为落实农业部小麦病虫防治关键技术措施，结合本市小麦病虫为害和防治特点，重点推广小麦“一喷三防”技术，控制小麦中后期病虫为害，确保夏粮丰收，2012年，北京市植物保护站进行了小麦中后期“一喷三防”技术试验示范研究。

关键词：小麦；蚜虫；白粉病；锈病

1 小麦“一喷三防”的重要作用

小麦中后期“一喷三防”是指一次施药达到防治小麦蚜虫、白粉病、锈病及叶面施肥的目的；其方法是将杀虫剂、杀菌剂及微肥等混合后对水进行喷雾。根据多年来的实践证明，该技术可通过一次施药达到治虫、治病、防止植株早衰、增加小麦千粒重等多重目的，是一项经济有效的实用技术。小麦中后期是小麦产量形成的关键时期，也是各种病虫害发生盛期，做好这一时期的田间管理工作对确保小麦丰收至关重要。

近年来，“一喷三防”技术在全国小麦中后期管理中被广大群众普遍采用。今年，农业部将此项技术作为小麦增产的重要技术措施进行推广，中央财政安排8亿元专项资金，对主产区1.6×10^9亩冬小麦实施“一喷三防”补助。根据农业部关于开展小麦“一喷三防”措施推广的有关精神，积极向市农业局和市财政局申请小麦“一喷三防”推广补贴，以小麦“一喷三防”为抓手，全力推进本市病虫害专业化统防统治工作，把小麦“一喷三防”作为主要措施，全面推进粮食高产创建工作。经过努力，确定在大兴、房山、通州、顺义区开展小麦“一喷三防”试点示范，试点示范面积2×10^6亩，同时结合控制农药面源污染等项目，加大小麦“一喷三防”推广力度。

2 小麦“一喷三防”技术的优化

麦蚜、吸浆虫、白粉病是小麦中后期的主要病虫害，近年麦蚜在本市偏重至大发生、吸浆虫持续偏重发生、小麦白粉病有逐年上升趋势，若不及时防治，将造成15%左右的产量损失。为有效控制病虫为害，减少小麦产量损失，我站制定了《小麦病虫草害防治技术规范》地方标准，并于6月初通过审查，在标准中明确了小麦中后期“一喷三防”定义、施药时期和药剂配方等，改变了过去一直推广早春除草、防病、防倒的“一喷三防”技术，进一步明确并优化了小麦中后期“一喷三防”技术。

3 “一喷三防”技术的方法

为验证小麦中后期“一喷三防”技术的防治效果和增产效果，为今后大面积推广“一喷三防”技术提供科学依据。我站在顺义、通州、大兴、房山等区进行小麦“一喷三防”试验和示范。开展小麦“一喷三防”不同喷施时间、不同施药器械、不同配方、不同播种方式的对比试验及示范。

3.1 最佳防治时间的确定

试验地点为顺义、通州、大兴、房山4个区。试验设3个处理1个空白对照。处理1：小麦抽穗期（田间见到吸浆虫成虫）喷施，以防治吸浆虫、白粉病和施叶面肥为对象；处理2：小麦扬花灌浆期（百株蚜量500头，或病株率≥15%时）喷施，以防治麦蚜、白粉病和施叶面肥为对象；处理3：为处理1+处理2喷施，其中防治白粉病可选用其中一次；处理4：为空白对照。每个处理面积0.1亩以上，重复3次，随机排列。以上3个喷药肥处理均亩用20%三唑酮乳油50mL+10%吡虫啉可湿性粉剂30g+4.5%高效氯氰菊酯乳油40mL+99%磷酸二氢钾40g配方。

结论：各处理均对小麦安全，且试验药剂、叶面肥水溶性能良好。各施药处理对虫害均有很好的防治效果，防效在95%以上，增产效果在9.6%以上，灌浆期喷施叶面肥效果比抽穗期喷施效果好。建议小麦中后期“一喷三防”最好在灌浆期进行，有条件的地方可在抽穗期加施一次叶面肥，增加小麦千粒重，防止小麦早衰，增加小麦产量。以上结论只是一年的试验结果，尚需进一步试验验证。

3.2 通过试验确定最佳施药器械

试验地点为顺义、通州、大兴、房山4个区。试验设2个处理1个空白对照，处理1为自走式旱田作物喷杆喷雾机；处理2为背负式喷雾器；处理3为空白对照。每个处理面积0.1亩以上，重复三次，随机排列。以上两个喷药肥处理均亩用20%三唑酮乳油50mL+10%吡虫啉可湿性粉剂30g+4.5%高效氯氰菊酯乳油40mL+99%磷酸二氢钾40g配方，每亩对水30kg均匀喷雾。小麦扬花灌浆期，麦蚜或白粉病达到防治指标时进行喷施。

结论：各处理均对小麦安全，且试验药剂、叶面肥水溶性能良好。各施药处理对虫害均有很好的防治效果，防效均在90%以上，增产效果在8.9%以上。建议使用高架车进行小麦“一喷三防”，其工作效率是背负式喷雾器30～40倍，而且施药均匀，对小麦病、虫的防效及增产效果均比背负式喷雾器略有提高。

3.3 通过试验确定最佳施肥量

试验地点为顺义、大兴2个区。试验设4个处理1个空白对照。

处理1：亩用20%三唑酮乳油50mL+10%吡虫啉可湿性粉剂30克+4.5%高效氯氰菊酯乳油40 mL +99%磷酸二氢钾40g；处理2：亩用20%三唑酮乳油50mL+10%吡虫啉可湿性粉剂30g+4.5%高效氯氰菊酯乳油40mL+99%磷酸二氢钾80g；处理3：亩用20%三唑酮乳油50mL+10%吡虫啉可湿性粉剂30g+4.5%高效氯氰菊酯乳油40mL+99%磷酸二氢钾120g；处理4：亩用20%三唑酮乳油50mL+10%吡虫啉可湿性粉剂30g+4.5%高效氯氰菊酯乳油40mL+99%磷酸二氢钾160g；处理5：空白对照。

每个处理面积0.1亩以上，重复3次，随机排列。小麦扬花灌浆期，麦蚜或白粉病达到防治指标时进行喷施，喷施器械可使用自走式旱田作物喷杆喷雾机，或背负式喷雾器，每亩对水30kg均匀喷雾。

结论：各处理对小麦安全，且试验药剂、叶面肥水溶性能良好。各施药处理对虫害均有很好的防治效果，防效均在94%以上，增产效果在10%左右。试验表明添加叶面肥40g、80g、120g时都可获得较好的防效和增产效果，建议使用叶面肥120g的处理，对小麦安全，防治病虫效果和增产效果明显。以上结论只是一年的试验结果，尚需进一步试验证明。

3.4 通过试验确定最佳播种方式

试验地点为顺义高丽营镇文化营村。试验设两个处理，处理1为大小垄播种；处理2为常规方式播种做对照。小麦扬花灌浆期，麦蚜或白粉病达到防治指标时进行喷施。喷施亩用20%三唑酮乳油50mL+10%吡虫啉可湿性粉剂30g+4.5%高效氯氰菊酯乳油40mL+99%磷酸二氢钾40g，喷施器械使用自走式旱田作物喷杆喷雾机，不设重复，调查、测产采取3次重复5点取样方法。

由于试验地块小麦群体密度低，无论是大小行播种，还是常规播种药械碾轧后麦株均向两侧倾斜，没有完全轧倒，虽有损伤，但很快恢复正常生长。经测产大小行播种理论亩产314.34～325.41kg之间，平均亩产为321.35kg；常规播种理论亩产在317.94～326.21kg之间，平均亩产为321.65kg；两者之间产量差异率为-0.12%。两种耕作方式播种，植保施药机械的碾轧对小麦产量没有影响。

结论：在小麦群体密度较低的情况下，大小行播种与常规方式播种，植保施药机械的碾轧对小麦产量没有影响；在小麦群体密度较大的情况下，不同播种方式机械碾轧对小麦产量有无影响尚需试验证明。

4　示范取得的成效

4.1　推广应用面积大

在大兴、房山、通州、顺义区开展小麦“一喷三防”试点示范，试点示范面积20万亩，涉及17个乡镇、160个村，同时，通过控制农药面源污染等项目，加大小麦“一喷三防”推广力度。充分发挥每个示范展示区的带动作用，以点带面，深入推进，极大提高了小麦“一喷三防”技术覆盖面和小麦病害防治效率。超额完成计划任务，全市实施小麦“一喷三防”面积达60.5万亩次，占小麦种植面积的70.8%。

4.2　病虫防治效果好

根据小麦病虫草害发生情况，今年在加强小麦拌种、春季除草防倒、吸浆虫蛹期防治的基础上，重点推广了小麦“一喷三防”技术（表1）。

开展小麦秋季拌种是防治小麦腥黑穗病、散黑穗病和地下害虫等病虫为害，保证苗全、苗匀、苗壮的有效措施。全市拌种面积42万亩，拌种地块地下害虫被害率比没拌种地块明显降低，防治效果在85%左右。

今年小麦及越冬性杂草返青均较常年偏晚，春季麦田杂草以越年生杂草为主，个别田块杂草密度较高。春季大面积推广化学除草、防倒技术，全市累计开展化学除草77.8万亩次，防治效果达90%以上。

吸浆虫蛹期防治技术是吸浆虫防治的关键技术之一，针对今年小麦吸浆虫发生较早，幼虫化蛹率比常年同期偏高，成虫发生期持续时间较长等特点，发生严重的小麦主产区积极开展吸浆虫蛹期防治，防治面积10万亩，大大降低了土中虫口密度，从而减轻吸浆虫的为害，防治效果在80%以上。

小麦中后期是小麦产量形成的关键时期，也是各种病虫害发生盛期，做好这一时期的田间管理工作对确保小麦丰收至关重要。今年北京市大面积推广小麦中后期“一喷三防” 技术，病虫防治效果92.8%以上，为小麦增产增收提供保障措施。

表1　小麦“一喷三防”示范防效

单位：%

试验地点防效、增产率	昌平	怀柔	密云	房山	平谷	大兴	顺义	通州	平均
药后 7 天防效	97.2	89.12	88.92	93	93.27	95.3	97.395	97.6	94.0
药后 15 天防效	98.4	91.1	87	89	95.5	90.2	97	94.4	92.8
增产率	12	10.2	10.09	8.36	11.3	9	10.253	9.2	10.1

4.3　增产增收成效佳

“一喷三防”技术不仅防治了病虫害，还增加了产量和收入，有效降低了化学农药的使用，清洁了田园。“一喷三防”植保技术的推广应用，不仅增加了农民的收入，这一技术的推广，改变了北京的农业生产方式和环境。

通过各区的实践证明，“一喷三防”技术节本增效作用明显。据测算，全市平均增产率在10%左右，平均每亩能挽回粮食50～60kg，全市增加粮食3 025万～3 630万kg，增加产值6 050万元以上；节省用工成本10元/亩，全市节省成本605万元，平均每亩为农民增收节支120元，全市可增收节支7 260万元左右，是小麦防灾、减灾、增产最直接、最简便、最有效的措施，对确保全市夏粮丰收至关重要。

该文发表于《北京农业》2014年第9期

小麦“一喷三防”不同防治时期试验研究

张金良[1]，古君伶[2]，王泽民[1,2]，董　杰[1]，杨建国[1]
（1.北京市植物保护站，北京　100029；2.北京市顺义区植保植检站，北京　101300）

摘　要：为了验证小麦中后期“一喷三防”技术的防治效果和增产效果，北京市植物保护站和顺义区植保植检站联合进行了“一喷三防”不同防治时期试验，为推广应用提供科学依据。

关键词：小麦；“一喷三防”

1　试验材料

1.1　供试对象

99%磷酸二氢钾（北京新禾丰农化有限公司经销）
三唑酮20%乳油（江苏建农农药化工有限公司）
吡虫啉70%水分散粒剂（陕西上格之路生物科学有限公司）
高效氯氰菊酯4.5%乳油（北京顺意生物农药厂）

1.2　试验作物

冬小麦，品种：9843，试验期为抽穗至灌浆期。

1.3　防治对象

小麦蚜虫、吸浆虫、白粉病等病虫及叶面施肥

2　试验地点

试验设在顺义区高丽营镇文化营村冬小麦田，试验地土质为黏壤，浇灌设施为地下水喷灌，肥水管理为中等。

3　试验内容及设计

3.1　试验内容

共设5个处理。

处理1：抽穗期，小麦50%～70%抽穗（吸浆虫羽化高峰）喷施，以防治吸浆虫、白粉病和叶面施肥为对象；

处理2：灌浆期（百株蚜量500头，或白粉病病株率≥15%时）喷施，以防治麦蚜、白粉病和叶面施肥为对象；

处理3：处理1+处理2喷施，其中防治白粉病可选用一次；

处理4：抽穗期，小麦50%～70%抽穗（吸浆虫羽化高峰）喷施，以防治吸浆虫、白粉病为对象；

处理5：清水空白对照。

每个处理面积4亩，重复4次，随机排列。以上处理均采用“一喷三防”配方，亩用三唑酮20%乳油50mL＋吡虫啉70%水分散粒剂2g+高效氯氰菊酯4.5%乳油40mL＋99%磷酸二氢钾40g配方。施药器械：高架车：3WX-280H型自走式旱田作物喷杆喷雾机（北京怀柔丰茂机械有限公司生产），亩施药液20kg。

3.2 试验调查

（1）安全性观察：药后观察各小区有无药害、肥害，若有详细记录症状及恢复情况。

（2）病虫防治效果：采用大五点取样，每点查100株。

病害（白粉病等）调查：施药前和施药后7天、14天，调查各级*病叶数、普遍率、严重度，计算防治效果（表1）。

虫害调查：蚜虫施药前和施药后1天、7天、14天调查虫口基数和残虫量；吸浆虫于药前、药后1天扫网调查10幅网成虫数量，在灌浆中后期（5月25日左右）调查百穗幼虫数，计算防治效果。

（3）考种测产：小麦收获前，每个处理随机取5个点，每点1m^{2}调查小麦穗数，并取100穗测穗粒数、千粒重，计算理论产量、"一喷三防"增产效果、叶面施肥增产效果（表2）。

4 试验记录

2012年5月9日、12日上午试验药剂对水后使用高架车均匀喷雾施药。5月9日施药时天气多云，有微风，气温28℃；5月12日施药时天气多云，风力3级。试验期间未进行其他病虫害防治及施肥。5月23日各试验小区抽穗取样，剥穗调查吸浆虫百穗残虫。6月14日每小区割取1m^{2}小麦，查亩穗数及测产。

5 试验结果及分析

（1）小麦"一喷三防"不同防治时期不同叶面喷肥量试验效果详见表1、表2。

（2）安全性：药后观察各小区均未出现肥害、药害，对小麦安全，而且试验药剂、叶面肥水溶性能良好。

（3）病虫防治效果。

病害：试验区内均未发生白粉病、锈病等叶部病害。

虫害：详见表1、表2。小麦蚜虫药后1天各药剂处理平均防效均在90%以上，药后7天、14天平均防效均在96.9%以上；蚜虫发生量偏轻，药后各施药处理百茎蚜量均在20头以下。小麦吸浆虫药后一天扫网防效在84.6%～100%，平均防效在90%以上；灌浆后期剥穗调查百穗虫量均在48以下，残虫量小，相对防效在66%～93%，平均防效在72.4%以上。吸浆虫成虫只在未扬花的麦穗上产卵，小麦灌浆后田间吸浆虫成虫数量开始消退，外迁或死亡，所以此时扫网成虫数量比抽穗期低。由于吸浆虫发生轻及田间分布不均，各处理之间数据差异较大。总的来看，各施药处理对虫害均有很好的防治效果。

（4）对小麦产量的影响

"一喷三防"处理1、2、3、4与空白对照相比平均增产率分别为9.56%、12.44%、14.55%、4.47%；喷施叶面肥处理1、2、3与不施叶面肥处理4相比平均增产率分别为4.85%、7.60%、9.64%；灌浆期喷施叶面肥效果比抽穗期喷施效果好。由于试验区小麦群体密度较低，各处理间差异变化较大。

（5）结论

小麦中后期"一喷三防"最好在灌浆期进行叶面喷肥，有条件的在抽穗期、灌浆期各进行一次叶面喷肥，增加小麦千粒重，防止小麦早衰，使小麦增产4.85%～9.64%。以上结论只是一年的试验结果，尚需进一步试验验证。

---

* 注：分级标准

0级：无病

1级：病斑面积占整个叶面积的5%以下

3级：病斑面积占整个叶面积的6%～15%

5级：病斑面积占整个叶面积的16%～25%

7级：病斑面积占整个叶面积的26%～50%

9级：病斑面积占整个叶面积的50%以上

表1 “一喷三防”不同时期施药对小麦蚜虫防治效果调查

单位：头/百株

试验药剂及处理	重复	药前基数	药后1天		药后7天		药后14天		备注
			残虫数	防效/%	残虫数	防效/%	残虫数	防效/%	
抽穗期	1	85	8	91.9	7	97.3	14	98.9	
	2	79	7	92.0	6	97.4	12	99.0	
	3	81	8	91.5	6	97.5	14	98.8	
	4	82	8	91.5	7	97.2	12	99.1	
	平均	81.8	7.8	91.7	6.5	97.3	13	99.0	
灌浆期	1	135	13	91.7	11	97.3	19	99.1	
	2	140	14	91.0	12	97.1	23	98.9	
	3	139	14	91.3	11	97.3	20	99.0	
	4	142	14	91.4	12	97.2	22	99.0	
	平均	139	13.8	91.4	11.5	97.2	21	99.0	
抽穗+灌浆期	1	81	7	92.6	5	98.0	7	99.4	从第1次施药后开始计时
	2	83	7	92.4	6	97.5	8	99.4	
	3	78	6	93.4	5	97.8	7	99.4	
	4	80	7	92.4	5	98.0	7	99.5	
	平均	80.5	6.8	92.7	5.3	97.8	7.3	99.4	
三唑酮+吡虫啉+高效氯氰	1	82	8	91.6	7	97.2	15	98.8	
	2	88	9	90.8	8	96.9	15	98.9	
	3	78	7	92.3	6	97.4	13	98.9	
	4	83	8	91.6	7	97.3	13	99.0	
	平均	83	8	91.6	7	97.2	14	98.9	
空白对照	1	80	93		245		1 230		
	2	79	88		230		1 180		
	3	82	95		240		1 200		
	4	83	95		255		1 340		
	平均	81	93		242.5		1 237.5		

表2 "一喷三防"不同时期施药增产效果调查

试验药剂及处理	重复	亩穗数/(万)	穗粒数/粒	千粒重/g	理论亩产/kg	与空白比增产效果/%	叶面喷肥增产效果/%
抽穗期	1	27.07	33.2	42.4	323.88	13.36	7.80
	2	26.53	33.2	42.46	317.94	1.81	1.73
	3	26.33	33.3	42.74	318.58	12.22	6.38
	4	26.93	33.4	42.66	326.21	10.85	3.47
	平均	26.72	33.28	42.57	321.65	9.56	4.85
灌浆期	1	26.40	33.3	43.82	327.46	14.62	8.99
	2	26.40	33.1	43.9	326.09	4.42	4.34
	3	27.20	33.2	43.86	336.68	18.60	12.43
	4	26.40	33.4	44.02	329.94	12.12	4.65
	平均	26.60	33.25	43.9	330.04	12.44	7.60
抽穗+灌浆期	1	27.00	33.2	44.29	337.48	18.12	12.33
	2	26.47	33.8	44.44	337.93	8.21	8.13
	3	27.13	32.4	44.32	331.20	16.67	10.60
	4	26.80	33.6	44.28	338.94	15.18	7.51
	平均	26.85	33.25	44.33	336.39	14.55	9.64
三唑酮+吡虫啉+高效氯氰	1	26.27	33.2	40.53	300.44	5.16	/
	2	27.20	33.3	40.59	312.52	0.07	/
	3	26.27	33.1	40.52	299.46	5.49	/
	4	27.47	33.3	40.55	315.27	7.14	/
	平均	26.80	33.23	40.55	306.92	4.47	
空白对照	1	26.27	32.70	39.13	285.70	/	
	2	27.47	34.20	39.11	312.29	/	
	3	26.07	32.80	39.06	283.88	/	
	4	26.60	33.20	39.20	294.27	/	
	平均	26.60	33.23	39.13	294.03	/	

该文发表于《北京农业》2015年第3期

小麦“一喷三防”不同药械对比试验

张金良[2]，解书香[1]，张春红[1]，王泽民[1]
（1.北京市植物保护站，北京 100029；2.北京市顺义区植保植检站，北京 101300）

摘　要：顺义区植保植检站进行了不同药械“一喷三防”对比试验，发现使用高架车进行小麦“一喷三防”工作效率是背负式喷雾器的30～40倍，而且施药均匀，对小麦病、虫的防效及增产效果均比背负式喷雾器略有提高，为推广应用提供了科学依据。

关键词：一喷三防；药械；对比试验

为了验证小麦中后期“一喷三防”技术的防治效果和增产效果，顺义区植保植检站进行了不同药械“一喷三防”对比试验，为生产中推广应用提供科学依据。

1 试验材料

1.1 供试药剂

99%磷酸二氢钾（北京新禾丰农化有限公司经销）
三唑酮20%乳油（江苏建农农药化工有限公司）
吡虫啉70%水分散粒剂（陕西上格之路生物科学有限公司）
高效氯氰菊酯4.5%乳油（北京顺义生物农药厂）

1.2 供试药械

背负式喷雾器：新加坡利农-16型（市售）。
高架车：3WX-280H型自走式旱田作物喷杆喷雾机（北京怀柔丰茂机械有限公司生产）。

1.3 试验作物

冬小麦，品种：9843，试验期为抽穗至灌浆期。

1.4 防治对象

小麦蚜虫、吸浆虫、白粉病等病虫及叶面施肥。

2 试验地点

试验设在顺义区高丽营镇文化营村冬小麦田，试验地土质为黏壤，浇灌设施为地下水喷灌，肥水管理为中等。

3 试验内容及设计

3.1 试验内容

设3个处理。
处理1：背负式喷雾器；处理2：高架车；处理3：空白对照（清水）。
每个处理面积0.5亩，重复3次，随机排列。以上两个喷药肥处理均亩用20%三唑酮乳油50mL+70%吡虫啉水分散粒剂2g+4.5%高效氯氰菊酯乳油40mL+99%磷酸二氢钾40g配方，每亩对水30kg均匀喷雾。施药时间：抽穗期，即小麦50%～70%抽穗（吸浆虫羽化高峰时）时进行喷雾防治。

3.2 试验调查

（1）安全性观察：药后观察各小区有无药害、肥害，若有详细记录症状及恢复情况。

（2）病虫防治效果：采用大五点取样，每点查100株。

病害（白粉病等）调查：施药前和施药后7天、14天，调查各级**病叶数、普遍率、严重度，计算防治效果。

虫害调查：蚜虫施药前和施药后1天、7天、14天调查虫口基数和残虫量;吸浆虫于药前、药后1天扫网调查10幅网成虫数量，在灌浆中后期（5月25日左右）调查百穗幼虫数，计算防治效果。

（3）考种测产。小麦收获前，每个处理随机取5个点，每点1m^{2}调查小麦穗数，并取100穗测穗粒数、千粒重，计算理论产量、“一喷三防”增产效果、叶面施肥增产效果。

（4）喷药时分别记录对药时间、作业时间等，以进行工作效率对比。

4 试验记录

2012年5月9日上午，试验药剂对水分别使用喷雾器、高架车均匀喷雾施药，亩施药液30kg。施药时天气多云，有微风，气温28℃。试验期间未进行其他病虫害防治及施肥。5月23日各试验小区抽穗取样，剥穗调查吸浆虫百穗残虫。6月14日每小区割取1m^{2}小麦，调查亩穗数及测产。

5 试验结果及分析

5.1 试验效果

小麦中后期不同药械“一喷三防”不同喷肥量试验效果详见表1、表2、表3。

5.2 安全性

药后观察各小区均未出现肥害、药害，对小麦安全，而且试验药剂、叶面肥水溶性能良好。

5.3 病虫防治效果

病害：试验区内均未发生白粉病、锈病等叶部病害。

虫害：详见表1、表2。小麦蚜虫药后1天各药剂处理平均防效均在90%以上，药后7天、14天平均防效均在96%以上；蚜虫发生量偏轻，药后各施药处理百茎蚜量均在20头以下。小麦吸浆虫药后一天扫网防效在89%～100%，平均防效在94%以上；灌浆后期剥穗调查百穗虫量均在48以下，残虫量小，相对防效在77.8%～91.7%，平均防效在85.7%以上，由于吸浆虫发生轻及田间分布不均，各处理之间数据差异较大。总的来看，各施药处理对虫害均有很好的防治效果，高架车施药略比背负式喷雾器效果好。

5.4 对小麦产量的影响

背负式喷雾器、高架车处理分别比空白对照平均增产率分别为8.36%、9.52%，高架车处理增产效果略好，详见表3。

** 注：分级标准

0级：无病

1级：病斑面积占整个叶面积的5%以下

3级：病斑面积占整个叶面积的6%～15%

5级：病斑面积占整个叶面积的16%～25%

7级：病斑面积占整个叶面积的26%～50%

9级：病斑面积占整个叶面积的50%以上

表1 “一喷三防”不同药械对吸浆虫防治效果调查

试验处理	重复	成虫扫网 /（头 /10 幅网）			剥穗调查		备注
		药前	药后 1 天	防效 /%	百穗虫量	防效 /%	
背负式喷雾器	1	18	1	94.4	9	80.0	
	2	19	0	100	4	89.7	
	3	17	1	94.1	5	89.6	
	4	20	2	90	7	83.3	
	平均	18.5	1	94.6	6.3	85.7	
高架车	1	17	0	100	10	77.8	
	2	19	2	89.5	5	87.2	
	3	20	1	95	4	91.7	
	4	18	1	94.4	5	88.1	
	平均	18.5	1	94.7	6	86.2	
空白对照	1	19	19	0	45		
	2	16	17	–6	39		
	3	20	18	10	48		
	4	17	18	–5.9	42		
	平均	18	18	–0.53	43.5		

表2 不同药械“一喷三防”对小麦蚜虫防治效果调查

单位：头/百株

试验处理	重复	药前基数	药后 1 天		药后 7 天		药后 14 天	
			残虫数	防效 /%	残虫数	防效 /%	残虫数	防效 /%
背负式喷雾器	1	82	9	90.6	8	96.8	15	98.8
	2	80	8	91.0	7	97.0	14	98.8
	3	83	8	91.7	7	97.1	14	98.8
	4	79	7	92.3	7	97.1	13	99.0
	平均	81	8	91.4		97.0	14	98.9
高架车	1	85	8	91.9	7	97.3	14	98.9
	2	79	7	92.0	6	97.4	12	99.0
	3	81	8	91.5	6	97.5	14	98.8
	4	82	8	91.5	7	97.2	12	99.1
	平均	81.8	7.8	91.7	6.5	97.3	13	99.0
空白对照	1	80	93		245		1 230	
	2	79	88		230		1 180	
	3	82	95		240		1 200	
	4	83	95		255		1 340	
	平均	81	93		242.5		1 237.5	

表3　不同药械“一喷三防”增产效果调查

试验处理	重复	亩穗数 / 万	穗粒数 / 粒	千粒重 /g	理论亩产 /kg	与空白比增产效果 /%	备注
背负式喷雾器	1	26.67	32.5	42.08	310.00	8.50	
	2	26.27	33.8	42.06	317.42	1.49	
	3	27.00	32.6	42.52	318.14	12.07	
	4	26.87	33.9	42.34	327.80	11.39	
	平均	26.70	33.2	42.25	318.36	8.36	
高架车	1	27.07	33.2	42.4	323.88	13.36	
	2	26.53	33.2	42.46	317.94	1.65	
	3	26.33	33.3	42.74	318.58	12.22	
	4	26.93	33.4	42.66	326.21	10.85	
	平均	26.72	33.28	42.57	321.65	9.52	
空白对照	1	26.27	32.70	39.13	285.70	/	
	2	27.47	34.20	39.11	312.29	/	
	3	26.07	32.80	39.06	283.88	/	
	4	26.60	33.20	39.20	294.27	/	
	平均	26.60	33.23	39.13	294.03	/	

5.5　工效对比

通过计时比较，高架车是背负式喷雾器施药作业效率的30～40倍，而且喷药均匀，速度稳定（表4）。

表4　背负式喷雾器与高架车施药作业效率对比

施药器械	水车加对药水时间 /min	施药作业时间 /min	防治面积 / 亩	8 小时作业面积 / 亩	备注
喷雾器	2	28	0.5	8	单人单机
高架车	10	15 ～ 20	15 ～ 20	240 ～ 320	单人单机

3 结论

小麦使用高架车进行“一喷三防”工作效率是背负式喷雾器的30～40倍，而且施药均匀，对小麦病、虫的防效及增产效果均比背负式喷雾器略有提高。

该文发表于《北京农业》2014年第21期

高巧药剂拌种示范研究

罗　军[1]，张金良[2]，董　杰[2]，解春原[1]，佟国香[1]
（1.北京市房山区农业科学研究所，北京　102425；2.北京市植物保护站，北京　100029）

摘　要：播前拌种是小麦栽培中的一项重要措施，它可以促进苗齐、苗壮、苗匀，防治地下害虫，增强小麦抗逆性，起到一定的增产效果。为了推广小麦轻简化栽培技术，采用高巧拌种药剂对小麦种子进行拌种后播种，在相同管理水平下与未拌种的小麦进行大区对比示范。结果表明：①高巧拌种药剂能够较好地预防苗期蚜虫的发生及后期病虫害的大暴发，亩节本13.4元；②在相同的管理条件下，高巧拌种处理的小麦产量为570.7kg/亩，比未拌种的532.9kg/亩增产37.8kg，增产7.1%，亩增收68.1元。总体来看，拌种可以预防小麦苗期蚜虫的大发生，增强小麦的抗逆性，提升产量，达到增产增效的目的，是简化栽培的重要措施。

关键词：小麦拌种；高巧；产量；效益

小麦拌种剂是指用于小麦种子处理防治小麦土传、种传病害，地下害虫和部分地上害虫的农药，由于它可以促进苗齐、苗壮、苗匀，防治地下害虫，增强小麦抗逆性，也因此越来越受到广大农户的重视。本试验的设置是为了比较小麦经过高巧拌种后与未拌种小麦最后的产量结果及经济效益，以实现小麦的轻简化栽培达到节本增效的目的。

1　材料与方法

1.1　试验材料、地点

选用的小麦供试品种为轮选987。试验安排在窦店镇窦店村12农场，前茬为青贮玉米，土壤经过翻耕、重耙、旋耕后平整细碎，上虚下实。试验地土壤肥力情况见表1。

表1　窦店12农场土壤基础5项

地点	土壤有机质 /（g/kg）	土壤全氮 /（g/kg）	土壤碱解氮 /（mg/kg）	土壤有效磷 /（mg/kg）	土壤速效钾 /（mg/kg）
窦店	23.8	1.871	106	31.4	147

1.2　试验设计

试验为大区示范试验，不设重复，高巧拌种的小麦播种50亩，未拌种小麦播种20亩，各处理进行3次调查，其他管理与未拌种相同。

1.3　田间管理

试验于2014年9月28日播种，整地前施底肥复合肥50kg/亩，播种时二铵10kg/亩，基本苗控制在2.8×10^6/亩左右，追肥：拔节期追施尿素15kg，灌浆期喷施磷酸二氢钾两次。灌水次数和时间：冻水在11月25日，春季灌4水，分别是：3月下旬的返青水，4月初的拔节水，5月中旬的开花水和5月下旬的灌浆水。3月25日除草；4月20日防治蚜虫；5月17日防治吸浆虫。

1.4　测定项目与方法

1.4.1　生育进程

播期、出苗期、三叶期、分蘖期、越冬期、返青期、起身期、拔节期、抽穗期、开花期、成熟期、收获期、全生育期等。

1.4.2　群体指标

出苗后定点，定期调查基本苗、冬前茎、返青茎、最高茎、拔节期总茎数、拔节期大茎数、亩穗数。

1.4.3　后期调查单株性状

灌浆速率，灌浆期的基部第1节、第2节间长。

1.4.4　测产

每个处理选3个点，用金属框随机收获1m^2，收获后测定不同处理的亩穗数，脱粒后测量千粒重和1m^{2}的产量。根据取样进行方差分析，比较处理之间的差异情况。

1.4.5　考种

每个处理取3个定点的样点，调查不同拌种处理植株的穗部性状，单株性状，计算穗粒数。

2　结果与分析

2.1　不同拌种处理的生育进程

不同拌种处理的生育进程见表2，通过表2的生育进程可以看到：在管理相同的情况下，高巧拌种会对小麦的生育进程造成一定程度上的延后，各关键生育期延长2～3天，因此播种前要根据品种熟期及地方特性选择是否进行高巧药剂进行拌种。

表2　不同拌种处理的生育进程

处理	出苗期	越冬期	返青期	起身期	拔节期	抽穗期	开花期	成熟期	生育期 / 天
高巧拌种	10.6	12.5	3.7	4.2	4.15	5.1	5.7	6.17	263
未拌种	10.4	12.5	3.5	3.29	4.13	4.30	5.6	6.15	261

2.2　不同拌种处理的群体情况

不同拌种处理的群体变化情况见表3，通过表3的群体变化情况可以看到：在相同的水肥条件下，高巧拌种会对小麦的群体生长有一定的促进作用，在关键生育期群体略比未拌种多，而且能够保证较高的分蘖成穗率。

表3　不同拌种处理的群体情况

处理	基本苗 /（万 / 亩）	冬前茎 /（万 / 亩）	冬季死苗死茎率 /%	起身茎 /（万 / 亩）	拔节总茎 /（万 / 亩）	拔节大茎 /（万 / 亩）	亩穗数 /（万 / 亩）	分蘖成穗率 /%
高巧拌种	29.1	113.7	0	141.3	132.7	85.7	54.8	38.8
未拌种	28.7	102.3	0	135.7	123.3	64.7	48.5	35.7

2.3　不同拌种处理的蚜虫发生情况

不同拌种处理的蚜虫发生情况见表4，通过表4的蚜虫发生情况可以看到：在冬前高巧拌种后的蚜虫数量远远低于未拌种的，而到4月16日蚜虫数量相差无几，说明从播种到4月16日前，高巧拌种会对蚜虫有良好的预防作用，能够节省一次防治蚜虫的费用，从而也节省了人工投入。

表4　不同拌种处理的蚜虫发生情况

处理	10月26日（百株蚜量）	4月16日（百株蚜量）
高巧拌种	12	618
未拌种	327	634

2.4　不同拌种处理的单株性状

不同拌种处理的单株性状见表5，通过表5的数据可以看到：高巧拌种处理株高比未拌种低3.5cm，第1茎节和第2茎节比未拌种矮2.2cm、2.5cm，穗长比未拌种长0.9cm，总小穗数多1个，不孕小穗少1个，说明高巧拌种能够降低株高，及第1、2茎节的长度增强抗倒伏能力，增加总小穗数，降低不孕小穗数，明显改善小麦的植株性状及穗部性状。

表5　不同拌种处理的单株性状

处理	株高	基部第1茎节长	基部第2茎节长	穗长	总小穗数	不孕小穗数
高巧拌种	85.7	5.0	7.7	9.7	18.8	2.5
未拌种	89.3	7.7	10.2	8.8	17.8	3.5

2.5　不同拌种处理的产量情况

2.5.1　不同拌种处理的产量

不同拌种处理的产量见图1，通过图1的数据可以看到：在相同的管理条件下，高巧拌种处理的小麦产量为570.7kg/亩，比未拌种的532.9kg/亩增产37.8kg，增产7.1%。

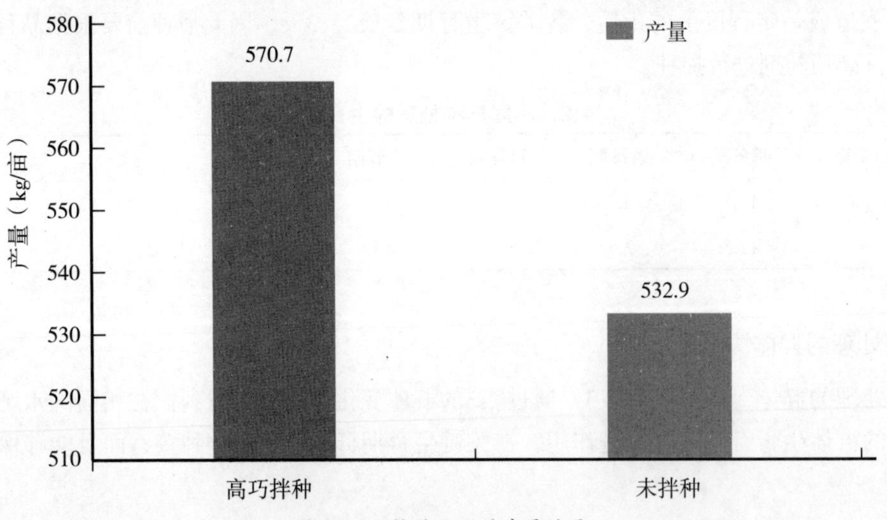

图1　不同拌种处理的产量结果

2.5.2　不同拌种处理的产量三要素

不同拌种处理的单株性状见表6，通过表6的产量三要素可以看到：高巧拌种处理亩穗数为54.8万比未拌种处理多6.3万/亩，千粒重高0.5g，说明高巧拌种能确保分蘖成穗，提升千粒重从而增加产量。

表6　不同拌种处理的产量三要素

品种	亩穗数/（万/亩）	穗粒数/粒	千粒重/g	产量/（kg/亩）	1m² 产量			
					Ⅰ	Ⅱ	Ⅲ	平均
高巧拌种	54.8	26.3	39.6	570.7	0.863	0.874	0.831	0.856
未拌种	48.5	28.1	39.1	532.9	0.808	0.787	0.803	0.799

2.6 不同拌种处理的经济效益

不同拌种处理的经济效益见表7，通过表7的数据可以看到：高巧拌种处理种子费用比未拌种多23.3元，而农药和用工费用比未拌种少13.4元，整体来看高巧拌种处理比未拌种多投入9.9元，但产量增加37.8kg，因此亩增加效益68.1元。

表7 不同拌种处理经济效益分析

单位：元/亩

处理	种子	化肥	农药	水电	机耕	用工	其他	合计	总收入	效益
高巧拌种	81.5	168.3	12.8	77.9	170.2	87.5	0	598.2	1598.0	1027.3
未拌种	58.2	168.3	18.2	77.9	170.2	95.5	0	588.3	1492.1	959.2

3 结果与讨论

（1）在相同的管理条件下，高巧拌种处理的小麦产量为570.7kg/亩，比未拌种的532.9kg/亩增产37.8kg，增产7.1%。

（2）高巧拌种前期对蚜虫有良好的预防作用，后期增加总小穗数，降低不孕小穗数，明显改善小麦的植株性状及穗部性状，确保分蘖成穗，提升千粒重从而增加产量。

（3）高巧拌种虽然在播种时期增加了投入，但就总的效益来看有明显的增产增收的作用，值得进一步推广。

该文发表于《北京农业》2015年第30期

小麦矮缩病毒NASH快速检测方法的建立及应用

金　文[1]，张金良[2]，刘　艳[1]，王锡锋[1]
（1.中国农业科学院植物保护研究所/植物病虫害生物学国家重点实验室，北京　100193；
2.北京市植物保护站，北京　100029）

摘　要：以非放射性物质地高辛为标记物，PCR法制备了特异性强、灵敏度高的DNA探针。通过优化反应体系，建立了小麦矮缩病毒（Wheat dwarf virus，WDV）的核酸斑点杂交（Nucleic acid spot hybridization，NASH）快速检测技术体系。该方法诊断准确率高，操作简单，周期短，整个检测过程仅需5h左右。利用建立的NASH技术开展WDV流行学调查，发现近年来WDV在我国陕西韩城、山西太原和河北石家庄等地区点片发生，没有大面积暴发成灾。

关键词：小麦矮缩病毒；地高辛；核酸斑点杂交（NASH）；快速检测

小麦矮缩病毒（Wheat dwarf virus，WDV）是一类侵染麦类作物的双生病毒，为双生病毒科（Geminiviridae）玉米线条病毒属（*Mastrevirus*）的成员[1, 2]。该病毒是由异沙叶蝉（*Psammotettix alienus* L.）以持久性非增殖方式传播，寄主为小麦、大麦、燕麦和多种禾本科杂草，罹病植株症状表现为矮化、黄化、分蘖增多等[3]，它的局部流行曾对欧洲多个国家的大、小麦生产上造成过很大为害[4-6]。2007年我国首次报道了小麦矮缩病的发生[7]，随后在陕西、甘肃、河北和云南等12个省均有发现。近年来在陕西北部麦区已经引起严重减产，正成为威胁我国西北、华北和西南麦区的重要病毒病[8-10]。建立适合田间大量样品鉴定的快速检测方法，做到早期发现与预警，对及时有效地控制该病害将起到重要的作用。

植物病毒的检测方法通常有生物学，血清学和分子生物学等手段。但就小麦矮缩病而言，由于该病毒为虫传病害，异沙叶蝉饲养困难，生物学鉴定难度很大；血清学具有快速简便、高通量等优点，但对制备抗体的特异性有较高要求；PCR法较为常用，但存在因交叉污染而带来的假阳性等问题。核酸斑点杂交技术（Nucleic acid spot hybridization，NASH）具有特异性强、灵敏度高等特点[11]，尤其是非放射性标记如地高辛的发展使得这种方法得到更广泛的应用[12]，近年来NASH技术已广泛应用于植物病毒的检测中[13, 14]。本研究制备了基于地高辛标记的DNA探针，将NASH检测技术用于小麦矮缩病毒（WDV）的快速诊断和鉴定。

1　材料与方法

1.1　毒源及传毒介体

小麦矮缩病毒（WDV）分离物和传毒介体（异沙叶蝉）均采自陕西韩城小麦矮缩病毒发病田块。经PCR检测和基因测序确定为小麦矮缩病毒（WDV）分离物后，在感病小麦品种（扬麦12）上繁殖毒源。异沙叶蝉经脱毒纯化后在健康小麦上扣罩饲养。上述毒源和介体均在22℃，20 000 lx条件下的光照培养箱中常年繁殖。小麦黄矮病毒GPV（Wheat yellow dwarf virus-GPV，WYDV-GPV）及大麦黄矮病毒（Barley yellow dwarf virus，BYDV）GAV和PAV等参照毒源均为本实验室-70℃保存样品。

1.2　探针引物的设计、合成与标记

将GenBank上登录的WDV陕西韩城分离物与其他地区分离物进行序列比对，结果表明外壳蛋白（Coat Protein，CP）基因较为保守，故选取该基因作为靶基因。应用Vector NT 10.0软件设计CP基因特异性引物，引物由生工生物工程（上海）股份有限公司合成。具体序列为CP/ F：5 '-ATGGTGACCAACAAGGACTCC-3'；

CP/ R：5 '-TTACTGAATGCCGATGGCTTTG-3'。DIG探针标记采用PCR法，用试剂盒（DIG PCR probe synthesis kit，Roche）中的DIG-dNTPs（含0.7mmol/L DIG-11-dUTP，1.3mmol/L dTTP）代替PCR正常体系中的dNTPs进行PCR扩增。

1.3 基因的克隆

PCR扩增反应体系为：模板DNA 1μL，10μmol/L正反向引物各0.5μL，2.5mmol/L dNTP 2μL，5U ExTaq酶0.25μL，10×buffer 2.5μL，加ddH2O至25μL。在Eppendorf PCR仪中按下列扩增程序进行：94℃预变性3min；94℃变性30s，56℃复性45s；72℃延伸1min，35次循环；最后72℃延伸10min，4℃下保存备用。将纯化好的PCR产物连接至pMD-18T载体（Takara）上，转化到DH5α大肠杆菌感受态中。经PCR鉴定选取3个阳性克隆由生工生物工程（上海）股份有限公司完成序列测定。

1.4 WDV-NASH检测方法的建立

采用CTAB法提取样品的总DNA，取1μL点于尼龙膜（Amersham Hybond^{TM}-N^{+}，GE Healthcare）上，将膜放在UV紫外交联仪中固定；将固定好的杂交膜放入杂交袋中，加入适量杂交缓冲液后50℃条件下进行预杂交15 min；将DIG探针100℃变性5min后，加入杂交液中，50℃杂交1.5～2h；膜置于足量的2×SSC（含0.1% SDS）溶液中，振荡漂洗2次，每次10min；转入足量的0.5×SSC（含0.1% SDS）的溶液中，65℃条件下轻微振荡漂洗2次，每次10min；用封闭缓冲液轻摇封闭20min。

采用免疫显色：加入碱性磷酸酶标记的DIG抗体（Roche公司）达到工作浓度为1：7 500，室温孵育30min；洗涤液（0.1mol/L maleic acid，0.15mol/L NaCl，pH值7.5，含0.3% W/V Tween-20）洗膜2次，每次10min；加入适量含330μg/mL NBT和165μg/ mL BCIP的碱性磷酸酯酶缓冲液（现用现配）；暗处显色20～30min，用50mL无菌双蒸水或TE buffer将膜漂洗5min，终止显色反应。

1.5 NASH特异性和灵敏度检测

取1μL的小麦矮缩病毒DNA，同时以健康小麦DNA提取液和感染小麦的其他病毒病WYDV-GPV、BYDV-GAV和BYDV-PAV的cDNA作为对照，按照建立的NASH检测方法，进行特异性检测；将小麦矮缩病毒1μL DNA模板进行10倍系列梯度稀释，得到10^{-6}～10^{-1}稀释的病毒DNA样品，进行灵敏度检测试验。

1.6 疑似WDV样品的检测

2010—2013年，每年小麦生长季在我国主要麦区采集症状表现出严重矮化、分蘖增多、黄化且不能抽穗的小麦矮缩病毒疑似标样。每份标样称取0.1g，采用CTAB法提取样品的总DNA，溶解于0.1×TE 溶液中，-20℃暂存备用。采用本研究1.3中建立的WDV-NASH技术检测田间待测样品。

2 结果与分析

2.1 WDV-CP基因的克隆

提取WDV毒源的小麦叶片总DNA，采用本研究1.2中设计的特异性引物对（CP/ F和CP/R），经PCR扩增获得了大小约为780bp的条带（图1泳道1）， 与预期CP基因目的片段大小（783bp）基本一致。将回收纯化的CP基因扩增产物与载体pMD18-T连接，并转化至大肠杆菌中，经PCR鉴定和序列测定获得含WDV-CP基因的重组质粒。

2.2 地高辛标记探针的制备

以获得的WDV-CP基因的重组质粒为模板，采用DIG标记试剂盒PCR法制备探针。反应结束后进行1%琼脂糖凝胶电泳，因DIG的分子量大，从图中可以看出已标记的条带（图1泳道2）明显滞后于普通未标记的条带，说明此探针标记成功。

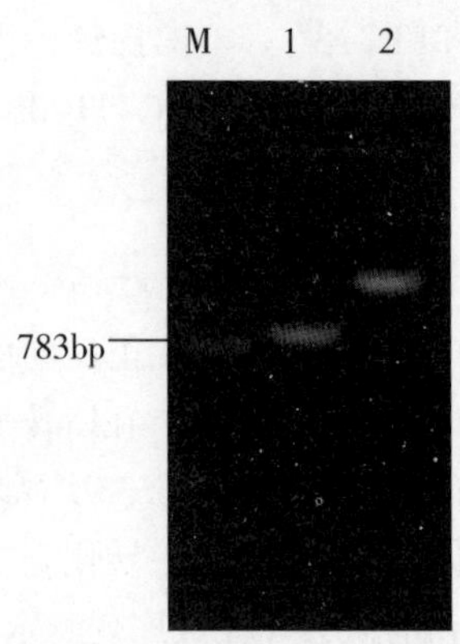

M：Marker DL2000；1：CP基因片段；2：DIG标记的CP基因片段

图1　DIG标记的WDV特异性探针的制备

2.3　探针特异性的检测

将已提取的WDV、WYDV-GPV、BYDV-GAV和BYDV-PAV等病毒核酸各取1μL点于同一张尼龙膜上，以健康小麦DNA作为阴性对照，用制备的WDV特异性DIG核酸探针进行核酸斑点杂交。结果显示：该探针仅与WDV样品的DNA产生反应（图2）。表明此探针具有较强的特异性，可以用于鉴别区分WDV和与其症状相似的小麦上的其他病毒。

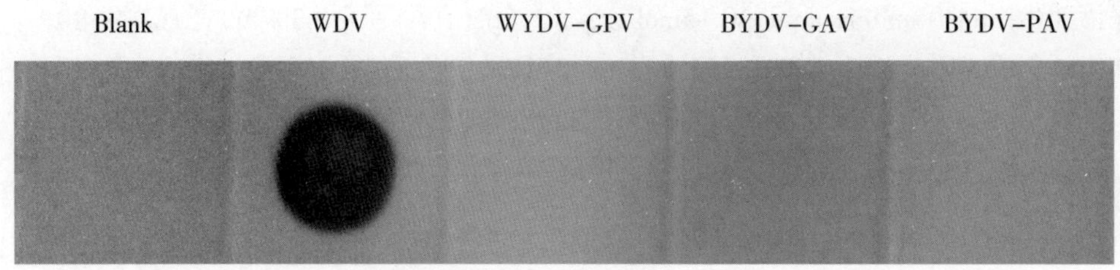

图2　WDV-CP探针的特异性检测

2.4　探针灵敏性的检测

提取3个WDV样品DNA，用Nanodrop微量测定仪测定核酸浓度，1～3号样品的浓度分别为1501.4ng/μL，904.7ng/μL和1647.7ng/μL。分别取1μL DNA，然后按10^{-6}～10^{-1}系列比例用ddH20稀释DNA，然后按稀释顺序点于同一张尼龙膜上进行斑点杂交。杂交显色结果（图3）表明10^{-2}稀释倍数能得到较为清晰的DNA印迹，10^{-3}稀释倍数仍能检测到DNA，该试验3次重复的平均灵敏度为1.33 ng/μL。

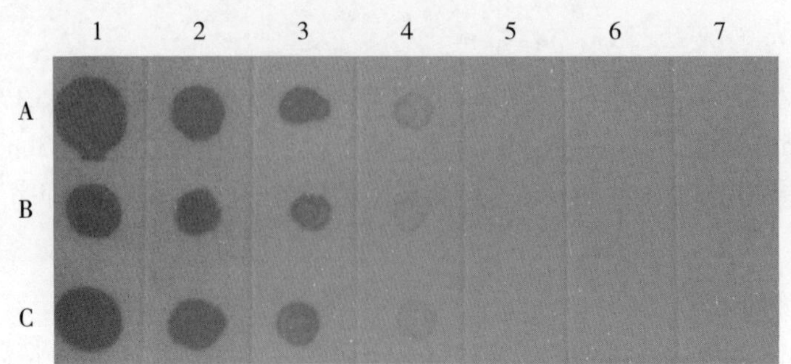

（1：DNA原液；2～7：样品稀释倍数依次为10^{-1}，10^{-2}，10^{-3}，10^{-4}，10^{-5}，10^{-6}；A～C：分别为1～3号DNA样品）

图3　WDV-CP探针的灵敏性检测

2.5 应用于大田疑似样品的检测

采用建立的WDV-NASH技术，对2010年至2013年采自山西、陕西、山东、河北、云南和四川等12个省份部分地区的373份WDV疑似标样进行了检测。将提取好的标样DNA取1μL点于尼龙膜上，部分杂交结果见图4。结果表明近几年来小麦矮缩病毒在陕西韩城、山西太原和河北石家庄等地区点片发生，没有大面积暴发。将检测样品同时用PCR方法验证，准确率达99%以上。

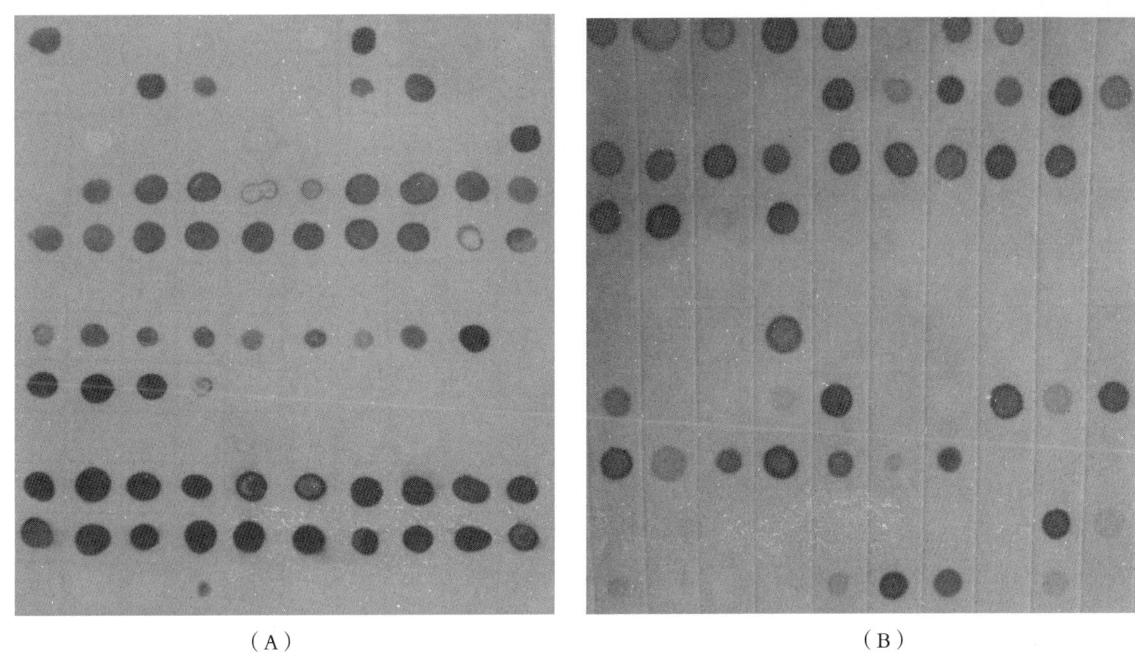

（A）　　（B）

图4　部分大田标样的核酸斑点杂交检测结果（A）and（B）

3 讨论

WDV一旦发生，其造成的经济损失就会相当严重，所以各发生国家都十分重视。近年来WDV在我国西北、华北以及西南地区多个省份均有发生，在陕西韩城等局部地区也造成了较为严重的经济损失。因此建立一套快速、精准的WDV检测系统乃是当务之急。就小麦矮缩病毒的检测而言，由于WDV只能由异沙叶蝉以持久性非增殖方式传播，其寄主是单子叶麦类作物，而病毒又仅仅局限在韧皮部，且病毒含量极低，使得对该病毒的检测受限；依赖于抗血清的免疫学检测技术以ELISA技术最成熟，应用最广泛。但由于受到抗血清制备水平的限制，国内尚无商品化的抗血清；以分子生物学技术为基础，已经开发出如qPCR[15]和RCA-RAPD[16]等针对WDV的检测技术，但是这些实验技术不易掌握，且受到试剂和仪器昂贵等成本问题影响，难以在基层植保部门推广。

本研究首先对WDV病毒及其近似种的核苷酸序列进行系统分析，设计了用于特异性检测WDV的CP基因特异性引物，并对反应条件进行了优化，建立了以地高辛标记的DNA探针为基础的NASH检测技术。免疫检测结果表明：制备的WDV-CP的DNA探针具有较强的特异性和高灵敏度，基于这种探针建立的NASH检测技术成功地应用于田间疑似WDV标样的检测。该探针的制备方法简单，还具有无放射性污染的优点，且可反复使用4～5次，节约了检测成本。将制备的地高辛探针、杂交缓冲液和洗涤液等反应体系成分组装成试剂盒后，无需PCR、酶联测定仪等任何昂贵的仪器，操作简单方便，对基层单位十分适用，具有良好的应用前景。

参考文献

[1] Vacke J. Wheat dwarf virus disease[J]. Biologia Plantarum，1961，3：228–233.

[2] Gutierrez. Geminivirus DNA replication [J]. Cell Molecular Life Sciences，1999，56：313–329.

[3] MacDowell S，Macdonald H，Hamilton W，et al. The nucleotide sequence of cloned *Wheat dwarf virus* DNA [J]. The EMBO Journal，1985，4（9）：2 173.

[4] Bisztray G Y，G á borj á nyi R，Vacke，J. Isolation and characterisation of wheat dwarf virus found for the first time in Hungary [J]. Journal of Plant Disease and Plant Protection，1989，96：449–454.

[5] Lemmetty A，Huusela–Veistola E. First report of WDV in winter wheat in Finland [J]. Plant Disease，2005，89：912.

[6] Huth，W. Viruses of Graminae in Germany–a short overview [J]. Journal of Plant Disease and Plant Protection，2000，107：406–414.

[7] Xie J，Wang X，Liu Y，et al. First report of the occurrence of *Wheat dwarf virus* in wheat in China [J]. Plant Disease，2007，91（1）：111.

[8] 王江飞，柳树宾，吴蓓蕾，等. 陕西韩城严重发生的小麦矮缩病病原鉴定与原因分析[J]. 植物保护，2008，34（2）：17–21.

[9] 王锡锋，刘艳，韩成贵，等. 我国小麦病毒病害发生现状与趋势分析[J]. 植物保护，2010，36（3）：13–19.

[10] Liu Y，Wang B，Vida G，et al. Genomic analysis of the natural population of Wheat dwarf virus in wheat from China and Hungary[J]. Journal of Integrative Agriculture，2012，11（12）：2 020–2 027.

[11] Singh M，Singh R P. Digoxigenin–labelled cDNA probes for the detection of Potato virus Y in dormant potato tubers[J]. Journal of Virological Methods，1995，52：133–143.

[12] Lemaire O，Herrbach E，Stevens M，et al. Detection of sugar beet–infecting beet mild yellowing luteovirus isolates with a specific probe[J]. Phytopathology，1995，85：1 513–1 518.

[13] Liu Y，Sun B，Wang X F，et al. Three digoxigenin –labeled cDNA probes for specific detection of the natural population of Barley yellow dwarf viruses in China by dot–blot hybridization[J]. Journal of Virological Methods，2007，145：22–29.

[14] Gopi V，Gopal K，Gouri Sankar T，et al. Detection of citrus yellow mosaic virus by PCR and nucleic acid spot hybridisation using non–radio active probes in commercial citrus species[J]. Archives of Phytopathology and Plant Protection，2010，43，9：887–894.

[15] Zhang X，Zhou G H，Wang X F. Detection of Wheat dwarf virus （WDV） in wheat and vector leafhopper （Psammotettix alienus Dahlb.） by real–time PCR [J]. Journal of Virological Methods，2010，169（2）：416–419.

[16] Schubert J，Habekuss A，Kazmaier K，et al. Surveying cereal–infecting geminiviruses in Germany–diagnostics and direct sequencing using rolling circle amplification[J]. Virus Research，2007，127（1）：61–70.

该文发表于《植物保护》2015年第3期

经济作物病虫害绿色防控技术

北京地区果园害虫关键绿控技术研究集成示范与推广

乔　岩[1]，董　杰[1]，岳　瑾[1]，王品舒[1]，张　涛[1]，郑书恒[1]，王步云[1]，张保常[2]
（1.北京市植物保护站，北京　100029；2.平谷区植物保护站，北京　101200）

摘　要：针对北京地区果园主要害虫，开展了关键绿控技术研究与集成工作，推广了适合北京郊区果园的"果园生草+理化诱控+天敌释放+生物农药"害虫绿控技术体系，在大桃和苹果等果园，蛀果害虫防治效果达到83.3%，蛀果率可控制在1%以下，建立了绿色防控与专业化统防统治融合的技术推广模式，有效解决了北京地区果园害虫为害严重、化学药剂防效不理想及由此产生的农产品质量安全问题。

关键词：果园害虫；绿色防控；推广应用

大桃、苹果是北京市居民食用的主要鲜食水果，全市大桃种植面积约22万亩，苹果种植面积约19.4万亩。近年来，随着鲜果种植业的不断发展，病虫发生情况日趋严重，呈现出病虫种类多、发生频率高的新趋势，尤其是梨小食心虫、蚜虫、叶螨等害虫发生给果农造成了严重的产量和经济损失，果园在害虫防治过程中存在的问题也逐渐凸显。

绿色防控技术，是通过采用农业防治、物理防治、生物防治、生态调控以及科学、合理、安全使用农药的技术，达到有效控制农作物病虫害，确保农作物生产安全、农产品质量安全和农业生态环境安全，促进农业增产、增收的目的。相对于蔬菜和大田作物，果树由于其作物种类的局限性，害虫单项绿控技术研究较少，已有的防治技术多是借鉴于其他作物，真正针对果树害虫的技术较少，在果树上登记的生物农药更是稀缺。这些现状造成果树害虫防治缺乏技术集成体系基础，从而限制了相关技术的示范和推广。

2013—2016年，北京市植保站围绕北京市都市型现代农业的发展要求，在建立健全工作措施的基础上，重点开展了大桃、苹果等果树上主要害虫绿控技术的研究与集成，逐步探索、完善适应北京市实际情况的绿控技术体系，探索创新与专业化统防统治融合的技术推广模式，并进行了大面积的示范推广，取得了良好的社会、经济、生态效益。

1　主要推广的绿色防控技术

1.1　果园生草技术

在桃园和苹果园开展了生草品种的筛选，选取了15种生草品种：金盏花、紫苏、薄荷、艾蒿、地被菊、莳萝、茴香、金鸡菊、毛叶苕子、胡萝卜科、蓍草、白三叶、紫花苜蓿、蒲公英，并进行了种植试验。明确白三叶、紫花苜蓿、蒲公英等3种生草品种为主的种植模式，探索了田间管理技术，形成了管理技术规程。生草可以显著增加瓢虫、东亚小花蝽、草蛉、食蚜蝇及蜘蛛等捕食性天敌的种群数量。大量增殖的天敌，可由地面植被向树冠上迁移，从而使果树上捕食性天敌的种群数量明显增多，蚜群种群数量受到明显抑制。

1.2　理化诱控技术

利用梨小食心虫诱芯配套诱捕器监测梨小食心虫在果园的发生时间、发生量，指导适时、准确进行防治。监测发现，北京地区梨小食心虫发生量出现了4个高峰期。越冬代成虫一般在3月下旬至4月初开始羽化，至4月上中旬达到羽化高峰，峰值高，峰期偏长。第1代雄成虫高峰期发生在5月下旬至6月初，第2代雄成虫高峰期发生在6月下旬至7月初，第3代雄成虫高峰期在7月底至9月初，峰值较第1代、第2代明显升高，峰期较长。到9月，温度降低，第4代幼虫便以老熟幼虫越冬。

利用梨小食心虫迷向散发器防治梨小食心虫，迷向散发器处理区诱捕器的诱蛾量比对照区诱捕器的诱蛾量显著减少。迷向率最低84.62%，最高达100%。悬挂迷向散发器对控制梨小食心虫折梢为害有明显效果，平均防效为86.46%，迷向区蛀果率仅为1%，防治效果为83.33%，明显减少蛀果为害。桃小食心虫、桃蛀螟和金纹细蛾性诱剂诱捕技术防治效果明显，均达到72%以上，为钻蛀性害虫防控提供了全面的防控措施。

1.3 天敌防治技术

研究了4种捕食螨在桃园和苹果园的防治技术，提出防治技术措施一套。拟长毛钝绥螨对苹果树和桃树上的叶螨防治效果最好，最高防效在80%以上。加州新小绥螨和东方钝绥螨是在我国发现的本地种，试验结果表明这两种螨对果树上的叶螨防治效果也较好，加州新小绥螨的防效达到76%以上，东方钝绥螨防效达到67%以上。巴氏新小绥螨对果园中叶螨的防治效果不如其他3种捕食螨明显，但巴氏新小绥螨在我国广泛分布，在北京及周边地区都有发生，因此均有可能在北京地区果园内定殖，对叶螨形成防控。

因此，在果园中当叶螨发生量很少时，可释放生产成本较低的巴氏钝绥螨控制叶螨的虫口数量，在每年的叶螨高发期时，以释放生产成本相对较低的加州新小绥螨和东方钝绥螨为主，一旦叶螨数量很大时，需要释放拟长毛钝绥螨来进行防治。为防止在7—8月叶螨高发期大量暴发可在此期间定期释放拟长毛钝绥螨2～3次。当发现田间叶螨出现结网现象时需要首先用化学农药降低虫口数量，待药效期过后，继续释放捕食螨进行防控。

1.4 生物农药应用技术

针对蚜虫抗药性问题，开展了生物农药对蚜虫的防治技术研究，0.3%苦参碱水剂1 000倍液防治蚜虫的效果非常理想，药后第7天，防效可达91.96 %。0.3%苦参碱水剂持效期长，是防治蚜虫的理想药剂。苦参碱还可以与桉油精、除虫菊等生物药剂轮换使用，可以延缓抗药性的发生。阿维 · 灭幼脲30%悬浮剂1 000～2 000倍液可作为高效氯氰菊酯4.5%乳油生物替代药剂，在防治梨大食心虫上广泛推广应用。

2 果园害虫绿控技术体系集成与示范推广

2.1 集成绿控技术模式

在果园害虫关键绿控技术研究基础上，结合果园害虫发生和为害特点，优化集成了以理化诱控技术、天敌保护利用技术和科学用药技术为核心的果园害虫绿控技术体系。其中，大桃害虫全程绿控技术模式为：清园控害+“色、光、性”三诱+果实套袋+保护利用天敌+科学用药。苹果害虫全程绿控技术模式为：果树健身栽培+生态调控+理化诱控+科学用药。

2.2 创新推广模式

2.2.1 建立绿色防控与专业化统防统治融合的技术推广模式

2013—2016年在北京市平谷区、顺义区等主要果树种植基地，依托合作社、示范基地共建立了3支专业化统防统治组织。其中，大桃2支，苹果1支，分别为北京互联农业服务农民专业合作社联合社、北京益达丰果蔬产销专业合作社和北京龙湾巧嫂果品产销专业合作社。专防组织推行统一组织、统一发动、统一时间、统一技术、统一实施“五统一”，配置先进植保施药器械，应用绿控技术，积极探索害虫专业化统防统治的服务模式。为农民提供安全高效的害虫防治承包服务，大幅提高病虫防控组织化程度，达到节水、节药、省工的目的。专防组织开展害虫专业化统防统治服务，也推进了果品产业现代化生产发展，全面提高果品质量，减轻果农劳动强度，提高劳动生产率，达到提质增效的目标。

2.2.2 建立核心示范基地

在北京市主要果树种植区，昌平、平谷和顺义3个区建立了7个面积共5 200亩的大桃、苹果示范基地，开展果园害虫绿控技术的试验和全程示范。通过核心示范基地的建立，带动周边，加强推广的力度和实效。通过对示范区技术用户进行技术培训、现场观摩等传授技术要点，辐射示范周边地区，扩大技术示范覆盖区，收到良好的社会效果。

2.2.3 开展技术宣传和培训

通过农民田间学校、现场培训、观摩会等多种形式开展培训 60 余期，培训人员3 950人次，对大桃、苹果主要害虫识别、防治适期、防治技术及高效植保施药器械等内容进行培训。同时，市区两级积极邀请专家、组织技术人员深入田间地头，现场指导农民开展果园害虫关键绿控技术，共发放《桃园主要病虫害绿色防控彩色图谱》《果树病虫害防治》《桃树病虫防治分册》《苹果病虫防治分册》等各类宣传资料12 100余份。《农民日报》《京郊日报》等10多家媒体进行了37次相关报道，提高了农民对于果树害虫关键绿控技术的掌握程度，扩大了技术体系的影响力和覆盖面。

3 技术应用效果

3.1 防治效果提高

通过绿色防控技术的实施，果园虫害得到了有效控制，防控效果可以达到70%以上。在大桃和苹果核心示范区，蛀果害虫防治效果达到83.3%，蛀果率可控制在1%以下，避免了害虫为害，并减少了化学农药的使用。

3.2 果品质量提高

示范区内农药使用次数减少3次，平均每亩减少化学农药用量60%以上，并且大桃口感好，农药残留量低，达到了绿色食品质量标准，售价高出普通果1.8元/kg（示范区为 4.8元/kg，非示范区为3.0元/kg），苹果示范区为10元/kg，非示范区为7元/kg。

3.3 绿控意识增强

通过绿色防控技术示范推广和培训，项目区内果农提高了对绿色防控技术的认识和了解，看到了绿色防控技术取得的效果，从思想、观念上改变原来单纯依靠化学农药防治病虫害的习惯，增强了综合防治意识，认可并接受了绿色防控技术，真正用于生产中。

4 取得的经济、社会、生态效益

4.1 经济效益

通过推广果园害虫绿控技术体系，利用理化诱控等绿控技术防治果园害虫面积达70万亩次，共计减少化学农药用量94.5t，节省用工19.4万个，节约用水5.82万t，经济效益5.23亿元。培训人员3 950人，发放各类技术资料12 100份，促进了产业发展、农民增收，改善了生态环境。

4.2 生态效益

在果园应用果园害虫绿控技术体系，可以将病虫发生程度控制在经济为害水平以下，减少化学农药投入量94.5t，节约农田用水5.82万t，极大减轻了农业投入品对地下水和土壤的污染，形成了农耕与自然生态系统的良性循环，尤其是理化诱控、果园生草、天敌释放等非药剂防治技术，无污染、无残留，显著改善了果园的生态环境。

4.3 社会效益

绿控技术体系在果园的大面积推广应用，可以降低果农的防治成本、提高果品品质，增强劳动力使用效率，为果农的增收、脱贫提供技术保障。在果园建立的以非化学农药防治技术为核心的防治技术体系也有助于确保首都的农产品质量安全，同时，安全、良好的果园生态环境也为市民的观光、采摘提供了重要保障。

该文发表于《中国植保导刊》2017年第5期

北京市平谷区桃园梨小食心虫性诱剂使用技术

王艳辉，李婷婷，张保常
（北京市平谷区植物保护站，北京　101200）

摘　要：为确保桃园害虫得到有效控制，提高果品质量，在平谷区大华山镇后北宫村对梨小食心虫性诱剂使用技巧进行了相关研究。结果表明，不同性诱剂产品诱杀效果不同；悬挂高度为1.8m（约树干2/3）、3种诱芯（梨小、苹小、桃潜）间距5m时对梨小食心虫的诱杀效果最佳；自制诱捕器与粘板型诱捕器对梨小食心虫的诱捕效果差异不大。因此，在推广使用过程中应合理选择和放置性诱剂。

关键词：梨小食心虫；性诱剂；桃园

梨小食心虫[*Grapholitha molesta*（Busck）]简称梨小。在平谷桃产区普遍发生，在桃、梨混栽的果园发生尤为严重。该虫既可以为害桃树新梢，也可以为害果实。受害果实被蛀后腐烂，严重影响果品质量。近年来平谷区桃产业发展迅速，梨小食心虫也随之频繁暴发，种群数量迅速上升，已成平谷区果树的头号害虫。目前出现以下暴发征兆：世代重叠严重、药治效果下降，抗药性明显上升。预测未来会继续上升或居高不下[1, 2]。

梨小食心虫趋光性弱，频振杀虫灯对其诱捕效果差，目前防治该虫基本依赖化学药剂。随着用药量的不断增大，其抗药性明显上升，造成一系列经济生态学问题。为弥补频振杀虫灯诱虫范围的不足，解决化学防治带来的经济生态问题，性诱剂的使用已成为有效方案之一：梨小食心虫雌、雄成虫一生基本仅交配一次，诱杀一头雄虫约相当于消灭一头雌虫，是性诱剂诱杀防治的理想对象；且性诱剂具有灵敏、专一、高效、经济、不伤害天敌、不易产生抗性、不污染环境、操作简便等优点。20世纪70年代初，国内、外成功合成梨小食心虫性诱剂，但因性诱剂组分复杂，加上缺乏比较规范的使用方法，使其推广受到限制[3-5]。为正确掌握梨小性诱剂与诱捕器适于平谷地区的使用技巧，达到节本增效的目的，平谷区植保站开展了相关研究。

1　材料与方法

1.1　试验地概况

试验地设在平谷区大华山镇后北宫村桃园，该村位于平谷区北部，属于半山区，海拔约140m，是平谷大桃主产区，全村桃园面积约6 000亩，辐射面积约4万亩。试验区选择在该村北部，管理较好的桃园，核心试验区面积500亩，每亩桃树为30～40株，树龄为10年左右，属于清耕园。

1.2　试验方法

诱集试验时间：7月3日至10月10日。

1.2.1　不同性信息素产品诱集效果比较

中国科学院动物研究所（简称动研所）与宁波纽康生物技术有限公司（简称纽康）生产的梨小食心虫性诱剂产品。重点比较产品的速效性与持效性和单诱捕器诱虫量。性诱剂设置方式：两个厂家的信息素产品之间间隔至少13m，同一厂家的信息素产品间隔至少26m。诱芯悬挂高度距地面1.5m，每处理按五点梅花形分布。

1.2.2　诱芯悬挂高度的差异对诱集效果的比较

处理：诱芯悬挂高度分别设1.8m、1.5m、1.3m 3个处理。每个处理按每亩地5个诱芯，相邻诱芯之间间隔至少13m，五点梅花形分布的方法设置。

1.2.3　不同种性诱芯间距差异对诱集效果的比较

试验以动研所生产的苹小卷叶蛾、桃潜夜蛾两种诱芯作为梨小食心虫诱芯干扰进行研究。处理：3种诱芯间距0m（即悬挂在一起）、5m和8m 3个处理。诱芯悬挂高度均为1.5m，每处理成五点梅花形分布。

1.2.4　同一种诱芯不同的诱捕器诱集效果的比较

处理设自制诱捕盆（诱芯距离水盆液面2～3cm）和船式粘板诱捕器两个处理。诱捕器设置挂高度1.5m，每处理按五点梅花形分布。

2　结果与分析

2.1　不同性信息素产品诱集效果的比较

2.1.1　诱集量比较

纽康梨小食心虫诱芯产品共诱集到梨小食心虫869头，单诱捕器单日最大诱虫量为8头；动研所梨小食心虫诱芯产品共诱集到梨小食心虫1 323头，单诱捕器单日最大诱虫量为9头。两处理对梨小食心虫诱集效果对比见图1，两种产品的诱集效果差异显著（$P<0.01$）。

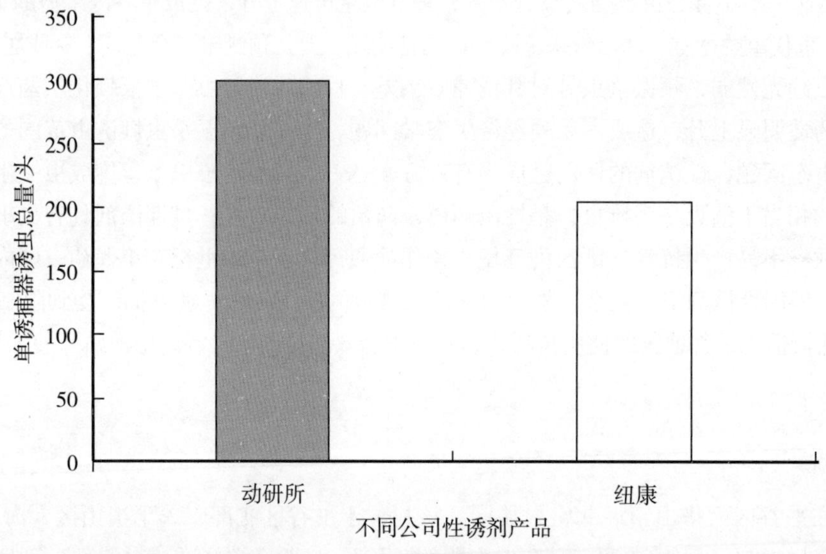

图1　两种梨小食心虫信息素产品单诱捕器测报效果对比

2.1.2　产品速效性与持效性比较

由表1可知：动研所与纽康的梨小食心虫诱芯产品的速效性（0～4天，0～10天）无显著差异（$P>0.05$）。但动研所产品的持效性显著好于宁波纽康产品（11～30天，$P<0.05$；31～45天，$P<0.01$；46～65天，$P<0.05$）。

表1　两种梨小食心虫性信息素产品速效性与持效性比较（t–测验）

时间段	动研所产品诱虫量/（头/器）	纽康产品诱虫量/（头/器）	差异性
0～4天	31	34	n.s
0～10天	66	69	n.s
11～30天	132	86	P<0.05
31～45天	50	19	P<0.01
46～65天	13	3	P<0.05

2.2 同种性诱剂间距差异诱集效果的比较

三种诱芯间距0m的处理共诱集到梨小食心虫970头，单诱捕器单日最大诱虫量为9头；3种诱芯间隔5m的处理共诱集到梨小食心虫2 225头，单诱捕器单日最大诱虫量为20头；3种诱芯间隔为8m的处理共诱集到梨小食心虫1 230头，单诱捕器单日最大诱虫量为10头。3种处理对梨小食心虫测报效果对比见图2。

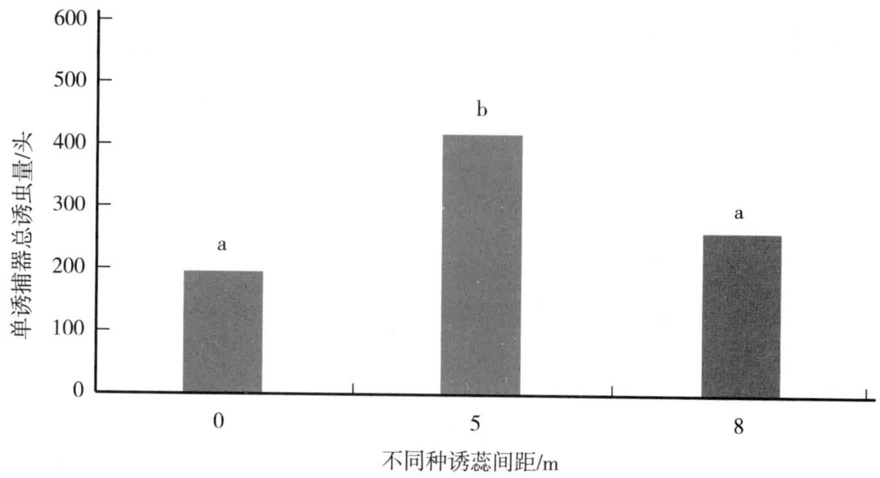

图2 梨小、桃潜、苹小3种性诱剂间距差异对梨小测报效果对比图/（头/器）

由图2可知：3种诱芯间距为5m（同种诱芯间距15m）时，对梨小食心虫测报效果显著好于其他两种处理（$P<0.05$）。

2.3 悬挂高度差异对梨小食心虫诱集效果的比较

悬挂高度为1.3m的处理共诱集到梨小食心虫786头，单诱捕器单日最大诱虫量为5头；悬挂高度为1.5m的处理共诱集到梨小食心虫1 276头，单诱捕器单日最大诱虫量为12头；悬挂高度为1.8m的处理共诱集到梨小食心虫4 912头，单诱捕器单日最大诱虫量为44头。悬挂高度差异对梨小食心虫的测报效果对比见图3，由图3可知：诱捕器悬挂于1.8m（约树干2/3）处，效果最佳，效果显著好于其他两种处理（$P<0.05$）。

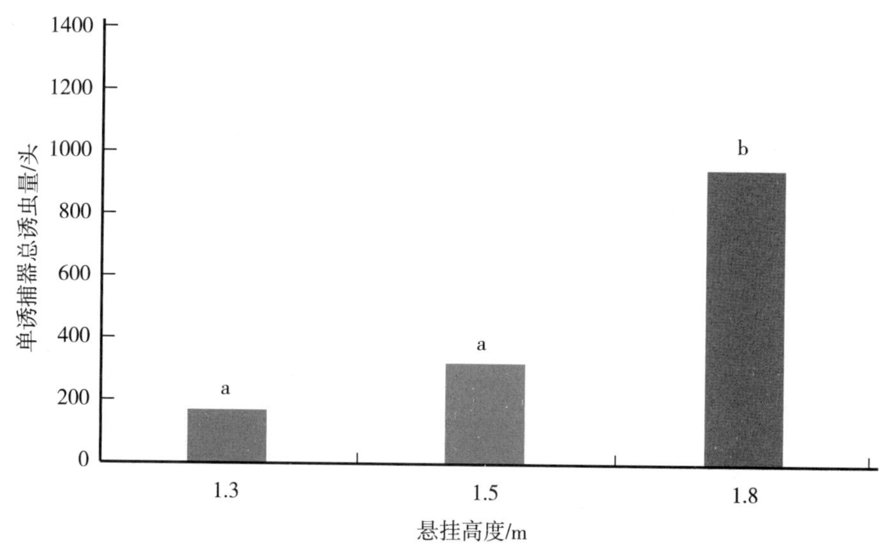

图3 悬挂高度差异对梨小测报效果对比图/（头/器）

2.4 同一种诱芯不同的诱捕器差异对梨小食心虫诱集效果的比较

粘板型船式诱捕器共诱集到梨小食心虫1 499头，单诱捕器单日最大诱虫量为8头；自制诱捕盆共诱集到梨小食心虫1 343头，单诱捕器单日最大诱虫量为9头。诱集结果见图4。

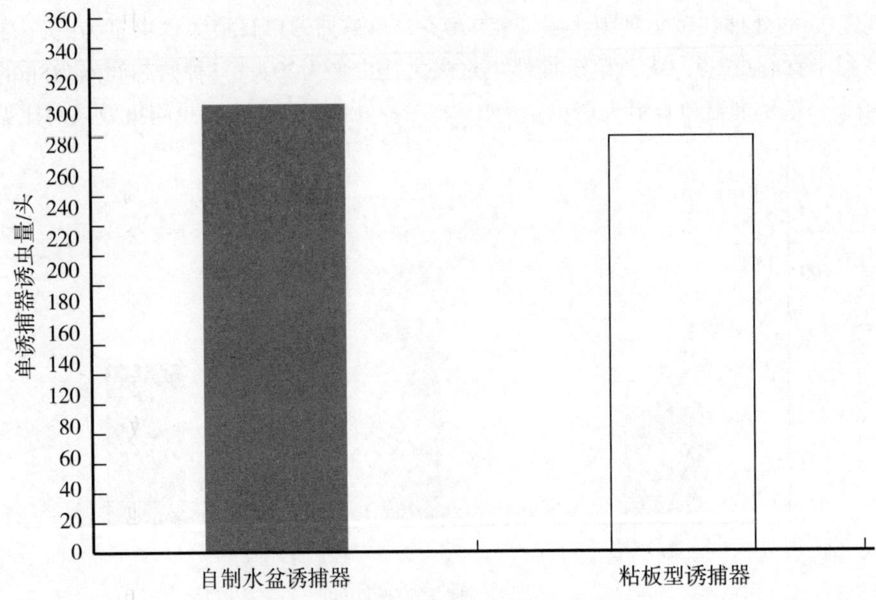

图4　不同性诱捕器对梨小测报效果

由图4可知：自制诱捕盆与粘板型船式诱捕器对梨小食心虫的诱捕效果无显著性差异（$P>0.05$）。

2.5　防控效果

2.5.1　绿控试验示范区与对照区梨小种群动态

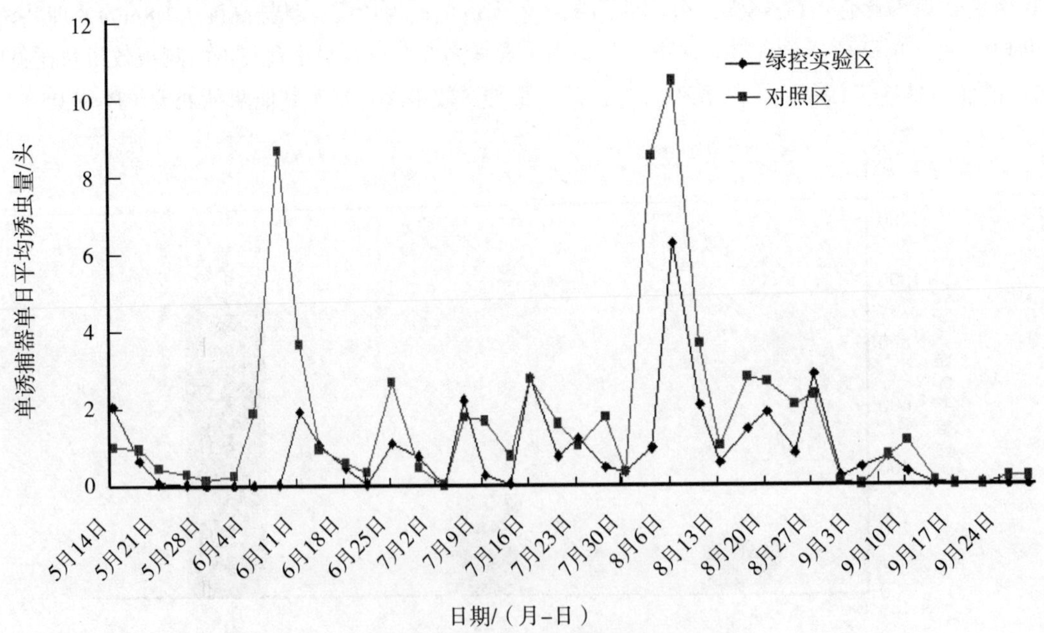

图5　绿控试验示范区与对照区防控效果

由图5可知：绿控示范区内梨小种群发生数量较对照区少，性诱技术对梨小食心虫有一定的防控效果，且比一般化学防治好。

2.5.2　绿控试验示范区与对照区产品农残检测

从绿控项目区及对照区各采集20个样品，根据NY/T761—2008《蔬菜和水果中有机磷、有机氯、拟除虫菊酯和氨基甲酸酯类农药多残留的测定》主要对敌敌畏、甲胺磷、乙酰甲胺磷、氧化乐果、甲基对硫磷、毒死蜱6种有机磷类农药，以及百菌清、甲氰菊酯、高效氯氟氰菊酯、氯氰菊酯、氰戊菊酯、溴氰菊酯6种有机氯和拟除虫菊酯类农药，共计12种农药进行定性定量检测。

检测结果：绿控区的20个样品均无农药检出；对照区20个样品中检测出高效氯氟氰菊酯8个、氯氰菊酯7个、氰戊菊酯4个，但均未超标，仍属于无公害食品。可见性诱剂的使用可减少桃园农药的使用，降低农残，提高果品质量。

3　总结

（1）不同厂家的昆虫性信息素产品由于制作工艺和产品含量的差异，致使在诱集害虫数量方面存在一定的差异。对平谷地区桃园来讲，中国科学院动物研究所的产品无论从诱虫数量、持效性还是速效性方面，效果均好于宁波纽康生物技术有限公司的产品。

（2）不同种类的性诱剂产品，其诱芯设置间距影响着诱集的效果。在平谷地区桃园，不同种诱芯的间距在5m左右的诱集效果明显。

（3）性诱剂悬挂高度直接影响着害虫诱集效果。在平谷桃园，诱芯悬挂高度为1.8m（即树高2/3处）时，对害虫的诱集效果最佳。

（4）仅从自制水盆型诱器和粘板型船式诱捕器的诱集效果比较无显著性差异。但是，由于水盆性诱捕器需要及时更换水盆内的洗衣粉液，遇到下雨天也容易淹埋诱芯，影响诱集效果，同时自制诱捕盆的制作需要一定的人工劳动力，因此，在有条件的地区建议使用粘板型诱捕器。

平谷区根据这一研究结果，采用性诱剂开展梨小食心虫发生期测报与防治工作。准确监测，及时发布虫情动态，控制虫口数量，将防治方案与性诱剂使用技巧通过简报、田间学校等方式向果农宣传，指导果农及时进行梨小食心虫的防治。

近两年，通过性诱剂项目不仅提高了梨小食心虫的预测预报的准确性，使平谷区梨小食心虫测报准确率由2009年的90%提高到2010年的92%。而且还带动了周边区域果农，使梨小食心虫的性诱剂防治技术得到较好的推广。果品质量、产量、销售利润的提高，增强了果农种地的积极性，使广大果农认识到科技的重要性，掀起了学习科技知识的热潮。

参考文献

[1] 胡雅辉，张夏芳，张青文，等. 梨小食心虫和苹小卷叶蛾在桃园的发生规律与防治[J]. 昆虫知识，2009，46（5）：727-731.

[2] 李志朋，张顶武，董民，等. 北京平谷地区有机桃园主要害虫和天敌发生规律研究[J]. 有机农业与食品科学，2005，21（5）：28-130.

[3] 王艳辉，张健，于芝军，等. 平谷区桃园害虫综合防治技术的示范应用效果[J]. 中国植保导刊，2009，29（4）：24-26.

[4] 刘素凤，田俊义，胡银平，等. 平谷区生态桃标准化基地病虫害综合防治技术研究与推广[J]. 植物保护，2006，32（3）：100-102.

[5] 李梅，刘洁，李捷，等. 梨小食心虫高效性诱剂使用方法[J]. 中国植保导刊，2010，30（3）：44-46.

该文发表于《北京农业》2011年第6期

3种生物源农药对桃树蚜虫的防治效果研究

乔 岩[1]，董 杰[1]，王品舒[1]，岳 瑾[1]，张保常[2]，张金良[1]，袁志强[1]，杨建国[1]

（1.北京市植物保护站，北京 100029；2.北京市平谷区植物保护站，北京 101205）

摘 要：为筛选生产上防治桃树蚜虫的生物源农药，开展了1.5%除虫菊素水剂、0.3%苦参碱水剂和5%桉油精可溶液剂对桃树蚜虫的田间防效试验。结果表明，3种生物源农药中以0.3%苦参碱水剂防治效果最好，药后1天防效为70.12%，药后7天防效为91.96%，与对照药剂70% 吡虫啉水分散粒剂防效相当，具有较好的速效性和持效性。苦参碱对桃树安全，是防治桃蚜的理想药剂，生产上推荐使用浓度为1 000倍液。

关键词：生物源农药；桃蚜；防效

桃树蚜虫主要有桃蚜（*Myzus persicae*）、桃粉蚜（*Hylalopterus amygdali*）和桃瘤蚜（*Myzusmomonis*），是为害桃、杏、李的3种主要害虫，常混合发生为害。桃蚜被害叶皱缩卷曲，严重影响枝、叶的发育，其分泌物易招生霉菌，传播病毒；桃粉蚜为害叶片、新梢和果实，污染果面，引起叶、梢干枯，削弱树势;桃瘤蚜可使叶面纵卷，肿胀扭曲，叶肉增厚，鲜嫩，最后干枯脱落。3种蚜虫世代多、繁殖量大、蔓延迅速、防治困难，是制约桃稳产、高产的重要因素，尤其是树龄大、管理粗放的桃园受害更重[1]。

常见防治方法主要采取吡虫啉、抗蚜威、蚜虱净等农药进行化学防治，但污染环境，易导致农药残留，影响果实质量安全。由于长期使用化学药剂防治桃蚜，导致桃蚜对多种药剂产生了抗性，常用药剂的防效明显下降，防治变得越来越困难[2, 3]。

生物源农药是从生物组织中提取的生物活性物质，如苦参素、苦楝素、印楝素等，其优势在于没有化学农药所表现的诸多副作用。寻找安全、高效、残效期长的生物源农药替代化学农药，已成为绿色食品、有机食品大桃生产急需破解的生产难题[4, 5]。

为此，开展了3种生物源农药对桃蚜的田间药效试验，以期取得理想效果，为大桃生产中蚜虫防治问题，提供一种安全、有效手段。

1 材料和方法

1.1 供试材料

供试药剂为1.5% 除虫菊素水乳剂（云南南宝植化有限责任公司生产），试验药液喷洒浓度600倍液；0.3%苦参碱水剂（ 北京中捷四方生物科技有限公司生产）， 试验药液喷洒浓度1 000倍液；5%桉油精可溶液剂（北京亚戈农生物药业有限公司），试验药液喷洒浓度1 000倍液；对照药剂70%吡虫啉水分散粒剂（陕西上格之路生物科学有限公司），试验药液喷洒浓度为2 000倍液。

1.2 试验方法

试验地选择在平谷区夏各庄镇陈太务村桃园中进行，树龄12年。果园地势平坦，光照条件好，长势均匀，肥水管理水平一致。桃树株行距4m × 5m。试验设5个处理，分别为1.5%除虫菊素水乳剂600倍液，0.3%苦参碱水剂1 000倍液，5%桉油精可溶液剂1 000倍液，70%吡虫啉水分散粒剂2 000倍液，空白对照喷清水。施药时间为2014 年4月3日，使用喷杆式喷雾器，喷雾均匀、彻底，达到整株淋洗状态。两株树为一 个小区，重复3次，随机排列。

1.3 调查时间和方法

药前和药后第1天、第3天和第7天调查，共调查4次。调查小区内两株树，每株在东南西北中5个方位各标记一个有虫嫩梢，每梢自顶向下调查5片叶（包括枝条）的活虫数。药效计算方法为：虫口减退率（%）=[（药前虫口密度–药后虫口密度）÷药前虫口密度]×100；防治效果（%）=[（处理虫口减退率–对照虫口减退率）÷（1–对照虫口减退率）]×100。对照小区也按此法调查。

2 结果与分析

2.1 对桃蚜的防治效果

试验结果表明（表1），施药后1天，0.3%苦参碱水剂防治效果即达到70.12%，与对照药剂70%吡虫啉水分散粒剂防效相当，表现出较好的速效性。1.5%除虫菊素水剂和5%桉油精可溶液剂防效分别为26.45%和19.63%，显著低于对照药剂70%吡虫啉水分散粒剂2 000倍液。施药后4天，0.3%苦参碱水剂1 000倍液防治效果为69.7%，与药后1天相比，防效略有下降，与对照药剂70%吡虫啉水分散粒剂防效相当。1.5%除虫菊素水剂和5%桉油精可溶液剂防效分别为31.28%和36.78%，与施药后1天相比，防效均显著提高，仍显著低于对照药剂70%吡虫啉水分散粒剂2 000倍液。药后7天，各药剂处理防治效果均继续增加，0.3%苦参碱水剂防治效果达到91.96%，与对照药剂70%吡虫啉水分散粒剂防效相当。1.5%除虫菊素水剂和5%桉油精可溶液剂防效分别为65.89%和71.37%，显著低于对照药剂70%吡虫啉水分散粒剂2 000倍液。不同药剂对桃蚜的防治效果差异明显。各药剂随施药后时间增加防治效果提高，药后7天防治效果达到最好。

表1 4种药剂防治桃树蚜虫效果

处理	药前蚜虫基数 / 个	虫口减退率 /%			防效 /%		
		药后 1 天	药后 4 天	药后 7 天	药后 1 天	药后 4 天	药后 7 天
除虫菊	222	10.99	26.39	50.15	26.45b	31.28b	65.89c
苦参碱	245	63.85	67.55	88.25	70.12a	69.7a	91.96a
桉油精	338	2.74	32.29	58.15	19.63b	36.78b	71.37b
吡虫啉	348	60.92	76.23	92.78	67.71a	78.28a	95.06a
对照	301	–21.01	–7.12	–46.14			

注：不同小写字母代表差异显著（$P<0.05$）

2.2 安全性

通过目测各处理药剂对作物的安全性，施药后1～7天均未发现可观察到的明显药害状，果实未见异常或畸形果，可见3种生物药剂防治桃蚜未对果树及果实产生明显的不良影响，说明以上药剂对大桃作物安全。

3 结论与讨论

田间试验结果表明，0.3 %苦参碱水剂1 000倍液防治蚜虫的效果非常理想，药后第7天，防效可达91.96%，说明0.3%苦参碱水剂持效期长，是防治蚜虫的理想药剂。从经济有效方面综合考虑，0.3%苦参碱水剂防治蚜虫的田间使用剂量以1 000倍液为宜。

1.5%除虫菊素水剂和5%桉油精可溶液剂药后7天防效分别达到65.89%和71.37%，与对照药剂吡虫啉相比防效差异明显，对桃蚜的防治效果不甚理想。有研究表明，1.5%除虫菊素水乳剂用于蔬菜蚜虫的防治，接触到药剂的部位效果较好，可能是由于该药剂内吸作用和渗透作用较差[6]。因此，桃园使用除虫菊素水乳剂时，应注意均匀喷雾。5%桉油精可溶液剂目前用于防治林业害虫较多，对槐蚜的防治效果一般[7]，对桃蚜的防治效果及使用技术还有待进一步研究。

2011年，宫亚军等研究发现，在北京地区，蔬菜上桃蚜对吡虫啉仍具有很高的敏感性，北京地区普遍使用吡虫啉作为防治桃蚜的首选药物。本研究中，桃树上的蚜虫对吡虫啉比较敏感，但是随着使用时间延长，用药次数增加，抗性也会发生[8]。

可以采取轮换用药或者将不同作用机制的农药科学合理地复配混用，增加药效，减少用药频次，省时省工，降低成本，延缓抗药性产生[9]。根据本试验的结果，苦参碱可以作为吡虫啉的替代药剂。

0.3%苦参碱水剂高效低毒，持效期长，防治蚜虫效果好，具有对人畜、环境、天敌等安全和果品无农药残留、无三致（致癌、致畸、致突变）、无药害、不易产生抗性等优点，符合绿色果品生产的要求[10]。因此，建议在今后生产中大力推广应用0.3%苦参碱水剂防治蚜虫。

参考文献

[1] 雷改平，孙新杰. 3%高渗苯氧威防治桃树蚜虫药效试验[J]. 林业科技，2013，38（4）：54–55.

[2] 陶晡，康占海，李星. 25%噻虫嗪水分散粒剂防治桃蚜试验[J]. 山西果树，2014（4）：53–55.

[3] 李定旭. 两种新型药剂防治苹果及桃树蚜虫药效试验[J]. 中国果树，2002（11）：33–35.

[4] 苏明申，叶正文，李胜源，等. 生物有机农药毒杀对桃树蚜虫的试验[J]. 中国果树，2008（3）：74.

[5] 杜肇南，刘长禄. 一种新型植物源杀虫剂的研制及桃树蚜虫防治试验[J]. 中国果菜，2012（10）：20–21.

[6] 刘艳芝，马井玉，徐祥文，等. 不同浓度天然除虫菊素水乳剂防治蔬菜蚜虫田间药效试验[J]. 长江蔬菜，2012（12）：70–71.

[7] 常承秀，朱惠英，张永强，等. 8种药剂防治槐蚜药效试验[J]. 森林保护，2013（7）：36–38.

[8] 宫亚军，王泽华，石宝才，等. 北京地区不同桃蚜种群的抗药性研究[J]. 植物保护，2011，44（21）：43–178.

[9] 刘雨晴，范毅，于立芹，等. 天然苦皮藤素和天然除虫菊素混配对三种蚜虫的毒力及田间防效[J]. 植物保护，2014，40（2）：175–178.

[10] 窦立峰，王建玉，柳富华. 0.3%复方苦参碱水剂防治蚜虫药效试验[J]. 山西果树，2009（129）：11–12.

该文发表于《生物技术进展》2015年第6期

性信息素迷向技术对梨小食心虫的防治效果

乔　岩[1]，董　杰[1]，王品舒[1]，岳　瑾[1]，张保常[2]，赵　昆[2]，郝海利[2]，杨建国[1]
（1.北京市植物保护站，北京　100029；2.北京市平谷区植保站，北京　101205）

摘　要：为明确性信息素迷向技术对梨小食心虫的防治效果，在北京市平谷区桃园进行了该技术的防效试验，平均每公顷悬挂900根梨小食心虫迷向丝（4月和7月各悬挂一次）。结果表明，迷向丝对梨小食心虫各代成虫的迷向率可达84.62%～100%，且持效期在3个月以上，对各代幼虫蛀梢防效为77.78%～92.31%，蛀果防效为83.33%。同时，全年果园减少农药使用2次。因此，使用迷向技术可有效干扰梨小食心虫的交配，减少后代的种群数量，从而减轻其为害。

关键词：梨小食心虫；性信息素；迷向；防治效果

梨小食心虫（*Grapholitha molesta* Busck.）属鳞翅目卷叶蛾科，是重要的蛀果害虫之一。该虫又名梨小蛀果蛾、东方果蠹蛾、桃折梢虫等，简称“梨小”[1]，主要为害嫩梢、果实，蛀梢造成嫩梢萎蔫，蛀果引起严重的经济损失[2]。梨小食心虫在国内分布广泛，每年发生代数因各地气候不同而异。华南地区1年发生6～7 代，华北地区1年发生3～4 代[3]。桃园梨小食心虫幼虫在春季主要为害枝梢，夏季为害枝梢和桃果，秋季转移到苹果园、梨园为害果实。蛀果率在10%以上，发生为害重。

由于梨小食心虫个体较小，具有蛀梢、蛀果习性，世代重叠现象明显，其发生也受天气条件的影响，预报较困难，防治也很难。目前，梨小食心虫的防治主要依赖化学农药[4]，农户1年用药5～7次，导致抗药性发展很快，防治效果不理想[5]。

昆虫性信息素具有高效、无毒、不伤害益虫、不污染环境等优点，已广泛应用于害虫的预测预报和防治[6]。迷向防治是通过在田间释放高浓度的性信息素，干扰梨小食心虫雌、雄虫的交配。在性信息素弥漫的环境中，雄虫丧失了对雌虫的定向行为能力，或因长时间接触高浓度性信息素，触角处于麻痹状态，失去对雌虫召唤的反应能力。雌、雄虫交配概率大为降低，能够快速降低下一代虫口密度，达到防治害虫的目的[7]。本研究通过在北京市平谷区桃园进行试验，明确了性信息素迷向技术对梨小食心虫种群数量的影响及蛀梢和蛀果的防效，为该虫的田间防治提供理论依据和技术指导。

1　材料和方法

1.1　供试材料

试材由北京中捷四方生物科技有限公司提供。迷向丝是由聚乙烯材料挤出成型的毛细管，该迷向丝长20cm，内径1mm，外径2mm，两端封口。诱捕器为黏胶型诱捕器。梨小食心虫迷向丝含有梨小食心虫性外激素20mg/根、性诱芯含有性外激素0.5mg/个。

1.2　试验方法

试验于2014年在北京市平谷区夏各庄镇连片桃园内进行。设立迷向区和对照区，迷向区为连片桃园33.33hm^2，诱芯按900根/hm^{2}设置，每棵树均匀悬挂迷向丝两根（东西、南北交错悬挂）。迷向丝1年悬挂两次，分别于4月1日和7月1日，即成虫扬飞前一周悬挂，每次更换时不要摘除原有迷向丝。另外，在整个防治区外侧边界的两排果树上，迷向丝的使用量需加倍，每棵树悬挂4根（东、西、南、北4个方向），坡度较高和主风方向边缘处加倍悬挂。

对照区距离迷向区2 000m，面积也为33.33hm^2，不悬挂迷向丝。迷向区和对照区的梨小食心虫防治均按普通防治指标施用化学农药。在试验区和对照区内配置诱捕器，1套/hm^2。根据对照区诱蛾量的多少和使用时间长短更换胶片和诱芯，迷向区和对照区同时进行。

1.3 调查时间和方法

1.3.1 诱捕器诱蛾量记录

4月14日至9月25日，每隔7天调查记录1次诱捕器中诱虫数量，比较各处理区诱捕器诱蛾量的变化情况。

1.3.2 折梢率和蛀果率调查

分别于6 月19 日、7月31日和8月20日在迷向区和对照区随机选择5 株果树，调查所有新梢、被蛀新梢，8月20日调查所有果实以及被蛀果实数量，并随即摘除被害梢和蛀果。

1.3.3 化学农药使用情况

调查处理区和对照区全年防治梨小食心虫化学农药使用情况。

1.4 效果计算

参考陈汉杰等[8]的研究计算迷向率和防治效果。按以下公式计算迷向率和防治效果：

迷向率（%）=（1－迷向区诱蛾总量/对照区诱蛾总量）×100；防治效果（%）=（1－迷向区蛀果率/对照区蛀果率）×100。

2 结果与分析

2.1 梨小食心虫的发生规律

由图1可以看出，北京地区梨小食心虫发生量出现了4个高峰期。越冬代成虫一般在3月下旬至4月初开始羽化，至4月上中旬达到羽化高峰，峰值高，峰期偏长。第1代成虫高峰期发生在5月下旬至6月初，第2代成虫高峰期发生在6月下旬至7月初，第3代成虫高峰期在7月底至9月初，峰值较第1代、第2代明显升高，峰期较长。到了9月份，温度降低，第4代幼虫便以老熟幼虫越冬。

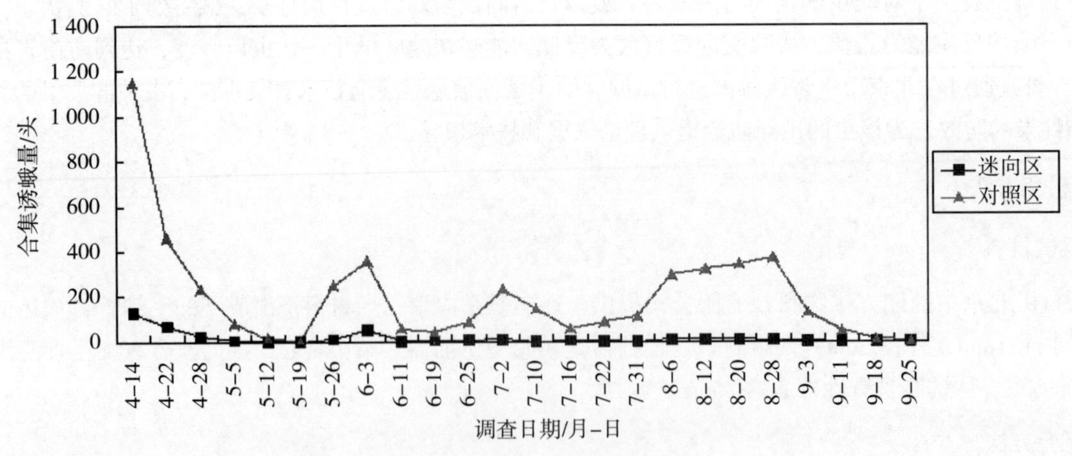

图1 不同处理区诱捕器诱蛾量曲线

2.2 迷向丝对梨小食心虫的迷向效果

由图1可以看出，迷向丝处理区诱捕器的诱蛾量比对照区诱捕器的诱蛾量明显减少。特别是在迷向28天以后，即4月28日，迷向区诱捕器诱蛾量很少，而在对照区诱捕器仍可诱捕到大量梨小食心虫成虫，说明迷向丝的迷向效果很好，雄蛾对雌蛾的定向已被严重干扰。从图2中可以看出，整个试验期间性信息素对梨小食心虫的迷向率最低为84.62%，最高达100%。在试验期间，迷向率随着时间的延长而递增，迷向效果随着梨小代别的增加不断提高。在使用迷向丝的桃园中，平均迷向率为94.33%。

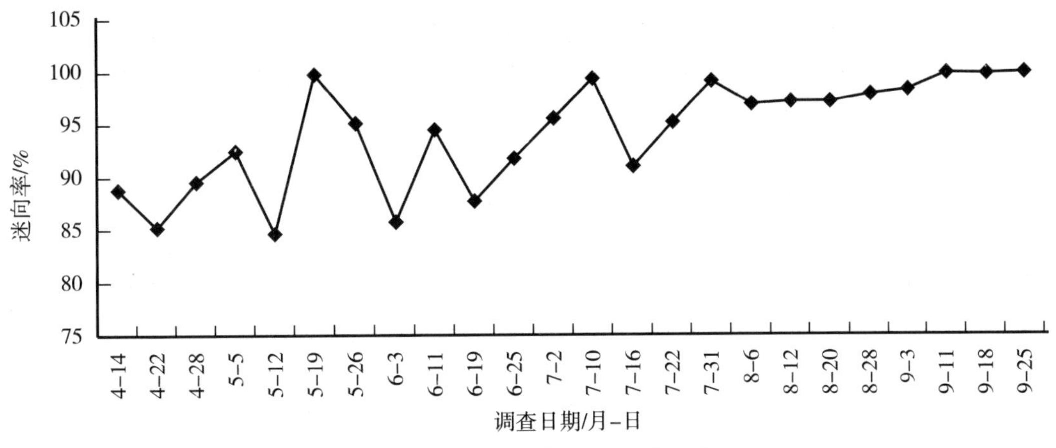

图2　迷向丝对梨小食心虫的迷向效果

2.3　迷向丝对梨小食心虫的蛀梢防控效果

分别于6月19日、7月31日和8月20号调查迷向区和对照区桃树折梢率。从表1中可以看出，迷向区折梢率1%～3%，平均为2%。对照区折梢率9%～28%，平均为16.67%。迷向丝折梢防效最低为77.78%，最高达92.31%，平均防效为86.46%。可见悬挂迷向丝对控制梨小食心虫折梢为害有明显效果。

桃园使用迷向丝后，迷向处理区的蛀果率明显低于对照区，迷向处理区梨小食心虫的蛀果率仅为1%，对照区蛀果率为6%，防治效果为83.33%（表1）。

表1　迷向丝对梨小食心虫的蛀梢防效和蛀果防效

调查日期 /（月 – 日）	调查指标	迷向区	对照区	防效 /%
06–19	蛀梢率 /%	1	13	92.31
07–31		3	28	89.29
08–20		2	9	77.78
	平均	2	16.67	86.46
08–20	蛀果率 /%	1	6	83.33

2.4　梨小食心虫迷向处理区农药使用情况

试验过程中对迷向区果农进行了果园情况了解并做了问卷调查。调查结果显示，喷施农药对梨小食心虫的防治效果不是很理想，在蛀果或蛀梢以后农药很难对幼虫产生作用。果园中，农民集中用药时间为4—6月，常用农药为吡虫啉、氯氰菊酯、灭幼脲和甲维盐。通过调查发现，对照区果农平均用药次数为5次，迷向区果农平均用药次数为3次，即迷向区比对照区减少用药次数2次。

3　结论与讨论

通过诱捕器调查梨小食心虫数量发现，第1代、第2代成虫高峰数量较越冬代成虫数量显著减少，主要是因为在桃树生长早期，果农普遍喷施一些广谱性杀虫剂，控制了包括梨小食心虫在内的害虫。第3 代成虫数量较第1代、第2 代明显升高，主要原因是经过第1代、第2代的生长繁殖，梨小食心虫虫情基数有了增长；第3代成虫发生高峰期为7月底至9月初，桃园进入采摘季节，桃农已很少打药。因此，到第3 代时梨小食心虫的虫口密度再次达到了高峰[9]。

在桃园悬挂迷向丝后，对梨小食心虫各代成虫的迷向率均在84.62%以上，最高可达100%，且持效期在3个月以上，其各代折梢防效在77.78%，最高达92.31%，平均防效为86.46%，蛀果防效为83.33%，充分说明在桃园使用迷向信息素对桃树整个生育期梨小食心虫的为害具有良好的控制作用。本研究是在农民常规用药的情况下开展的，假定对照区和迷向区农民用药情况相同。但实际执行过程中，农民根据虫害发生情况决定是否用药，在迷向区减少用药2次的情况下，仍能得到如此高的防效，说明如果用药情况一致，迷向区的防治效果应该更好。

使用迷向丝防治梨小食心虫，抓住防治适期很重要。应该在越冬代成虫羽化前，虫口密度较低时就开始使用，一直到第3代成虫羽化结束，可以有效控制梨小食心虫为害[3]。同时，在果园中配合使用农业防治技术（如改善种植结构，加强田间管理等），物理防治技术（如使用杀虫灯，对果实套袋等），以及生物防治方法（如应用性诱捕器、植物源引诱剂、天敌等），并配合使用高效低毒药剂及农药减量助剂，最终达到全面防控梨小食心虫的目标[10-12]。

本试验结果表明，利用性信息素迷向技术，能够明显干扰梨小食心虫雌、雄虫正常的交配行为，减少下一代幼虫的发生数量，减轻为害，可用来防治梨小食心虫。迷向丝迷向效果较好，能够有效减少化学农药的使用量和使用次数，且简单易行，这对减轻环境污染、保护天敌和生产绿色果品都具有重要意义，值得大力推广应用。

参考文献

[1] 徐妍，吴国林，吴学民，等.梨小食心虫性信息素研究及应用进展[J].现代农药，2009，8（3）：40-44.

[2] 张文忠，张成胤，史贺奎，等.梨小食心虫迷向丝在北京平谷地区桃园的应用效果[J].北 方果树，2015（2）：9-10.

[3] 李萍，张东霞，王艳辉，等.梨小食心虫性信息素迷向技术在桃园的应用效果分析[J].中国植保导刊，2013，33（10）：53-55.

[4] 王向阳，刘伟，张长信.桃树梨小食心虫防治药剂筛选试验[J].现代农业科技，2010（2）：175，177.

[5] 宁幸连，贺春娟，张璐.性信息素迷向技术对桃园梨小食心虫的防治效果与分析[J].山西果树，2014，160（4）：8-10.

[6] 何超，秦玉川，周天仓，等.应用性信息素迷向法防治梨小食心虫试验初报[J].西北农业学报，2008，17（5）：107-109.

[7] 王向阳，曹翔翔，胡本进，等.缓释性信息素迷向防治桃园梨小食心虫试验初报[J].中国植保导刊，2011，31（2）：38-40.

[8] 陈汉杰，邱同铎，张金勇.用性信息素加农药诱杀器防治梨小食心虫的田间试验[J].昆虫知识，1998，35（5）：280-282.

[9] 蒋红国，陈新，傅华欣，等.性信息素技术在梨小食心虫测报与防治上的应用[J].中国果树，2015（6）：65-68.

[10] 乔丽霞，刘丽斌.梨小食心虫的重发原因及综合防治技术[J].现代农业科技，2015（8）：149.

[11] 李唐，连梅力，马平顺，等.桃园梨小食心虫发生为害调查及防治对策[J].山西农业科学，2010，38（5）：47-50.

[12] 范仁俊，刘中芳，陆俊姣，等.我国梨小食心虫综合防治研究进展[J].应用昆虫学报，2013，50（6）：1509-1513.

该文发表于《河南农业科学》2016年第4期

北京市谷子主要病虫害及其防治技术

董　杰，乔　岩，岳　瑾，张金良，袁志强，王品舒
（北京市植物保护站，北京　100029）

摘　要：谷子具有抗旱、耐瘠和适应性强等特点，是北京市重点发展的一种旱作作物。基于此，详细介绍了北京市谷子生产中的主要病虫害种类、为害症状及防治技术，以期为北京市谷子病虫害的田间识别与防治提供参考。

关键词：谷子；病虫害；症状；防治

谷子是我国重要的旱地粮食作物，适宜在山区、半山区、干旱及半干旱地区种植，具有抗旱、耐瘠和适应性强等特点。作为严重缺水的特大城市，随着农业结构调整，高效节水农业成为北京都市型现代农业发展的主要方向。谷子作为一种耐旱稳产作物，成为本市重点发展的雨养旱作作物。在谷子的种植过程中，病虫害的发生与为害是谷子高产、稳产的主要制约因素。基于此，详细介绍了北京市谷子主要病虫害的种类、为害症状及防治技术，以期为北京市谷子病虫害的田间识别与防治提供参考。

1　主要病害发生与防治

1.1　谷子白发病

1.1.1　危害症状

谷子白发病为系统性侵染病害，谷子自发芽到抽穗均可发病，在田间主要表现为“芽死、灰背、白尖、枪杆、白发、刺猬头”等症状。幼芽未出土时受害变色弯曲，加上受其他腐生菌侵染而腐烂，称为“芽死”。能出土的病苗长到3～4片叶时，病叶正面出现淡黄色条纹，背面密生灰白色霉状物，称为“灰背”。轻病苗生长至心叶末期，心叶不能展开，只能抽出1～2片黄白色直立的顶叶，称为“白尖”。白尖逐渐变褐，干枯而死，不能抽穗，直立田间，称为“枪杆”。枯死的病叶破裂成细丝，散出黄褐色粉末，留下灰白色卷曲的叶脉，称为“白发”。病株如能抽穗，病穗缩短、肥肿，小花内外颖变长、丛生、卷曲，初为红色或绿色，后变为褐色，全穗蓬松呈刺猬状，故称“刺猬头”[1, 2]。

1.1.2　防治技术

农业防治：选种抗白发病品种；合理安排茬口，重病田实行2～3年轮作；适期晚播以减少病菌侵染幼芽机会；加强田间管理，及时拔除有灰背、白尖的病株。

药剂防治：可选用25%瑞毒霉可湿性粉剂按种子量的0.2%拌种；也可选用50%多菌灵可湿性粉剂600～800倍液在抽穗前及扬花后喷雾防治。

1.2　谷子锈病

1.2.1　为害症状

谷子锈病为气传性病害，多在谷子抽穗时发生，主要为害谷子的叶片和叶鞘。发病初期叶片两面和叶鞘上出现黄褐色椭圆形隆起的疱状小斑点，后斑点破裂散出黄色粉末，后期病部可产生黑色圆形或长圆形的小点，内含大量黑色粉末。为害严重时叶片布满病斑，叶片干枯死亡[3]。

1.2.2 防治技术

农业防治：选种抗锈病品种；秋耕时结合田园清洁，清除田间杂草，减少越冬菌源；加强田间管理，适度密植，合理施肥。

药剂防治：当病叶率达5%时，可选用25%粉锈宁1 500～2 000倍液，或25%腈菌唑8 000～10 000倍液喷雾防治，间隔7～10天喷1次，连喷2次。

1.3 谷瘟病

1.3.1 为害症状

谷瘟病为芽期侵染的系统性病害，在谷子的整个生育期均可发生，侵染叶片、叶鞘、茎节、穗颈和穗梗。叶片初染病时产生水浸状暗褐色小斑，后变为梭形，病斑中央灰白色，边缘紫褐色并有黄色晕环，湿度大时病斑背面密生灰色霉层。严重时病斑融合，叶片局部或全部枯死。茎节染病初呈黄褐或黑褐色小斑，后渐绕全节一周，造成节上部枯死，易折断；穗颈染病初为褐色小点，后扩展为灰黑色梭形斑，小穗染病穗梗变褐枯死，籽粒干瘪[4]。

1.3.2 防治技术

农业防治：选种抗谷瘟病品种；秋耕时清洁田园，减少越冬菌源；加强田间管理，保证通风透光，合理控制水肥，提高植株抗病能力。

药剂防治：在发病初期喷药防治，可选用65%代森锌可湿性粉剂500～600倍液，或40%克瘟散乳油500～800倍液，或6%春雷霉素可湿性粉剂1 000～1 500倍液喷雾，间隔7～10天喷1次，连喷2次。

1.4 谷子纹枯病

1.4.1 为害症状

主要为害叶片和叶鞘。叶鞘受害时，首先产生暗绿色、形状不规则的病斑，随后病斑迅速扩大，形成长椭圆形云纹状的大块斑。病斑中央部分逐渐枯死并呈现灰白色，病斑边缘呈现灰褐色或深褐色。为害严重时，病斑相互愈合形成更大斑块，当斑块达到整个叶鞘宽度时，便会导致叶鞘和上面的叶片干枯。在多雨潮湿条件下，若植株栽培过密，发病较早的病株也可整株干枯。叶片受害时，病斑症状与叶鞘受害时类似，叶片变成褐色，严重时叶片卷曲并干枯[3]。

1.4.2 防治技术

农业防治：选种抗纹枯病品种；深翻土地，清洁田园，减少田间侵染源；适期晚播，缩短病菌侵染和发病时间；加强栽培管理，增施有机肥和磷、钾肥，提高植株抗病能力。

药剂防治：播种前可用2.5%咯菌腈悬浮剂按种子量的0.1%拌种；当病株率达到5%时，可选用15%的三唑酮可湿性粉剂600倍液，或用5%井冈霉素水剂600倍液喷雾防治，间隔7～10天喷1次，连喷2次。

2 主要虫害发生与防治

2.1 粟灰螟

2.1.1 为害症状

粟灰螟又称谷子钻心虫，属鳞翅目螟蛾科。以幼虫为害谷子的心叶及幼茎髓部，受害后造成谷子枯心株；在抽穗后茎秆被蛀，遇到风雨形成倒折，没有倒折的，则形成白穗[5]。

2.1.2 防治技术

农业防治：选种抗虫品种；秋耕时做好田园清洁，减少越冬虫源；适期播种使苗期避开成虫羽化产卵盛期，减轻为害；发现枯心株要及时拔除，减少扩散为害。

生物防治：卵盛期时可释放赤眼蜂进行防治。

药剂防治：成虫产卵及幼虫孵化盛期，可选用100亿活芽孢/mL苏云金杆菌悬浮剂500倍液，或2.5%溴氰菊酯乳油2 500倍液，或用2.5%高效氯氟氰菊酯乳油2 500倍液喷雾防治[6]。

2.2 粟叶甲

2.2.1 为害症状

粟叶甲又称谷子负泥虫，属鞘翅目叶甲科。主要以幼虫为害幼苗，成虫为害较轻。成虫为害时沿叶脉咬食叶肉组织，留下下表皮，形成白色条纹状斑。幼虫钻入心叶或靠近心叶的叶鞘内取食叶肉组织，叶面出现宽白条状食痕，严重时造成枯心、烂苗或整株枯死[7]。

2.2.2 防治技术

农业防治：合理轮作，避免重茬；秋耕时做好田园清洁，清除田间、地头杂草，减少越冬虫源。

药剂防治：在成虫和幼虫为害期，可选用4.5%高效氯氰菊酯乳油，或用50%辛硫磷乳油1 500～2 000倍液或48%毒死蜱乳油500～800倍液喷雾防治[8]。

2.3 粟凹胫跳甲

2.3.1 为害症状

粟凹胫跳甲又名粟茎跳甲，属鞘翅目叶甲科。幼虫和成虫均可造成为害，幼虫由幼苗茎基部咬孔钻入为害，导致幼苗心叶萎蔫形成枯心苗；当幼苗较高时，幼虫多潜入心叶为害，造成谷苗矮化、丛生、不能抽穗，俗称“坐坡”或“芦蹲”。成虫主要取食幼苗嫩叶，在叶片上形成透明的条纹状斑，严重时导致叶片干枯[9]。

2.3.2 防治技术

农业防治：秋季做好田园清洁，清除杂草、残茬，减少越冬虫源；适当晚播，以错过成虫发生盛期，减轻为害；结合疏苗、定苗，拔除枯心苗并带出田间销毁[10]。

药剂防治：在越冬代成虫产卵盛期或田间初见枯心苗时进行，可选用2.5%功夫乳油2 000倍液或2%阿维菌素乳油2 000～3 000倍液喷雾防治。

2.4 黏虫

2.4.1 为害症状

黏虫又名剃枝虫、行军虫、五彩虫，属鳞翅目夜蛾科。以幼虫取食为害，1～2龄幼虫多隐藏在谷子心叶或叶鞘内取食，但食量很小，啃食叶肉残留表皮，造成半透明的小条斑。3龄后幼虫开始取食叶片边缘，咬成不规则缺刻，为害严重时可将叶肉吃光，只剩主脉[11]。

2.4.2 防治技术

物理防治：利用黏虫成虫的趋光性和趋化性，应用杀虫灯和性诱捕器等诱杀成虫，减少成虫的产卵量，降低田间虫口密度。

生物防治：释放赤眼蜂、中红侧沟茧蜂等天敌寄生黏虫的卵或幼虫，注意保护田间的寄生蜂、蜘蛛等自然天敌。

药剂防治：可用20%灭幼脲3号悬浮剂或4.5%高效氯氰菊酯50mL加水30kg均匀喷雾，或用5%氰戊菊酯乳油、2.5%高效氯氟氰菊酯乳油、2.5%溴氰菊酯乳油1 000～1 500倍液、3%啶虫脒乳油1 500～2 000倍液喷雾防治；低龄幼虫可用5%卡死克乳油4 000倍液，或用灭幼脲1～3号500～1 000倍液喷雾防治[12]。

参考文献

[1] 赵婧辛，柴晓娇，张立媛. 赤峰地区谷子主要病害及防治方法[J]. 内蒙古农业科技，2012（6）：76.

[2] 付立俊. 谷子主要病害症状及防治措施[J]. 现代农业科技，2011（3）：185，189.

[3] 张文英. 谷子主要病害及其防治措施[J]. 现代农业科技，2013（2）：141-142.

[4] 宋中强，郭海芳，张光. 安阳市谷子田主要病害的发生与防治[J]. 农业科技通讯，2011（10）：144-145，160.

[5] 索新霞. 豫北地区谷子常见害虫及防治方法[J]. 河南农业，2014（第1期上）：37.

[6] 王利民，李延杰，赵素英，等. 赤峰地区粟灰螟发生特点及防治措施[J]. 植保技术与推广，2002，22（10）：16-18.

[7] 张海金，黄瑞. 谷子粟叶甲发生与药剂防治[J]. 河北农业科学，2011，15（3）：36-38.

[8] 赵荣华，樊修武. 我国谷子主产区粟叶甲为害现状与防治[J]. 山西农业科学，2013，41（3）：286-288，298.

[9] 王士军. 冀西北地区张杂谷害虫发生特点与综合防治技术[J]. 河北北方学院学报（自然科学版），2013，29（4）：45-48.

[10] 章彦俊，李鑫娥，屈俊成. 冀西北粟茎跳甲发生规律及防治措施[J]. 河北农业科技，2008（14）：26.

[11] 刘培桃. 谷子田黏虫发生及防控措施[J]. 种业导刊，2013（6）：25-26.

[12] 董杰，岳瑾，乔岩，等. 黏虫生物学及综合防治技术[J]. 北京农业，2014（8月下）：115.

该文发表于《北京农业》2014年第33期

自动虫情测报灯在中药材害虫测报中应用初报

马永军[1]，张金良[2]，刘书华[1]，杨建国[2]，郭书臣[1]
（1.北京市延庆区植物保护站，北京　102100；2.北京市植物保护站，北京　100029）

摘　要： 首次在中药材上应用自动虫情测报灯。诱集到主要害虫有鳞翅目、鞘翅目、直翅目及半翅目，其中对鳞翅目夜蛾科的害虫诱集效果十分显著，其次是鞘翅目；通过自动虫情测报灯诱蛾情况，可以掌握某种害虫的成虫羽化始期及羽化盛期，及每年发生代数，能够及时、准确预测预报害虫的发生程度。减轻测报人员劳动强度，降低农药污染，改善生态环境，增加生态效益和社会效益。

关键词： 测报灯；中药材；测报

随着种植结构的调整，近两年延庆区中药材发展速度较快，种植面积达到667hm^2，种植品种达20多种，主要品种有西洋参、黄芩、菊花，此外还有柴胡、射干、知母、板蓝根、桔梗、金银花、黄芪、半夏、天南星、牛膝、穿地龙、丹参、地黄、荆芥等。由于种类繁多，新的病虫害不断发生，如果应用化学农药较多，将直接影响中药材的质量和销售，进而影响到农民增收。为推动延庆区中药材产业的开展，做好中药材病虫害的预测预报工作，2007年我站在中药材基地安装了自动虫情测报灯，使其应用到中药材的害虫测报上，提高中药材害虫测报的准确率。

1　测报灯应用情况

佳多自动虫情测报灯是佳多科工贸公司与全国农业技术推广服务中心共同开发的新型测报工具，2002年以来，在全国区域病虫测报站推广应用[1]。2007年区植保站在井庄镇中药材基地引进并安装了佳多自动虫情测报灯。监测的中药材品种主要有黄芩、射干、知母、桔梗、柴胡等，监测基地药材面积173hm^2。

测报灯的开灯时间为2007年5月15日至9月30日。测报灯由专人看管，出现问题及时解决，保证测报灯正常运行。调查时间为每7天统计1次诱虫种类和数量。根据诱集到的害虫，及时进行分类计数，掌握中药材害虫的种类、发生始期、发生盛期，并根据气候条件预测其发生趋势。

2　数据采集情况

自动虫测报灯诱集到的昆虫种类和数量特别大。2007年共诱测到各类成虫14万多头。主要有鳞翅目、鞘翅目、直翅目、半翅目及双翅目的害虫，其中对鳞翅目夜蛾科的害虫诱集效果十分显著，其次是鞘翅目（诱测到的主要害虫种类见表1，诱虫效果见表2）。

表1　佳多自动虫情测报灯在药材上诱杀的害虫种类

目	科	种
鳞翅目（Lepidoptera）	夜蛾科	甘蓝夜蛾、小地老虎、大地老虎、八字地老虎、黏虫、棉铃虫、旋幽夜蛾、苜蓿夜蛾、银纹夜蛾、银锭夜蛾、枯夜蛾、红棕灰夜蛾、耻冬夜蛾、客来夜蛾、网夜蛾、肖毛翅夜蛾、三斑蕊夜蛾、陌夜蛾、斜夜蛾、白钩夜蛾、宽胫夜蛾、裳夜蛾、客来夜蛾
	天蛾科	蓝目天蛾、榆绿天蛾、桃六点天蛾、深色白眉天蛾、芋双线天蛾、紫光盾天蛾、红天蛾、葡萄天蛾、霜天蛾、鹰翅天蛾、绒星天蛾、豆天蛾、甘薯天蛾、黄脉天蛾
	螟蛾科	草地螟、玉米螟
	灯蛾科	黄腹灯蛾、红腹灯蛾、仿污白灯蛾
	苔蛾科	头橙华苔蛾、明痣苔蛾、优美苔蛾
	尺蛾科	头橙华苔蛾、明痣苔蛾、优美苔蛾

（续表）

目	科	种
鳞翅目（Lepidoptera）	蠹蛾科	柳干蠹蛾、木蠹蛾
	菜蛾科	小菜蛾
	斑蛾科	梨星毛虫
	舟蛾科	杨二尾舟蛾、杨扇舟蛾、榆白边舟蛾、苹果舟蛾
	刺蛾科	褐边绿刺蛾
	大蚕蛾科	绿尾大蚕蛾、樗蚕蛾
鞘翅目（Coleoptera）	叶甲科	黄曲条跳甲、叶甲
	金龟甲科	东北大黑、华北大黑、棕金龟、铜绿金龟
	步甲科	步甲
	叩甲科	金针虫
半翅目（Hemiptera）	蝽科	盲蝽、花蝽
直翅目（Orthoptera）	蝼蛄科	蝼蛄
	蝗科	蝗虫
	蟋蟀科	蟋蟀

表2　佳多自动虫情测报灯在中药材上的诱虫效果

单位：头/灯

开灯时间	蝼蛄	金龟	地老虎	旋幽夜蛾	玉米螟	天蛾	甘蓝夜蛾	草地螟	黏虫	苜蓿夜蛾	其他
4月15日至9月30日	37	215	652	1 797	2 499	1 714	31	1 099	1 115	262	132 902

3　诱测结果应用

（1）通过佳多自动虫情测报灯诱蛾情况，可以掌握某种害虫的成虫羽化始期、羽化盛期及每年发生代数，能够及时、准确预测预报害虫的发生程度，抑制暴发性害虫的为害。如：小地老虎在药材基地调查中显示其羽化始期为6月1日，羽化盛期为6月5—20日，蛾峰日出现在6月11日，根据诱虫数量预测药材地地老虎为轻发生，与实际发生情况相符，提高了测报的准确率。

（2）佳多自动虫情测报灯采用远红外虫体处理，自动烘干，虫体不易破坏，能为准确辨别昆虫种类、标本的制作提供保障。与常规使用毒瓶、敌敌畏等毒杀昆虫相比，不会造成虫情测报人员人体危害，也不会使毒物造成环境污染。而且不用每天开关灯，可以根据工作安排，每7天取1次虫，减轻测报人员劳动强度。

（3）通过自动虫情测报灯的应用，平均每天可以诱杀各类害虫1 000多头，减少成虫的落卵量，从而减少下一代幼虫对作物的为害，从而减少化学农药的使用次数，降低了农药污染，改善了生态环境，增加了生态效益和社会效益。

参考文献

[1]　张跃进，张国彦，谈孝凤，等. 佳多虫情测报灯与黑光灯诱集昆虫种类和数量的比较研究[J]. 中国植保导刊，2005，25（3）：35-36.

该文发表于《北京农业》2008年第15期

金银花林下种植模式昆虫多样性研究

王品舒[1]，杨建国[1]，陈　君[2]，丁万隆[2]，高卫洁[3]，牟金伟[3]，董　杰[1]
（1.北京市植物保护站，北京　100029；2.中国医学科学院/北京协和医学院/药用植物研究所，北京　100193；3.北京市房山区植物保护站，北京　102488）

摘　要：【目的】摸清北京市金银花林下种植模式的昆虫群落结构。【方法】应用虫情测报灯进行监测，调查昆虫种类和数量，分析其多样性、种群动态等。【结果】昆虫群落由7个目21个科55余种组成，其中，鳞翅目种类最多，为30种，鞘翅目次之，为10种，并且，鳞翅目、鞘翅目在数量上占整个昆虫群落的绝大多数，分别为30.26%、56.32%。5—9月为昆虫活动高峰期，在7月昆虫群落的个体数量达到最大值，4月和10月个体数量相对较低。8月、9月多样性指数较高，昆虫群落的物种多样性相对丰富。【结论】上述结果为指导金银花综合防治提供了依据。

关键词：金银花；昆虫群落；多样性；诱虫灯

金银花（*Lonicera japonica* Thunb.）为忍冬科忍冬属半常绿缠绕灌木，其花蕾和藤可入药，是传统大宗中药材，具有清热解毒等功效[1]。金银花在我国主要种植于山东、河南、湖南等地。近年，随着北京都市型现代农业的发展，以金银花、黄芩、万寿菊等具有生态景观和药用价值的作物种植产业在北京发展迅猛，截至2010年年底，金银花种植面积达8 565亩，成为北京市第二大种植面积的中药材品种，占全市中药材种植面积的9.36%，其中，房山区为主要种植区，密云、延庆、怀柔、门头沟等区也有一定范围的种植，种植模式主要有林下、坡耕、大田3种，其中，林下种植模式是北京市大力发展，并已经形成一定规模的种植模式，这种模式将果树与金银花合理搭配，既营造了立体景观层次，又科学利用了土地资源，适于北京都市型现代农业的发展，为进一步推广这一模式，摸清种植区昆虫群落结构，了解害虫、天敌发生情况对于指导农民合理使用化学农药，科学利用生态系统的自身调节功能减少农药使用量和人工投入成本十分必要。

诱虫灯是利用昆虫的趋光性进行昆虫监测和诱杀害虫的重要工具，我国自1964年应用黑光灯诱杀农业害虫，随后逐步用于其他作物的害虫防治与监测[2, 3]，包括玉米[4]、水稻[5]、棉花[6]、大豆[7]、茶树[8]、梨树[9]、蔬菜[10]等多种作物。目前，利用诱虫灯监测金银花田昆虫群落的研究未见报告，部分金银花种植区已经开始利用诱虫灯诱杀害虫。本研究利用自动虫情测报灯对北京市金银花主产区的昆虫群落情况进行了调查，旨在探明灯下昆虫群落结构，为指导金银花林下种植田的科学防治、安全用药提供基础依据。

1　材料与方法

1.1　调查地点

试验地位于北京市房山区务滋村，该村是北京市金银花种植规模最大的村，同时，也是京郊著名的梨果之乡。调查区采用金银花林下种植模式，面积约1 500亩，果树主要为2～5年的梨树、樱桃树等，周边以5年以上梨树为主，调查地块林下种植了苜蓿、黑麦草等生态景观植物。

1.2　试验材料

采用佳多自动虫情测报灯JDA0-Ⅲ（河南省佳多科工贸有限责任公司），工作电压220V，诱虫光源为20W黑光灯（主波365nm），具有自动开启、自动诱集、自动收集功能。

1.3 试验调查方法

试验于2014年4—10月每天诱杀昆虫，每周开箱收集一次，室内进行分类鉴定，统计种类和个体数量，鉴定参考《中国动物志》，对于不能确定属或种的标本鉴定到科。部分体型较小、死亡后形态难以辨认的未做调查。

1.4 数据处理与分析

相对丰富度（*P*）（*Pi*=*Ni*/*N*，*Ni*指类群第i物种的个体数，N指类群总体数量）；物种多样性以Shannon多样性指数（*H*）（*H*=-Σ*Pi*ln*Pi*）表征[11]。

2 结果与分析

2.1 昆虫群落的组成分析

利用虫情测报灯在4—10月共诱捕昆虫12 485头，分属7个目，21个科，55余种（表1）。诱集到的昆虫种类：鳞翅目种类最多有30种，其次为鞘翅目有11种，其余5个目昆虫种类均较少，其中直翅目4种、半翅目4种、脉翅目3种、膜翅目2种、螳螂目1种。各目昆虫个体数量：鞘翅目>鳞翅目>直翅目>脉翅目>膜翅目>半翅目>螳螂目，鞘翅目和鳞翅目相对丰富度分别达0.563 2和0.302 6，两目合计个体数量占诱捕到昆虫的86%以上，其次为直翅目，相对丰富度为0.081 3，其余4个目昆虫数量均较少。其中，鳞翅目昆虫以夜蛾科、螟蛾科、天蛾科个体数量较多，分别占鳞翅目昆虫个体总数的66.6%、17.07%和7.25%；鞘翅目昆虫以丽金龟科、布甲科个体数量较多，分别占鞘翅目昆虫个体总数的75.91%和22.24%。诱捕的昆虫个体数量较多的科：丽金龟科（5 338头）>夜蛾科（2 516头）>布甲科（1 564头）>蟋蟀科（713头）>螟蛾科（645头）>草蛉科（582头）>蝼蛄科（298头）>天蛾科（274头）。

表1 昆虫群落的构成与相对丰富度

类群	物种数 / 种	个体数 / 头	相对丰富度（*P*）	
鳞翅目 Lepidoptera		30	3 778	0.302 6
	螟蛾科 Pyralidae	5	645	0.051 7
	夜蛾科 Noctuidae	15	2 516	0.201 5
	天蛾科 Sphingidae	4	274	0.021 9
	尺蛾科 Geometridae	2	184	0.014 7
	舟蛾科 Notodontidae	1	68	0.005 4
	灯蛾科 Arctiidae	1	1	0.000 1
	毒蛾科 Lymantridae	1	3	0.000 2
	刺蛾科 Limacodidae	1	87	0.007 0
脉翅目 Neuroptera		3	582	0.046 6
	草蛉科 Chrysopidae	3	582	0.046 6
鞘翅目 Coleoptera		>11	7 032	0.563 2
	瓢虫科 Coccinellidae	3	108	0.008 7
	丽金龟科 Rutelidae	5	5 338	0.427 6
	天牛科 Cerambycidae	1	22	0.001 8
	布甲科 Carabidae	>2*	1 564	0.125 3

（续表）

类群	物种数 / 种	个体数 / 头	相对丰富度（P）	
直翅目 Orthoptera		4	1 015	0.081 3
	蝼蛄科 Gryllotalpidae	2	298	0.023 9
	蟋蟀科 Gryllidae	1	713	0.057 1
	蝗科 Acrididae	1	4	0.000 3
膜翅目 Hymenoptera		>2	43	0.003 4
	姬蜂科 Ichneumonidae	>2*	43	0.003 4
半翅目 Hemiptera		4	31	0.002 5
	盲蝽科 Miridae	2	29	0.002 3
	蝽科 Pentatomidae	1	1	0.000 1
	蝉科 Cicadidae	1	1	0.000 1
螳螂目 Mantedea		1	4	0.000 3
	螳螂科 Mantidae	1	4	0.000 3

*注：通过鉴定，诱捕到的布甲科、姬蜂科昆虫均有两种以上，然而由于进一步鉴定困难无法鉴别到种

2.2 昆虫群落的时间格局

2.2.1 不同时期昆虫群落的多样性

金银花田各月份的物种多样性指数（H）（表2）：9月>8月>5月>7月>4月>10月>6月，多样性指数4—5月份增大，6月迅速下降，7—9月逐渐增大并达到高峰，随后下降，其中，9月和8月的多样性指数最高，分别为2.42和2.408，表明金银花田8月、9月物种多样性相对丰富。

2.2.2 不同时期昆虫群落的个体数量

各月份诱捕的昆虫群落整体数量（表2）：7月>6月>8月>9月>5月>10月>4月，4—7月诱捕量逐步增加，7月达到高峰，随后逐步下降，至10月，诱捕量为413头，略高于4月的400头。鞘翅目、鳞翅目是各月的主要昆虫，其中，鳞翅目昆虫数量4—5月增多，6月下降至最低，随后7月升至高峰，8—10月逐渐降低；脉翅目昆虫数量走势与鳞翅目昆虫相近，4月、6月昆虫数量均较低；鞘翅目昆虫数量走势与昆虫群落整体相近；膜翅目、半翅目、螳螂目昆虫数量均较少。

表2 不同时期昆虫群落的比较

月份	多样性指数（H）	个体数 / 头							
		鳞翅目	脉翅目	鞘翅目	直翅目	膜翅目	半翅目	螳螂目	合计
4	1.928	272	1	127	0	0	0	0	400
5	2.177	318	131	599	7	7	0	0	1 062
6	1.151	237	8	2 122	28	0	0	0	2 395
7	2.01	1 166	267	3 465	202	10	1	0	5 111
8	2.408	681	109	546	388	1	0	1	1 726
9	2.42	739	61	172	383	16	4	3	1 378
10	1.699	365	5	1	7	9	26	0	413

3 讨论

虫情测报灯监测表明，金银花林下种植模式地块昆虫群落种类较多、物种丰富，昆虫群落主要由7个目，21个科，55余种构成，以鳞翅目、鞘翅目昆虫为主，在整个诱捕到的昆虫群落中个体数及种类数量占比均较大，个体数占比分别达30.26%和56.32%，其次，直翅目、脉翅目、膜翅日、半翅目、蝗螂目昆虫也占有一定比例。分析诱捕的各科昆虫表明，诱捕的昆虫中丽金龟科、夜蛾科、布甲科、蟋蟀科、螟蛾科、草蛉科、蝼蛄科、天蛾科昆虫占比较大，而进一步的种类鉴定表明，铜绿丽金龟（*Anomala corpulenta* Motschulsky）、布甲、棉铃虫（*Heliothis armigera* Hubner）、甜菜夜蛾（*Spodoptera exigua* Hiibner）、蟋蟀、亚洲玉米螟（*Ostinia furnacalis* Guenée）、叶色草蛉（*Chrysopa phyllochroma* Wesmael）、甘薯天蛾（*Herse convolvuli* Linnaeus）、东方蝼蛄（*Gryllotalpa orientalis* Burmeister）等几种昆虫是金银花田中的主要灯下昆虫。其中，铜绿丽金龟[12]、棉铃虫[12，13]、甜菜夜蛾[14]、蟋蟀[12]、东方蝼蛄[12]均可对金银花造成为害，是常见的害虫，玉米螟、甘薯天蛾未见为害金银花报道，但两种昆虫是多种农作物的害虫。另外，根据河南封丘[15]、陕西汉中[16]、山东平邑[13]、安徽[12]等主要金银花产区害虫的发生情况研究表明，蚜虫、尺蠖等害虫也均为常见害虫，甚至是多地的主要害虫。近年，通过在北京市金银花各种植区监测发现，中华忍冬圆尾蚜（*Amphicercidus sinilonicericola* Zhang）是北京市金银花田发生最为普遍的害虫，然而，由于蚜虫体型小，测报灯收集后计数困难，本次调查采用了粘虫板、田间计数等方法监测，将另文阐述。本研究也诱捕到一定数量的尺蠖，个体数量低于上述几种昆虫，说明尺蠖在北京金银花田有发生，暂未形成严重为害，需要在后续监测、预报中引起重视。

不同时期昆虫群落的诱捕数量调查表明，5—9月为昆虫活动高峰期，7月昆虫群落的个体数量最多，其中，鞘翅目、鳞翅目个体数量多，对于昆虫群落整体走势影响较大。在鞘翅目昆虫中，丽金龟科昆虫个体数量占绝大多数，其个体数量走势与昆虫群落整体相近，7月个体数量达到高峰，后续逐渐下降，由于铜绿丽金龟等具有取食金银花叶片的习性，因此在缺乏其更佳食源的种植区，应当在6—7月注意防治铜绿丽金龟等丽金龟科害虫，防止产卵并形成循环为害。鳞翅目昆虫中，棉铃虫、甜菜夜蛾是主要昆虫，棉铃虫个体数量走势与昆虫群落整体相近，数量高峰出现在7月，而甜菜夜蛾的发生高峰则相对后移，发生在9月，以棉铃虫、甜菜夜蛾为主要害虫的种植区，应当在害虫发生高峰期，利用性诱芯、糖醋液、杀虫灯捕杀成虫期害虫，有助于降低金银花田幼虫危害，减少用药和用工。另外，瓢虫科、草蛉科是数量较多的天敌昆虫，个体数量高峰均出现在7月，此时应当注意农药、杀虫灯的使用，防止误杀天敌。

参考文献

[1] 国家药典委员会. 中华人民共和国药典：一部[S]. 北京：中国医药科技出版社，2010：205.

[2] 桂承明，王世民，王品安. 黑光灯诱杀农田害虫种群数量初报[J]. 吉林农业科学，1964，1（3）：61.

[3] 胡成志，赵进春，郝红梅. 杀虫灯在我国害虫防治中的应用进展[J]. 中国植保导刊，2008，28（8）：11-13.

[4] 赵秀梅，王振营，张树权，等. 亚洲玉米螟绿色防控技术组装集成田间防效测定与评价[J]. 应用昆虫学报，2014，51（3）：680-688.

[5] 柯汉云，赵帅锋，邵美红. 浙江北稻田灯下昆虫群落结构分析初报[J]. 中国农学通报，2014，30（7）：280-285.

[6] 唐济民，赵树英，于志文. 佳多频振式杀虫灯诱杀棉铃虫等害虫大面积应用探讨[J]. 中国棉花，1995（1）：40.

[7] 安百智，赵国发，于熙明. 频振式杀虫灯对豆田害虫的防效试验[J]. 大豆通报，2006，85（5）：31-32.

[8] 宋昌琪，蓝建军，徐火忠. 频振式杀虫灯在茶树害虫测报、防治中的应用[J]. 昆虫知识，2005，42（3）：324-325，283.

[9] 黄玉南，张绍玲，吴华清，等. 梨园应用频振式杀虫灯的效果分析[J]. 中国果树，2008（3）：41-43.

[10] 叶曙光，许方程，吴永汉，等. 频振式杀虫灯对蔬菜田害虫的控害效果[J]. 植物保护，2000，26（5）：48-49.

[11] 张琴，舒金平，华正媛，等. 衢州地区灯下油茶害虫多样性及种群动态[J]. 生态学杂志，2015，34（8）：2 201-2 209.

[12] 向玉勇，朱园美，赵怡然，等. 安徽省金银花害虫种类调查及防治技术[J]. 湖南农业大学学报（自然科学版），2012，38（3）：291-295.

[13] 孙莹. 山东金银花主要虫害发生和防治技术的研究[D]. 泰安：山东农业大学，2013.

[14] 范丰盛，崔青. 甜菜夜蛾为害金银花[J]. 植保技术与推广，2003，23（1）：47.

[15] 任应党，刘玉霞，申效诚，等. 金银花主要害虫及防治[J]. 河南农业科学，2004（9）：66-68.

[16] 郭素芬. 汉中地区金银花主要害虫发生及防治技术研究[D]. 西北农林科技大学，2006.

该文发表于《中国现代中药》2016年第3期

金银花规范化种植中农药噻虫嗪安全使用标准的研究

刘亚南[1]，李 勇[1]，董 杰[2]，张金良[2]，王品舒[2]，丁万隆[1]

（1.中国医学科学院北京协和医学院药用植物研究所，北京 100193；

2.北京市植物保护站，北京 100029）

摘 要：建立了农药噻虫嗪在金银花中的残留分析方法，并研究了其在金银花中的消解动态和最终残留量，以及对其安全使用标准进行讨论。采用甲醇超声提取、二氯甲烷液液分配及SPE柱净化后，通过HPLC-UV检测分析。结果表明不同噻虫嗪添加浓度下的回收率为84.91%～94.44%，RSD为1.74%～4.96%，满足农药残留检测要求。田间试验分别采用推荐剂量（90g/hm^2）和高剂量（135g/hm^2）进行处理，两年连续实验结果表明，农药噻虫嗪在金银花上施用后7天可消解90%以上，半衰期为1.54～1.66天。农药噻虫嗪在金银花中的消解速度较快，若噻虫嗪在金银花中的最高残留限量推荐值为 0.1mg/kg，建议金银花规范化种植中每年施用25%噻虫嗪水分散粒剂剂量在90～135g/hm^2，喷施3 次以下，最后一次施药和收获时间的安全间隔期可推荐为14天。

关键词：金银花；噻虫嗪；消解动态；最终残留量；安全使用标准

金银花为忍冬科植物忍冬（*Lonicerae japonica* Thunb.）的干燥花蕾或带初开的花，具有清热解毒等功效，是我国传统大宗中药材。生产上，金银花病虫害的发生较为普遍，其中金银花蚜虫尤为严重，其主要刺吸叶片汁液，造成叶片卷缩发黄，花蕾期会导致花蕾畸形以及烟煤病等发生，影响金银花药材质量[1-3]。噻虫嗪是第2代烟碱类杀虫剂，具有高效、内吸、低毒、低残留等特点，对刺吸式害虫有较好的防治效果；同时，作为乙酰胆碱酯酶受体抑制剂，作用于昆虫中枢神经系统，有选择性并对哺乳动物安全，且与传统农药之间不存在交互抗性[4-6]。噻虫嗪早在2001年在我国就取得登记并在作物上推广使用，目前已有关于噻虫嗪在人参[7]、白芍[8]、黄秋葵[9]、茶叶[10]、烟叶[11]、马铃薯[12]、糙米[13]等中药材和农作物中的降解残留动态的相关报道，但国内外有关该农药在中药材金银花上还未见报道。本研究通过对噻虫嗪在金银花中的残留分析和消解动态的研究，提出了金银花规范化种植中噻虫嗪的安全使用标准建议，为金银花规范化种植中农药安全使用标准的建立提供了科学依据。

1 材料与方法

1.1 仪器与药剂

Waters2695型高效液相色谱仪，2996紫外检测器，色谱柱：Agilent TC-C18（4.6mm×250mm，5μm）；SPE柱：（Florisil，1 000/1 000mg，6mL）；旋转蒸发仪（RE-52AA），氮吹仪（HGC-12A），高速离心机（TG16MW），KQ-250DE超声波清洗器（昆山市超声仪器有限公司），电子分析天平（FA2004），超纯水机（Milli-Q），抽滤瓶，分液漏斗，中药粉碎机（DFT-100），恒温烘箱，背负式手动喷雾器（市下SX-LK16）。

噻虫嗪标准品（纯度99.0%，瑞士Syngenta公司），25%噻虫嗪水分散粒剂[先正达（中国）投资股份有限公司]，甲醇、乙腈（色谱纯），甲醇、无水硫酸钠、氯化钠、二氯甲烷、丙酮、石油醚（分析纯），实验用水均为超纯水。

1.2 田间试验设计

分别于2013年、2014年在中国医学科学院药用植物研究所试验基地进行田间试验，设每个小区15株金银花，每组处理3次重复，不同处理间设有保护行，小区间随机排列。

1.2.1 消解动态试验

共设推荐剂量组（90g/hm^2）、高剂量组（135g/hm^2）和空白对照组，每个剂量设施药1次，每株金银花均匀喷洒相应处理药剂300mL。分别于施药后的2h、1天、3天、5天、7天、10天、14天、21天进行随机多点取样。烘干后于－20℃贮存。

1.2.2 最终残留试验

共设推荐剂量组（90g/hm^2）、高剂量组（135g/hm^2）和空白对照组，每个剂量3次施药，每株金银花均匀喷洒相应处理药剂300mL，每次施药间隔期7天，最后1次施药后的3天、7天、14天、21天进行随机多点取样。烘干后于－20℃贮存。

1.3 供试品溶液的制备

将烘干的金银花粉碎后过60目筛，准确称取2.000 0g金银花粉末于100mL具塞三角瓶中，加入20mL甲醇：水（7：3，v/v）混合溶剂，充分摇匀，超声震荡提取1h，过滤，再用30mL上述溶剂分3次淋洗三角瓶和滤渣，将滤液合并，用旋转蒸发仪浓缩至约5mL，待萃取。

将上述样品滤液的浓缩液全部转移至预先装有30mL 20%的氯化钠水溶液的分液漏斗中，用20mL、20mL、10mL二氯甲烷分3次萃取，将有机相萃取液经过装有无水硫酸钠层的玻璃漏斗，过滤到250mL三角瓶中，用30mL的二氯甲烷分3次淋洗无水硫酸钠，合并二氯甲烷相减压浓缩至近干，待柱净化。

用5mL石油醚预淋洗Florisil柱，用10mL丙酮：石油醚（3：7，v/v）混合溶剂分2次冲洗上述蒸馏瓶，并倒入小柱中，再用10 mL乙腈洗脱小柱，收集洗脱液于蒸馏瓶中，旋转蒸发后用氮吹仪吹至近干。用流动相定容至2mL，12 000r/min离心，待液相色谱测定，外标法进行定性和定量分析。

1.4 高效液相色谱检测

1.4.1 色谱条件

色谱柱：Agilent TC-C18（4.6mm×250mm，5μm）；流动相：V（乙腈）：V（水）=20：80，经0.45μm孔径的滤膜过滤，并在超声波浴槽中超声脱气15min；检测波长：253nm；柱温：30℃；流速：1.0mL/min；进样量：10μL。在上述色谱条件下，噻虫嗪的保留时间较短，峰型较好。色谱图见图1。

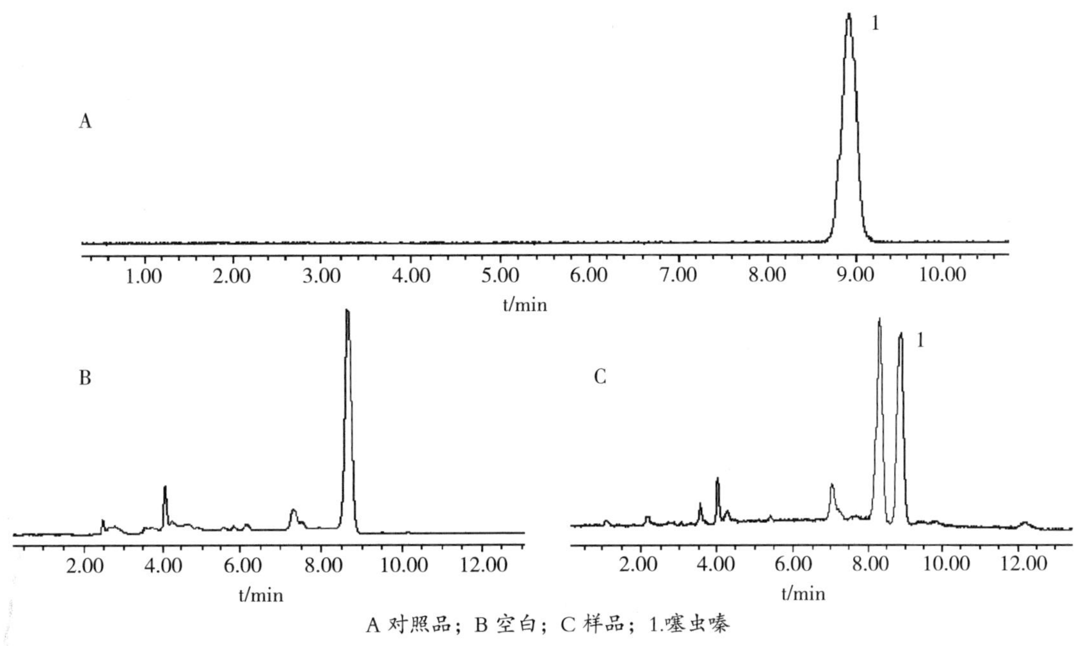

A 对照品；B 空白；C 样品；1.噻虫嗪

图1 金银花中噻虫嗪含量测定HPLC

1.4.2 线性关系考察

用流动相将噻虫嗪标准品配制成100 μ g/mL的标准溶液，再稀释成0.04 μ g/mL、0.40 μ g/mL、1.00 μ g/mL、5.00 μ g/mL、10.00 μ g/mL的5个浓度，在1.4.1色谱条件下测定，记录峰面积。以噻虫嗪的浓度（μ g/mL）为横坐标、峰面积积分值为纵坐标，绘制标准曲线，计算回归方程Y=3.2568 × 104X+3.5535 × 10^3（R^2=0.9999，n=5）。结果表明噻虫嗪在0.04 ~ 10 μ g/mL范围内，峰面积与溶液浓度呈良好的线性关系。

1.4.3 重复性试验

按照1.3方法对同一样品重复制备6份供试品溶液，在1.4.1色谱条件下，分别进样，峰面积平均值为201 137.5，RSD为1.73%。

1.4.4 稳定性试验

按照1.3方法制备供试品溶液，在1.4.1色谱条件下，分别于0h、4h、8h、12h、16h、24h进样，峰面积平均值为304 871.5，RSD为1.91%。

1.4.5 回收率和精密度试验

在空白对照的金银花样品中添加噻虫嗪标准溶液，使其浓度达到0.05mg/kg、0.50mg/kg、5.00mg/kg，每个浓度重复3次，按照1.3的方法处理后按照1.4.1的条件测定其添加回收率，见表1。在0.05 ~ 5.00mg/kg的添加浓度下，噻虫嗪在金银花中的平均添加回收率为84.91% ~ 94.44%，RSD均低于4.96%，方法的最低检出限为0.02mg/kg，符合农药残留分析的要求。

表1 噻虫嗪在金银花中的添加回收率（n=3）

添加浓度 /（mg/kg）	回收率 /%			平均回收率 /%	RSD/%
	1	2	3		
0.05	89.77	82.65	82.31	84.91	4.96
0.50	86.89	90.36	91.72	89.66	2.78
5.00	94.18	92.94	96.20	94.44	1.74

2 结果与分析

2.1 噻虫嗪在金银花中的消解动态

噻虫嗪在金银花中的消解与很多因素有关，涉及光解、微生物降解、生长稀释降解和化学降解等综合作用[14, 15]。一般采用一级动力学模型对农药田间消解行为进行描述：$C_t=C_0e^{-kt}$，其中C_t为时间t（d）时的农药残留量（mg/kg），C_0为施药后农药原始沉积量（mg/kg），k为消解系数，t为施药后时间，用农药残留量消解一半所需要的时间，即半衰期$t_{1/2}$：$t_{1/2}=\ln 2/k$，来表示农药在金银花中的持久性。

通过两年的田间试验，对金银花喷施高、低浓度的农药噻虫嗪，对不同时间采集的金银花进行农药噻虫嗪的含量检测，考察农药噻虫嗪在不同时间内在金银花中的消解情况。由实验结果可知，噻虫嗪在金银花中的消解动态呈一级动力学特征，消解动力学参数见表2。

表2　金银花中噻虫嗪的残留动态方程

剂量组（年）	消解动态方程	R^2	半衰期 / 天
高剂量组（2013）	$C_t=5.5777e^{-0.4268t}$	0.9851	1.54
推荐剂量组（2013）	$C_t=3.1037e^{-0.3952t}$	0.9752	1.62
高剂量组（2014）	$C_t=7.0937e^{-0.379t}$	0.9856	1.66
推荐剂量组（2014）	$C_t=4.6507e^{-0.3893t}$	0.9927	1.64

由图2可见，2013年和2014年的实验表明，25%噻虫嗪水分散粒剂在金银花中的消解率在7天时均达到90%以上，半衰期为1.54～1.66天，噻虫嗪在金银花中消解速度较快。由连续两年的试验结果表明，两种不同剂量的25%噻虫嗪水分散粒剂处理2013年的降解速率快于2014年，这可能与两年的天气状况有关，试验期2014年干旱无雨，而2013年有少量降水，空气较湿润，加快了植株体内农药的流失，从而导致2013年噻虫嗪消解速率较快。

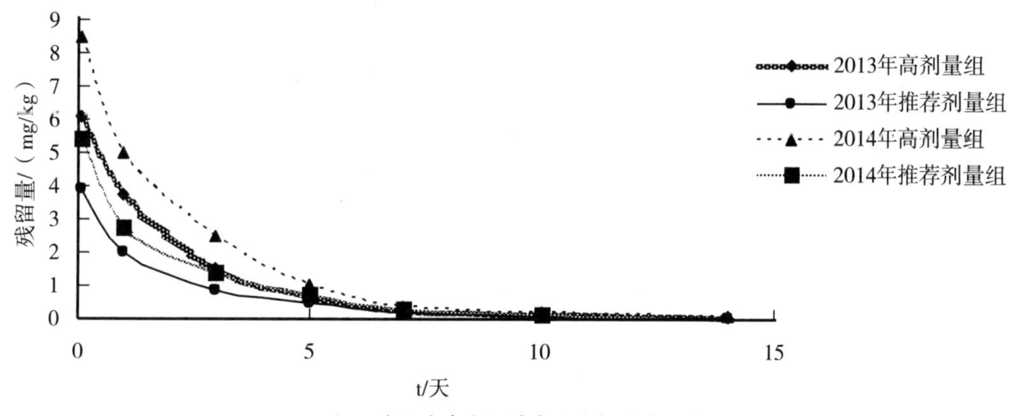

图2　噻虫嗪在金银花中的消解动态曲线

2.2　噻虫嗪在金银花中的最终残留

对两年的样品进行处理检测分析结果如表3所示，噻虫嗪在金银花中的最终残留量施药后第14天分别为0.076mg/kg（2013年）、0.076～0.098mg/kg（2014年）。结果表明，噻虫嗪在金银花中的最终残留量与施药浓度正相关，与施药后的间隔天数负相关。根据两年的实验结果，25%噻虫嗪水分散粒剂按推荐剂量和高剂量在金银花上施用不超过3次情况下，安全间隔期为14天，即在首次采花期前14天停止施药。

表3　噻虫嗪在金银花中最终残留量（n=3）

采样距最后施药间隔时间 / 天	最终残留量 /（mg/kg）			
	2013 年		2014 年	
	推荐剂量组	高剂量组	推荐剂量组	高剂量组
3	5.666	6.655	6.606	7.058
7	0.784	0.922	0.862	1.006
14	0.076	0.089	0.0818	0.098
21	ND	ND	ND	ND

注：ND表示Not detected，即检出浓度低于最低检出浓度0.02mg/kg

3 讨论

（1）本研究曾考察了不同提取方式、净化方法、定容溶液等因素对供试品溶液制备的影响。结果表明，甲醇超声震荡提取优于高速离心提取，同时不同浓度的甲醇溶液也对提取有影响，70%甲醇溶液提取的效果最佳；针对样品金银花的成分复杂，对分离结果的影响，使用Florisil固相萃取杆的净化结果优于氧化铝柱和C8柱；供试品溶液定容时，使用乙腈，会导致色谱峰出现前沿现象，而使用流动相配比的20%乙腈溶液，使分离效果以及峰型较好。本研究中，金银花中噻虫嗪质量浓度在0.05～5.00mg/kg，平均回收率为84.91%～94.44%，RSD均低于4.96%，符合农药残留分析的要求，其分析方法的灵敏度、稳定性、精密度等均准确可靠。因此，本研究中建立的供试品溶液制备方法、色谱条件等可推荐为金银花中噻虫嗪的农药残留检测方法。

（2）《中国药典》（2010年版）中只规定了3种拟除虫菊酯、9种有机氯农药、12种有机磷农药残留量的检测方法，以及甘草和黄芪两种药材的六六六、DDT和五氯硝基苯的限量标准[16]，而其他农药在中药材中的最大残留限量标准（MRL）目前还未见报道。针对农药噻虫嗪，美国制定的噻虫嗪在粮食和蔬菜中最高残留限量值（MRL）为0.02～4.5mg/kg，新西兰规定的噻虫嗪在水果中MRL值为0.1mg/kg，日本在“肯定列表制度”中规定茶叶中噻虫嗪MRL为15mg/kg，我国农业部和卫生部在2011年1月21日联合发布了食品安全国家标准《食品中百草枯等54种农药最大残留限量》（GB26130—2010），其中规定噻虫嗪在黄瓜和糙米中最大残留限量分别为0.5mg/kg和0.1mg/kg[17，18]。而农药合理使用准则的制定包括农药的毒性、在作物和环境中的降解速度、对防治对象的防治方法等多方面的工作。因此，制定农药合理使用准则需要进行科学、合理、规范的农药残留试验，在大量可靠数据的研究基础上，参照联合国粮农组织/世界卫生组织（FAO/WHO）或一些发达国家制定的农药最高残留限量，以及我国人口的食物结构等具体情况，才能制定出该农药在其登记代表作物上的值和安全使用准则以及防治农作物病虫害时的各项指标[19]。

因此，针对于本研究的前期工作基础和本实验结果，考虑到金银花产地和农药生产厂家等的不同，噻虫嗪在金银花上的降解可能存在一定差异，建议金银花规范化种植中，施用25%噻虫嗪水分散粒剂防治金银花蚜虫时，施药剂量在90～135g/hm^{2}范围内，喷施3 次以下，最后一次施药和收获时间的安全间隔期可推荐为14天；建议金银花中噻虫嗪的MRL值为0.1mg/kg。

（3）无公害中药材生产已是近年来的生产趋势，也是中药材产业的发展要求，传统的中药材栽培生产方式已经不能满足当前市场的需求。在金银花的规范化种植中，不仅要考虑物种繁育、种植技术等栽培方面的研究，更应注重对药材质量的控制[20，21]。首先，加强田间管理，开展优良品种选育，培植抗病虫害、高产的新品种，结合生物防治、物理防治的方法，选择高效、低毒、低残留的化学农药综合有效的控制病虫对金银花的为害，同时，也应当注重对化学农药的安全评价及使用技术等的研究。其次，优化金银花采摘和加工技术。依靠科技发展，生产机械化采摘工具，提高工作效率，降低人工成本；通过对产地加工炮制方法的优化，确保金银花在色泽、成分等方面的药材质量。最后，制定金银花药材质量标准，建立金银花规范化种植标准操作规程。以实际可操作的标准来规范，开展质量监控，促使各地金银花产业按照规范化、科学化的方向健康发展，对推进整个中药材产业的发展具有重要意义[22，23]。

参考文献

[1] 易思荣，申明亮，黄娅，等. 中药材金银花常见病虫害综合防治技术[J]. 亚太传统医药，2011，7（7）：23–25.

[2] 孙莹，薛明，赵海鹏，等. 金银花蚜虫的发生与防治技术研究[J]. 中国中药杂志，2013，38（21）：3 676–3 680.

[3] 张芳，张永清，于晓，等. 蚜虫危害对金银花药材质量的影响[J]. 安徽农业科学，2012，40（9）：5 306–5 307，5 636.

[4] 陶贤鉴，黄超群，罗亮明. 新一代烟碱类杀虫剂：噻虫嗪的合成研究[J]. 现代农药，2006，5（1）：11–13.

[5] 杨吉春，李森，柴宝山，等. 新烟碱类杀虫剂最新研究进展[J]. 农药，2007，46（7）：433–438.

[6] 范银君，史雪岩，高希武. 新烟碱类杀虫剂吡虫啉和噻虫嗪的代谢研究进展[J]. 农药学学报，2012，14（6）：587-596.

[7] 许煊炜，梁爽. 液相色谱法测定人参中噻虫嗪的残留量[J]. 中国石油和化工标准与质量，2012，14（11）： 22.

[8] 刘银，龚婧如，毛秀红，等. 高效液相色谱-质谱联用法测定白芍药材中23种农药残留[J]. 农药学学报，2011，13（5）：496-502.

[9] Singh S B，Kulshrestha G. Residues of thiamethoxam and acetamaprid，two neonicides，in okra fruits [J]. *Bull Environ Contam Toxicol*，2005，75：945-951.

[10] 楼正云，汤富彬，陈宗懋，等. 高效液相色谱法检测茶叶中噻虫嗪残留量[J]. 分析实验室，2009，28（S1）：76-78.

[11] 严会会，胡斌，刘惠民，等. 高效液相色谱串联质谱法分析烟草中15种农药残留[J]. 烟草化学，2011，（7）：43-47.

[12] 黄伟，李建中，王会利，等. 噻虫嗪在马铃薯中的残留分析[J]. 环境化学，2010，29（5）：970-973.

[13] 刘琴芳，杨俊柱. 糙米中噻虫嗪的农药残留测定[J]. 农药科学与管理，2013，34（1）：25-27.

[14] 席培宇，李景壮，段亚玲，等. 噻虫嗪在土壤表面及水中的光解特性[J]. 农药，2014，53（10）：726-728.

[15] Schwartz B J，Sparrow F K. Simultaneous derivatization and trapping volatile products from aqueous photolysis of thiamethoxam insecticide [J]. J Agric Food Chem，2000，48：4 671-4 675.

[16] 国家药典委员会. 中华人民共和国药典（一部）[S]. 北京：中国医药科技出版社，2010.

[17] 李明立，宋姝娥，嵇俭，等. 噻虫嗪在番茄上的残留消解动态[J]. 农药，2007，4（7）：477-478.

[18] 赵云，秦信蓉，徐春，等. 杀虫剂噻虫嗪的残留研究进展[J]. 贵州农业科学，2012，40（2）：75-78.

[19] GB/T 8321.7-2002. 农药合理使用准则[S]. 北京：中国标准出版社.

[20] 陈士林，黄林芳，陈君，等. 无公害中药材生产关键技术研究[J]. 世界科学技术：中医药现代化，2011，13（3）：436-444.

[21] 肖小河，陈士林，黄璐琦，等. 中国道地药材研究20年概论[J]. 中国中药杂志，2009，34（5）：519-523.

[22] 耿世磊，徐鸿华. 金银花药材规范化种植研究概况[J]. 中草药，2003，34（10）：附14-17.

[23] 易思荣，申明亮，邓才富，等. 重庆喀斯特地区金银花的生物学特性及规范化种植技术研究[J]. 现代中药研究与实践，2011，25（2）：3-5.

该文发表于《中国中药杂志》2015年第18期

25%噻虫嗪水分散粒剂对金银花蚜虫的田间防效评价

刘亚南[1]，董　杰[2]，李　勇[1]，张金良[2]，王品舒[2]，丁万隆[1]

（1.中国医学科学院药用植物研究所，北京　100193；2.北京市植物保护站，北京　100029）

摘　要：【目的】明确25%噻虫嗪水分散粒剂对金银花蚜虫的防治效果、最佳使用剂量及施用安全性。【方法】分别于2013年和2014年在两个试验点开展了噻虫嗪防治金银花蚜虫的田间药效试验。【结果】噻虫嗪5 000倍稀释液对蚜虫的防治效果最高，达95%以上；其他浓度噻虫嗪对蚜虫的防治效果也均高于80%；另外，噻虫嗪的持效期可达14天以上。【结论】25%噻虫嗪水分散粒剂对金银花蚜虫具有良好的防治效果，与10%吡虫啉可湿性粉剂相比具有持效期长、使用剂量低等优点，生产上可作为吡虫啉的替代药剂用于金银花蚜虫的防治。

关键词：噻虫嗪；金银花；蚜虫；防治效果

金银花为忍冬科植物忍冬（*Lonicerae japonica* Thunb.）的干燥花蕾或带初开的花，味甘性寒，具有清热解毒，疏风散热之功效[1]。用于痈肿疔疮，喉痹，丹毒，热毒血痢，风热感冒，温病发热等。金银花是我国传统大宗中药材，因其独特的药用价值而备受关注。然而生产上，病虫害的发生为害较为普遍，其中金银花蚜虫尤为严重[2-4]。蚜虫，俗称“蜜虫”“腻虫”，为害金银花的蚜虫主要有中华忍冬圆尾蚜（*Amphicercidus sinilonicericola* Zhang）和胡萝卜微管蚜[*Semiaphis heraclei*（Takahashi）]。蚜虫繁殖能力强，每年至少发生10～30代，一般4—6月为害最为严重。金银花蚜虫以成虫、幼虫刺吸叶片汁液，造成叶片卷缩发黄，花蕾期会导致花蕾畸形；同时，蚜虫分泌的蜜露还易引发烟煤病的发生，影响金银花正常的光合作用，造成金银花减产[5, 6]。另外，蚜虫为害还会对金银花药材质量产生影响[7, 8]。

新烟碱类杀虫剂是高毒有机磷、氨基甲酸酯和拟除虫菊酯类杀虫剂的有效替代品，主要作用于昆虫的中枢神经系统，是烟碱型乙酰胆碱受体（nAChRs）的抑制剂，其独特的药效基团（$=N-NO_2$）对害虫高效，对高等动物低毒[9, 10]。吡虫啉（imidacloprid），化学名称：1-（6-氯-3-吡啶甲基）-N-硝基咪唑-2-亚胺，第1代新烟碱类杀虫剂；噻虫嗪（thiamethoxam），化学名称：3-（2-氯-噻唑-5-甲基）-4-N-硝基亚胺-1，3，5-二嗪是第2代新烟碱类杀虫剂。二者的R^1和R^2以及杂环结构存在差异，致使噻虫嗪对刺吸式和咀嚼式口器害虫的触杀及胃毒活性显著提高[11, 12]。

噻虫嗪已被广泛用于西红柿蚜虫[13]、水稻蚜虫[14]、紫花苜蓿叶蝉[15]、马铃薯甲虫[16]、烟粉虱[17]、苹果黄蚜[18]、杭白菊蚜虫[19]等害虫的防治。噻虫嗪有25%噻虫嗪水分散粒剂、5%噻虫嗪水乳剂、70%噻虫嗪可分散粉剂、35%噻虫嗪悬浮种衣剂等多种剂型，其中水分散粒剂是在可湿性粉剂和悬浮剂的基础上发展起来的新剂型，其具有分散性好、悬浮率高、稳定性强、使用方便等优点[20-22]。噻虫嗪用药方式多样，可通过拌种、单叶浸药、涂茎、灌根等方式防治马铃薯甲虫、烟粉虱等害虫[16, 17, 21]，喷雾是防治金银花蚜虫的最佳手段。为此，笔者分别于2013年和2014年在中国医学科学院金银花试验地和北京市植物保护站顺义金银花试验地开展田间试验，研究了不同稀释倍数25%噻虫嗪水分散粒剂对金银花蚜虫的防治效果、最佳使用剂量及施用安全性，通过试验数据论证了25%噻虫嗪水分散粒剂对金银花蚜虫防治效果及最佳使用浓度。

1　材料与方法

1.1　供试药剂

试验药剂：25%噻虫嗪水分散粒剂[先正达（中国）有限公司]

对照药剂：10%吡虫啉可湿性粉剂（江苏克胜农药有限公司）

1.2　调查对象

包括中华忍冬圆尾蚜（*Amphicercidus sinilonicericola* Zhang）和胡萝卜微管蚜[*Semiaphis heraclei*（Takahashi）]。

1.3　试验地点

分别于2013年和2014年在中国医学科学院药用植物研究所金银花试验地布置田间试验，两年的小区设计相同，金银花品种为四季花。2014年在北京市植物保护站顺义金银花试验地实施田间试验，金银花品种为大毛花。两处试验地均栽种金银花多年，之前未喷施过噻虫嗪。

1.4　试验处理

设25%噻虫嗪水分散粒剂5 000倍液（A组）：总有效成分量是100mg/L，25%噻虫嗪水分散粒剂10 000倍液（B组）：总有效成分量是50mg/L，25%噻虫嗪水分散粒剂15 000倍液（C组）：总有效成分量是11.11mg/L；参考陈美艳[23]、孙楠[24]、刘清浩等[25]，选用对蚜虫防治效果最佳的10%吡虫啉可湿性粉剂2 000倍液（D组）作为对照药剂处理，其总有效成分量是250mg/L；以清水作为空白对照（E组），每个处理3次重复。不同处理间设保护行，每个处理调查15株，每株金银花在东、西、南、北、中5个方位随机选取长约30cm的枝条调查蚜虫数量，并挂牌标记。

分别于2013年5月24日、2014年5月12日、5月13日喷药，每株均匀喷300mL，用药一次。先喷清水对照组，然后由低到高喷噻虫嗪药剂，清洗喷雾器后喷洒吡虫啉药剂。用药当天均晴好、微风。2013年分别于用药1天、3天、5天、7天、10天后调查枝条上的虫口数，2014年有所调整，分别于用药1天、3天、7天、10天、14天后调查枝条上的虫口数。同时观察金银花生长是否异常。分别计算虫口减退率和防治效果，计算公式如下：

虫口减退率（%）=［（用药前活虫数－用药后活虫数）/用药前活虫数］×100，

防治效果（%）=［（处理组虫口减退率－对照组虫口减退率）/（100－对照组虫口减退率）］×100，调查结果用邓肯氏新复极差（DMRT）法进行统计分析[26-28]。

2　结果与分析

2.1　药剂处理对金银花的安全性

田间调查发现，药剂处理后金银花的株形、叶色、花蕾、生长状况等均与空白对照基本一致，未发现药害现象，说明25%噻虫嗪水分散粒剂可用于金银花蚜虫的防治，供试浓度及使用剂量不会影响金银花正常生长。

2.2　药剂处理对金银花蚜虫的防治效果

2.2.1　2013年25%噻虫嗪水分散粒剂对金银花蚜虫的防治效果

调查发现，25%噻虫嗪水分散粒剂对金银花蚜虫具有良好的防治效果。用药1天后，各药剂处理对金银花蚜虫的防治效果均低于70%，说明25%噻虫嗪水分散粒剂的速效性不明显。用药3天后，各药剂处理对金银花蚜虫的防治效果均明显增加。用药5天后，各处理药剂的防治效果与用药3天后的结果区别不明显，因此，这也作为2014年重复试验修改虫口调查统计间隔天数的依据。用药7天、10天后，只有25%噻虫嗪水分散粒剂5 000倍液的防治效果持续增加，高达95%以上，具有一定的持效性。总体而言，25%噻虫嗪水分散粒剂5 000倍液的防治效果均明显高于10%吡虫啉可湿性粉剂2 000倍液，而25%噻虫嗪水分散粒剂10 000倍液的防治效果与10%吡虫啉可湿性粉剂2 000倍液差别不大，方差比较分析均无显著性差异（表1）。

表1　25%噻虫嗪水分散粒剂对金银花蚜虫的防治效果

杀虫剂	稀释倍数	用药后天数 /%				
		1 天	3 天	5 天	7 天	10 天
25% 噻虫嗪	5 000	66.54 ± 4.58*	88.00 ± 6.18	88.76 ± 8.10 *	95.05 ± 6.84 *	97.35 ± 3.96 *
	10 000	67.17 ± 7.79*	85.79 ± 16.93	87.33 ± 15.42 *	83.82 ± 20.05 *	87.97 ± 15.36
	15 000	55.43 ± 11.26	72.01 ± 9.67*	52.24 ± 20.95 **	52.69 ± 25.79 **	65.05 ± 23.75 **
10% 吡虫啉	2 000	58.81 ± 12.03	81.63 ± 4.05	70.04 ± 8.49	78.52 ± 1.30	86.51 ± 0.87

注：与对照药剂组（10%吡虫啉）比较，$^{*}P<0.05$，$^{**}P<0.01$

2.2.2　2014年25%噻虫嗪水分散粒剂防治金银花蚜虫效果

根据2014年对中国医学科学院药用植物研究所金银花试验基地的调查结果（图1），用药1天后对金银花蚜虫的防治效果相对较低，与第1年的试验结果较为接近，说明25%噻虫嗪水分散粒剂的速效性不明显。用药3天后各药剂处理对金银花蚜虫的防治效果均有所增加，且用药7天、10天、14天后，防治效果均成明显上升趋势，25%噻虫嗪水分散粒剂5 000倍液的防治效果高达97%，明显高于10%吡虫啉可湿性粉剂2 000倍液。方差分析结果显示，25%噻虫嗪水分散粒剂各浓度药剂处理与10%吡虫啉可湿性粉剂2 000倍液在金银花蚜虫的防治效果上存在显著或极显著差异。

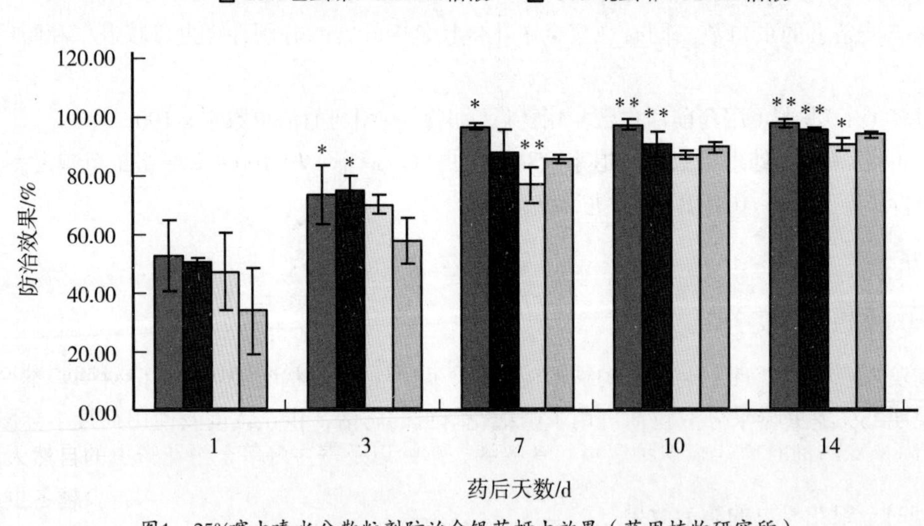

图1　25%噻虫嗪水分散粒剂防治金银花蚜虫效果（药用植物研究所）

注：与对照药剂（10%吡虫啉）比较，$^{*}P<0.05$，$^{**}P<0.01$

根据2014年对北京市植物保护站金银花试验基地的调查结果（图2），用药1天后各处理的防治效果也相对较低。用药3天后，25%噻虫嗪水分散粒剂3种处理对金银花蚜虫的平均防治效果均达80%以上。用药7天、10天、14天后，各处理药剂对金银花蚜虫的平均防治效果均增加，其中25%噻虫嗪水分散粒剂5 000倍液的防治效果接近99%。方差分析发现，用药3天、7天后，25%噻虫嗪水分散粒剂5 000倍液、10 000倍液对金银花蚜虫的防治效果均明显高于10%吡虫啉可湿性粉剂2 000倍液；用药10天、14天后，25%噻虫嗪水分散粒剂5 000倍液、10 000倍液对金银花蚜虫的防治效果也高于10%吡虫啉可湿性粉剂2 000倍液，但无显著性差异。

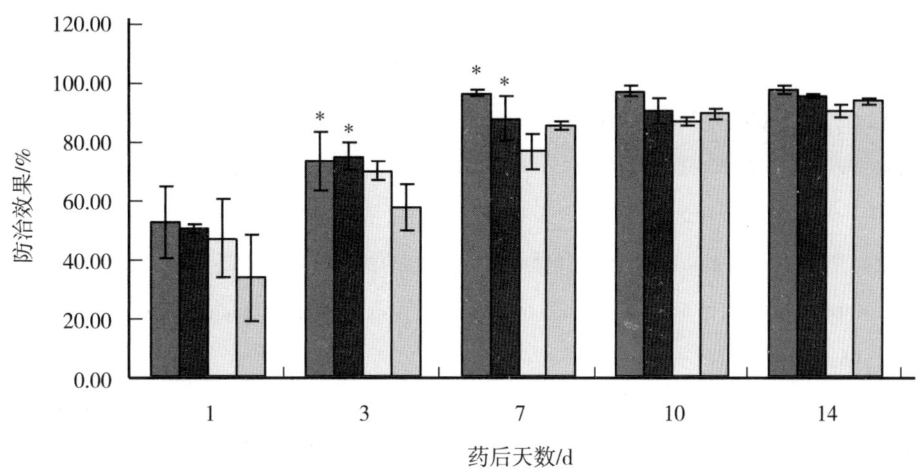

图2　25%噻虫嗪水分散粒剂防治金银花蚜虫效果（北京市植物保护站）

注：与对照药剂组（10%吡虫啉）比较，*P<0.05

通过对两年试验结果的统计分析可知，25%噻虫嗪水分散粒剂对金银花蚜虫表现出较好的防治效果。药用植物研究所金银花试验基地2014年的蚜虫防治效果均较2013年高，其中25%噻虫嗪水分散粒剂15 000倍液的防治效果差别较大，这可能与2014年的气候因素有关，2014年较2013年气温回升快，且干旱无降水，蚜虫暴发较严重，导致金银花蚜虫虫口基数差别很大，对后续的防治效果评价产生一定影响。

3　小结

25%噻虫嗪水分散粒剂对金银花施用安全，适宜防治金银花蚜虫。25%噻虫嗪水分散粒剂5 000倍液、10 000倍液的防治效果较好，持效期较长，但速效性并不突出。另外，噻虫嗪可以杀死卷叶内的蚜虫及下部不易喷施叶片上的蚜虫，表现有一定的内吸渗透性。综合两方面因素，说明噻虫嗪在金银花蚜虫防治上具有良好的应用前景。

金银花蚜虫暴发期与金银花采花期重叠，考虑到金银花蚜虫高龄若虫和成虫的耐药性较强，建议尽量选择在低龄若虫盛期用药，当蚜虫发生较严重时，可适当增加用药次数。用药时应重点对金银花中、下部叶片喷雾，确保喷雾均匀，充分发挥药剂的作用。生产上推荐使用25%噻虫嗪水分散粒剂5 000 ~ 10 000倍液防治金银花蚜虫。

另外，喷施化学药剂时应注意保护瓢虫、食蚜蝇、草蛉以及寄主蜂等金银花蚜虫的自然天敌。在田间栽培管理方面，应结合夏季与冬季剪枝处理，除去病虫害发生严重的叶片与枝条，减少越冬虫卵，从而控制蚜虫的次年暴发。

参考文献

[1]　赵东岳，李勇，丁万隆. 我国金银花栽培品种的遗传多样性[J]. 世界科学技术，2011，13（4）：650-653.

[2]　丁万隆. 药用植物病虫害防治彩色图谱[M]. 北京：中国农业出版社，2002.

[3]　易思荣，申明亮，黄娅，等. 中药材金银花常见病虫害综合防治技术[J]. 亚太传统医药，2011，7（7）：23-25.

[4]　曾令祥. 金银花主要病虫害及防治技术[J]. 贵州农业科学，2004，32（4）：68-70.

[5]　孙莹，薛明，赵海鹏，等. 金银花蚜虫的发生与防治技术研究[J]. 中国中药杂志，2013，38（21）：3 676-3 680.

[6] 刘中求. 金银花病虫害发生与防治[J]. 湖南林业科技，2004，31（4）：56–57.

[7] 张永清. 山东金银花生产情况调查[J]. 山东中医杂志，2000，19（10）：621–624.

[8] 张芳，张永清，于晓，等. 蚜虫危害对金银花药材质量的影响[J]. 安徽农业科学，2012，40（9）：5 306–5 307，5 636.

[9] 范银君，史雪岩，高希武. 新烟碱类杀虫剂吡虫啉和噻虫嗪的代谢研究进展[J]. 农药学学报，2012，14（6）：587–596.

[10] Jeschke P，Nauen R，Schindler M，*et al*. Overview of the status and global strategy for neonicotinoids[J]. *J of Agr and Food Chem*，2011，59（7）：2 897–2 908.

[11] 杨吉春，李森，柴宝山，等. 新烟碱类杀虫剂最新研究进展[J]. 农药，2007，46（7）：433–438.

[12] 陈美艳，陈君，李昆同，等. 吡虫啉对金银花绿原酸含量影响的初步研究[J]. 世界科学技术，2006，8（6）：54–57.

[13] Karmakar R，Kulshrestha G. Persistence，metabolism and safety evaluation of thiamethoxam in tomato crop[J]. *Soci Chem Indus*，2009，65：931–937.

[14] Macedo W R，Ara ú go D K，de Camargo e Castro P R. Unravelling the physiologic and metabolic action of thiamethoxam on rice plants[J]. *Pesticide Biochem Physio*，2013，107：244–249.

[15] 杨向黎，王绍敏，韩凤英，等. 噻虫嗪等杀虫剂对紫花苜蓿叶蝉田间药效分析[J]. 农药，2012，51（5）：385–386.

[16] 郭建国，张海英，吕和平，等. 噻虫嗪和吡虫啉拌种对马铃薯甲虫幼虫生长发育的影响[J]. 植物保护学报，2011，38（2）：191–192.

[17] 吴青君，徐宝云，张友军，等. 噻虫嗪不同处理方法对烟粉虱的毒力及药效评价[J]. 农药学学报，2003，5（4）：70–74.

[18] 王森山，王婧，朱亚灵. 25%阿克泰水分散剂对温室白粉虱和苹果黄蚜的药效试验[J]. 农药，2003，42（12）：30–31.

[19] 陈轶，朱黎明，孙月芳，等. 25%噻虫嗪水分散粒剂（阿克泰）防治杭白菊蚜虫试验[J].农药科学与管理，2004，25（5）：10–11.

[20] 梁娟，李树香，黄小华. 5%噻虫嗪水乳剂防治稻飞虱田间药效试验[J]. 热带农业科学，2011，31（6）：18–20.

[21] 郭建国，刘永刚，张海英，等. 70%噻虫嗪种子处理可分散粉剂和10%吡虫啉可湿性粉剂拌种对马铃薯甲虫的防效[J]. 植物保护，2010，36（6）：151–154.

[22] 曲淑珍，赵晓华，吴玉敏. 35%噻虫嗪悬浮种衣剂防治灰飞虱和玉米粗缩病试验研究[J]. 现代农业科技，2014，4：118–120.

[23] 陈美艳. 吡虫啉对麻黄等三种药材蚜虫防治效果及安全性的初步研究[M]. 北京：中国协和医科大学，2006.

[24] 孙楠. 金银花生产中农药安全使用标准研究[M]. 北京：中国协和医科大学，2007.

[25] 刘清浩，刘新涛，倪云霞，等. 吡虫啉在金银花及土壤中的残留动态研究[J]. 植物保护，2011，37（1）：90–92.

[26] 国家质量技术监督局. 农药田间药效试验准则（一）[M]. 北京：中国标准出版社，2000.

[27] 霍志军，郭才. 田间试验与生物统计[M]. 北京：中国农业大学出版社，2007.

[28] 张力飞. 田间试验与统计分析[M]. 北京：化学工业出版社，2012.

该文发表于《世界科学技术–中医药现代化》2015年第1期

金银花尺蠖及棉铃虫的一种病原真菌鉴定

马维思[1, 2]，徐常青[1]，张金良[3]，董　杰[3]，乔海莉[1]，郭　昆[1]，徐　荣[1]，陈　君[1]，张大勇[4]

（1.中国医学科学院 北京协和医学院 药用植物研究所，北京 100193；

2.云南省农业科学院药用植物研究所，昆明 650205；

3.北京市植物保护站，北京 100029；

4.加多宝集团种植资源部，北京 100176）

摘　要：【目的】明确金银花上的棉铃虫、金银花尺蠖两种害虫的病原真菌的分类地位，为寻找对药材鳞翅目害虫有高毒力的病原真菌提供材料。【方法】通过分生孢子分离、培养，从受真菌侵染死亡的金银花鳞翅目害虫体表分离获得昆虫病原真菌，依据真菌的形态特征和ITS序列特征对其进行鉴定。【结果】从12份受真菌感染死亡的幼虫体表分离到12株形态特征一致的真菌，依据形态特征和ITS序列特征将其鉴定为莱氏野村菌（*Nomurea rileyi*）。【结论】莱氏野村菌为金银花尺蠖及棉铃虫两种金银花鳞翅目害虫的一种病原真菌，因其能够在某些鳞翅目害虫间形成流行病，对防治药材害虫具有应用潜力。

关键词：金银花；金银花尺蠖；棉铃虫；莱氏野村菌

金银花（*Lonicera japonica* Thunb）是我国常用大宗中药材，具有清热解毒，凉散风热、抗菌及抗病毒等功效[1]，在栽培过程中受到多种害虫的为害，其中鳞翅目害虫金银花尺蠖（*Heterolocha jinyinhuaphaga*）、棉铃虫（*Helicoverpa armigera*）的为害比较严重，金银花尺蠖在河南封丘一度成为为害金银花的主要害虫[2]，棉铃虫取食金银花花蕾及幼嫩叶片，影响药材的生产[3]。昆虫病原真菌是生物防治药材害虫的理想材料，对保障药材质量、产量和产区生态环境具有重要意义。国际上利用昆虫病原真菌防治飞蝗以及按蚊等农林、卫生害虫已经取得较大成功[4, 5]，国内使用真菌杀虫剂防治蝗虫及椰心叶甲等害虫也取得了较好的效果[6, 7]，目前至少有11种虫生真菌制成的杀虫剂被注册[8]，但关于利用昆虫病原真菌防治药材害虫的研究与应用的报道还很少。本研究采集到12批受真菌感染死亡的金银花鳞翅目害虫的幼虫，对其病原真菌进行分离鉴定，以期为进一步利用昆虫病原真菌防治金银花等药材的害虫提供基础。

1　材料

幼虫：从山东省临沂市平邑县的12株金银花上，采集到受真菌侵染死亡的12批鳞翅目幼虫，编号为SD1～SD12，经中国医学科学院药用植物研究所陈君研究员鉴定，除编号SD5的幼虫为尺蛾科昆虫金银花尺蠖外，其余11批幼虫均为夜蛾科昆虫棉铃虫。

PPDA培养基：200g马铃薯去皮切块浸煮，滤除残渣，20g葡萄糖，10g蛋白胨，17g琼脂，加水定容至1 L，121℃高压湿热灭菌20min，冷却至50～60℃时，加入硫酸链霉素（30mg/L）和青霉素钾（30mg/L）。

SDY液体培养基：10g酵母浸膏，10g蛋白胨，40g葡萄糖，加水定容至1L，121℃高压湿热灭菌20min。

主要试剂：Fungal DNA mini Kit真菌DNA提取试剂盒购自美科美（北京）生物医学科研中心；Taq Plus DNA Polymerase（含预混Mg^{2+}的10倍PCR缓冲液）购自天根生化科技（北京）有限公司，真菌ITS通用引物ITS4（5'TCCTCCGCTTATTGATATGC3'）与ITS5（5'GGAAGTAAAAGTCGTAACAAGG3'）由上海生工合成。

2 方法

2.1 昆虫病原真菌的分离

2011年9月从山东临沂市平邑县金银花基地的12株金银花上，分别采到12批被真菌感染致死的鳞翅目幼虫，12批幼虫编号为SD1～SD12。在显微镜下观察，所有受真菌感染死亡的幼虫症状一致，表面所着生的真菌孢子颜色、形态也一致，因此从每批染病幼虫中选一头进行病原真菌分离。用无菌水冲洗僵虫表面获得真菌孢子液，血球计数板计数，将孢子液浓度稀释成1×10^4 孢子/mL，取10μL接种到PPDA平板中央并均匀涂布。平板置于25℃的真菌培养箱中，自然光照培养，待真菌长出后，将形态不同的菌落挑到新的平板上接种纯化，直至获得单一菌落。

2.2 昆虫病原真菌的形态鉴定

将分离到的病原菌接种到PPDA培养基上，观察菌落特征，待其开始产孢时，挑取产孢菌丝，在显微镜下观察，根据真菌菌落特征、孢子形态及孢子发生方式进行形态鉴定。

2.3 昆虫病原真菌的分子鉴定

2.3.1 菌丝体制备与DNA提取

分离到的病原菌接种到PPDA试管斜面上，25℃恒温培养两周后，长出大量橄榄绿色的孢子。向试管中注入1mL灭菌1%吐温80溶液，振荡使孢子悬浮，将孢子悬浮液倒入含40mL SDY液体培养基的三角瓶中，25℃、140r/min摇瓶培养72h。取8mL菌液于10mL离心管中，10 000r/min离心10min，去上清，用灭菌滤纸吸去菌丝沉淀上的培养液，加液氮研磨菌丝，根据Fungal DNA mini Kit试剂盒的说明书提取真菌DNA，用紫外分光光度计和琼脂糖凝胶电泳检测DNA的质量。

2.3.2 ITS序列扩增、测序及序列分析

50μL PCR反应体系包含：10μmol/L的ITS4、ITS5引物各2μL，10mmol/L的dNTP 1μL，2.5U/μLTaqDNA聚合酶1μL，10倍上样缓冲液5μL，100ng/μL SD3菌株的DNA模板1μL，灭菌双蒸水38μL。PCR扩增程序：95℃预变性3min，95℃变性1min，54℃退火50s，72℃延伸1min，30个循环，72℃补平5min，4℃终止反应。PCR产物经1.2%琼脂糖凝胶电泳检测，获得清晰的单一条带，送交中国农业科学院作物科学研究所重大科学工程开放实验室进行双向测序，测序结果在NCBI上进行比对，以确定昆虫病原菌的分类地位。

3 结果与分析

3.1 病原真菌的分离

从金银花植株上采集的鳞翅目幼虫，虫体上已经布满白色的菌丝和绿色的孢子。

用无菌水从虫体上冲洗真菌孢子，涂布PPDA平板培养，只长出一种菌落形态的真菌，取其分生孢子接到新的PPDA培养基上，4天后长出肉眼可见的菌落，菌落呈白色、潮湿，随着菌丝的生长和菌落的扩大，菌落逐渐变得干燥，并从中间向外形成放射状的沟纹或环状的波纹，菌落背面呈红褐色，有皱裂。培养两周左右，在菌落中部呈环状产生绿色的孢子，并逐渐朝内、外蔓延，最终整个菌落由白色变为橄榄绿色。从12份僵虫上分离的真菌菌落形态一致（图1）。

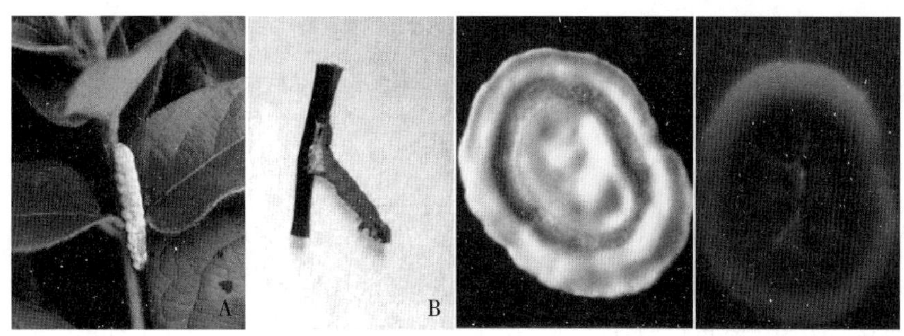

图1　僵虫与病原菌菌落形态

注：A金银花上的棉铃虫僵虫；B金银花尺蠖僵虫；C病原菌菌落正面；D病原菌菌落背面

3.2　昆虫病原真菌的鉴定

如图2所示，在显微镜下观察，真菌孢子呈橄榄绿色、广椭圆形，分生孢子梗长出成轮的小梗，短圆形，小梗上着生瓶状体，瓶状体上产生成串的分生孢子。根据病原菌感染昆虫的病症、菌落的特征、分生孢子形态及其发生方式，依据《昆虫病理学》[9]对昆虫病原真菌的描述，初步将分离到的昆虫病原真菌鉴定为莱氏野村菌（*Nomurea rileyi*）。

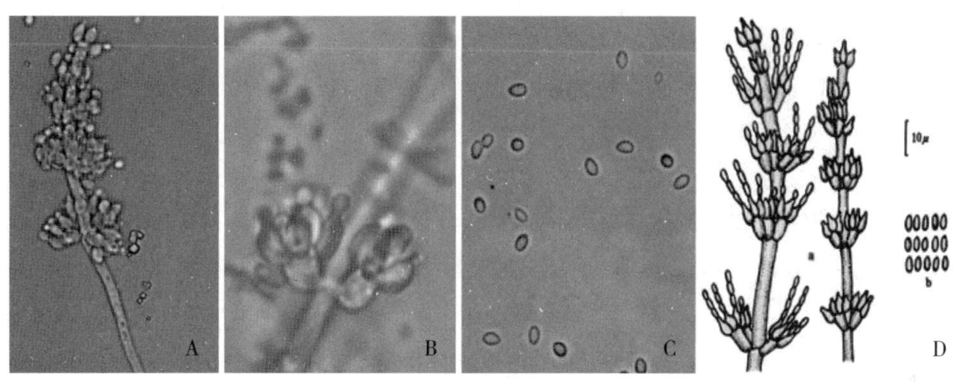

图2　昆虫病原菌形态特征

注：A分生孢子梗；B分生孢子小梗上着生的瓶状体；C分生孢子；D莱氏野村菌形态（昆虫病理学，1994）

形态观察发现，从12份僵虫中分离出的真菌形态特征一致。选取编号SD3的菌株作为代表进行分子鉴定，ITS扩增片段测序后获得555bp的序列。在NCBI网站进行序列比对，与SD3的ITS序列同源性最高的15株菌均为莱氏野村菌（*Nomuraea rileyi*），同源性为99%～100%。选SD3与10株莱氏野村菌及ITS序列同源性较高的普可尼亚属（*Pochonia*）、绿僵菌属（*Metarhizium*）、虫草属（*Cordyceps*）真菌各1株的ITS序列，利

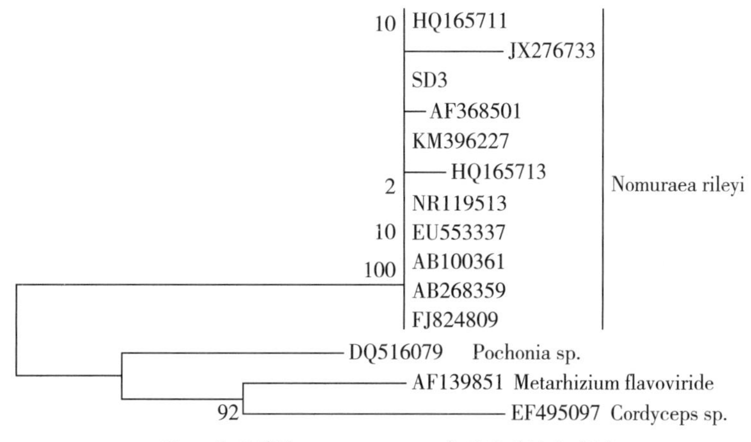

图3　基于菌株SD3 rDNA ITS序列的系统发育树

用MEGA5软件的NJ法构建系统发育树，结果如图3所示，SD3与莱氏野村菌的关系最为密切，与形态鉴定的结果一致，因此可将感染金银花尺蠖及棉铃虫的病原真菌确定为莱氏野村菌（*Nomuraea rileyi*）。

4 讨论

昆虫病原真菌是进行害虫生物防治的重要资源，包括大约100属、800多种真菌[10]，近年来昆虫病原真菌的研究受到越来越多的关注，其中绿僵菌（*Metarhizium*）已经在非洲、澳大利亚被成功大面积应用于防治蝗虫，我国也在草原上开展利用绿僵菌防治草原蝗虫的研究[11]。相比大量在草业、林业、卫生以及粮食作物生产领域开展的利用昆虫病原真菌进行害虫生物防治的研究，鲜有利用昆虫病原真菌防治药材害虫的报道，随着绿色药材生产理念的发展，有必要探索研究既能够减少甚至替代化学农药使用，又能保证药材生产的新型真菌杀虫剂。莱氏野村菌能寄生多种鳞翅目害虫，对夜蛾科（如棉铃虫、大豆夜蛾、黎豆夜蛾、粉纹夜蛾、斜纹夜蛾等）害虫的致病力很强，且能够在田间引起疾病流行[9]，具有较高的应用潜力和研究价值。莱氏野村菌的有效成分为分生孢子，其生产需要苛刻的营养和持续光照条件，限制了大规模生产，因此，在大量收集、筛选具有高毒力的莱氏野村菌菌株的同时，应该加强其孢子发酵生产的工艺研究。微菌核（microsclerotium）是莱氏野村菌的一种抗逆性极强的休眠结构，由特化的菌丝缠绕而成，可以抵御不良环境，有可能作为一种替代分生孢子的有效成分[12]。真菌杀虫剂的使用效果容易受到环境湿度、温度、光照等因素的影响，因此，只有开发出合适的制剂，并选择恰当的时间，在环境条件合适的区域合理地使用才可能取得理想的防治效果。

参考文献

[1] 国家药典委员会. 中华人民共和国药典（一部）[S]. 北京：中国医药科技出版社，2010：205.

[2] 王广军，张国彦，王江蓉. 金银花尺蠖的发生规律与防治技术[J]. 中国植保导刊，2005，25（003）：22-23.

[3] 任应党，刘玉霞，申效诚，等. 金银花主要害虫及防治[J]. 河南农业科学，2004（09）：66-68.

[4] Thomas M B，Read A F. Can fungal biopesticides control malaria?[J]. Nature Reviews Microbiology，2007，5（5）：377-383.

[5] Scholte E J，Knols B G，Takken W. Infection of the malaria mosquito Anopheles gambiae with the entomopathogenic fungus Metarhizium anisopliae reduces blood feeding and fecundity[J]. Journal of invertebrate pathology，2006，91（1）：43-49.

[6] Peng G，Wang Z，Yin Y，et al. Field trials of Metarhizium anisopliae var. acridum（Ascomycota：Hypocreales） against oriental migratory locusts，Locusta migratoria manilensis（Meyen） in Northern China[J]. Crop Protection，2008，27（9）：1 244-1 250.

[7] 丁福章，张泽华，张礼生，等. 绿僵菌对椰心叶甲的控制作用研究[J]. 西南农业大学学报（自然科学版），2006，28（3）.

[8] 王滨，李增智，姚剑. 真菌杀虫剂产业的发展现状 · 趋势与对策[J]. 安徽农业科学，2010（12）：6 269-6 270.

[9] 蒲蛰龙. 昆虫病理学[M]. 广州：广东科技出版社，1994：368-373.

[10] 李增智. 虫生真菌在害虫治理中应用现状[J]. 安徽农学院学报，1987，14（2）：59-66.

[11] St. Leger R J，Wang C.Genetic engineering of fungal biocontrol agents to achieve greater efficacy against insect pests[J]. Applied microbiology and biotechnology，2010，85（4）：901-907.

[12] 姜莎莎. RacA与Cdc42调节双型真菌莱氏野村菌的极性生长和微菌核形成[D]. 重庆大学，2014.

该文发表于《中国现代中药》2015年第9期

农田杂草防除技术

两种喷杆喷雾机在北京玉米田茎叶除草中的应用效果

王品舒[1]，岳 瑾[1]，曹名鑫[2]，郭书臣[3]，王福贤[4]，袁志强[1]，董 杰[1]
（1.北京市植物保护站，北京 100029；2.青岛农业大学，山东 266109；
3.北京市延庆区植物保护站，北京 102100；4.北京市密云区植保植检站，北京 101500）

摘 要： 以3WX-280G型自走式高秆作物喷杆喷雾机、3WP-450型高地隙自走式喷杆式喷雾机为研究对象，测试了两种喷雾机在北京玉米田茎叶除草作业中的主要参数和使用效果。结果表明，3WX-280 G型、3WP-450型喷雾机均可提高除草作业效率，分别是背负式喷雾器的9.2倍、15.7倍，但是，两种机型在用于玉米田茎叶除草作业时，需要做相应改进，以充分发挥喷杆喷雾机的作业效率优势。

关键词： 玉米；杂草；除草剂；防除效果

苗后茎叶除草和苗前土壤封闭除草是北京市玉米田大范围采用的两种主要除草方式，苗后茎叶除草相比于苗前土壤封闭除草方式具有除草剂用量少、受土壤墒情影响小[1]等优点，符合北京市大力推进的化学农药减量工作，也是北京市在统防统治示范区推广应用的主要除草技术。在生产中，玉米茎叶除草作业的时间紧，过早打药容易导致玉米出现药害，过晚用药，杂草草龄过大会降低防治效果，为确保茎叶除草方式在本市大面积推广应用，采用喷杆喷雾机是重要的保障措施。另外，除草剂的利用率也同生态环境和农产品质量安全密切相关，施药设备性能直接影响到农药的利用率、防治效果[2, 3]，采用喷杆喷雾机作业有助于提高除草剂的利用率，减少农田环境污染。3WX-280G型自走式高秆作物喷杆喷雾机是北京市专防组织配备的重要施药设备，主要用于小麦“一喷三防”、玉米田病虫害应急防控等，通过几年的推广应用，受到了种植基地的广泛认可，为提高机械设备的利用率，基地对于拓展喷雾机用途的需求较为强烈。3WP-450型高地隙自走式喷杆式喷雾机是针对玉米病虫草害防治需要引进的大型施药设备，在推广过程中，需要明确其在玉米田茎叶除草作业中的使用参数。因此，现以传统使用的背负式喷雾器为对照，测试了两种喷雾机在北京市玉米田茎叶除草作业中的相关参数，调查了除草效果，以期为两种喷雾机在北京市的推广应用和技术培训提供参考。

1 材料与方法

1.1 供试材料

供试除草剂：38%莠去津SC（山东胜邦绿野化学有限公司）；4%烟嘧磺隆OF（中国农科院植物保护研究所廊坊农药中试厂）。

施药器械：濛花MH-16型背负式喷雾器（濛花喷雾器有限公司，额定功率为0.2～0.3MPa，扇形喷头作业）；3WX-280G型自走式高秆作物喷杆喷雾机（北京丰茂植保机械有限公司，额定压力为0.2～0.4MPa）；3WP-450型高地隙自走式喷杆式喷雾机（山东华盛中天机械集团股份有限公司，额定压力为0.4～0.6MPa）。

1.2 试验设计

试验选用北京地区玉米田常用的茎叶除草剂组合：38%莠去津SC 50mL/亩+4%烟嘧磺隆OF 100mL/亩，按照30kg/亩对水使用。3WX-280G型自走式高秆作物喷杆喷雾机的测试试验于2015年6月3日在密云县创新团队综合试验站进行；3WP-450型高地隙自走式喷杆式喷雾机的测试试验于7月11日在顺义区南彩镇北京丰满兴农机服务专业合作社夏玉米田进行，试验以清水处理为对照，每处理设4次重复，每小区300m^2。

1.3 试验调查方法

施药时记录施药设备的作业效率、压苗情况等。杂草调查采取每小区随机5点取样法，每点1m^2，分别于施药前和药后30天调查杂草株数和鲜重质量，计算株防效和鲜质量防效。

$$杂草株防效（\%）=\frac{对照区杂草株数-施药区杂草株数}{对照区杂草株数}\times 100$$

$$杂草鲜质量防效（\%）=\frac{对照区杂草地上部鲜质量-施药区杂草地上部鲜质量}{对照区杂草地上部鲜质量}\times 100$$

1.4 数据处理与分析

采用SPSS 16.0 软件进行分析。

2 结果与分析

2.1 3WX-280 G型主要参数和应用效果

3WX-280 G型具有10个喷头，喷幅6.0m，经测试（表1），喷雾机的单喷头药液流量为1.2L/min，在密云地区玉米田的作业速度为32.0m/min，作业效率为192m^2/min，是背负式喷雾器的9.2倍。压苗情况调查发现，由于该型喷雾机具有轮距调节功能，通过调节，在32.0m/min速度行走时未见压苗情况，但是，密云地区玉米田土质疏松，机器出现间断性的打滑现象，导致施药不均，防治效果调查表明，药后30天，杂草鲜质量防效仅为47.2%，低于背负式喷雾器。

表1 3WX-280G型自走式高秆作物喷杆喷雾机主要参数和应用效果

药械	喷幅 /m	喷头流量 /（L/min）	作业速度 /（m/min）	作业效率 /（m^2/min）	总杂草鲜质量防效 /%
背负式喷雾器	—	—	—	20.9	85.3
3WX-280G 型	6.0	1.2	32.0	192	47.2

注：“—”表示未测量参数

2.2 3WP-450型主要参数和应用效果

经测试（表2），3WP-450型具有20个喷头，喷幅10.0m，在顺义地区玉米田的作业速度为32.9m/min，作业效率为329.0m^2/min，是背负式喷雾器的15.7倍，该型喷雾机不具有轮距调节功能，在速度为32.9m/min作业时，未出现压苗情况。

药后30天的杂草防治效果表明，4%烟嘧磺隆OF 50mL/亩+38% 莠去津SC 100mL/亩处理对田间的马唐、牛筋草、反枝苋、马齿苋等杂草均具有防治效果，喷雾机处理对杂草的防治效果略高于背负式喷雾器处理，其中，背负式喷雾器处理对总杂草的株防效为83.89%，鲜质量防效为89.16%，喷雾机处理对总杂草的株防效为87.17%，鲜质量防效为91.81%。

表2　3WP-450型高地隙自走式喷杆式喷雾机主要参数和应用效果

处理	作业效率 / (m^2/min)	马唐		牛筋草		反枝苋		马齿苋		其他杂草		总杂草	
		株防效 /%	鲜质量防效 /%	株防效 /%	鲜质量防效 /%	株防效 /%	鲜质量防效 /%	株防效 /%	鲜质量防效 /%	株防效 /%	鲜质量防效 /%	株防效 /%	鲜质量防效 /%
背负式喷雾器	20.9	83.72	91.27	80.70	84.92	90.28	92.14	78.32	80.45	88.14	94.21	83.89	89.16
3WP-450 型	329.0	88.37	92.10	84.21	86.17	91.67	94.79	80.49	87.45	93.22	96.69	87.17	91.81

3　讨论

通过测试施药设备的作业参数和应用效果表明，3WX-280 G型自走式高秆作物喷杆喷雾机、3WP-450型高地隙自走式喷杆式喷雾机均可提高玉米田茎叶除草作业效率，分别为背负式喷雾器的9.2倍、15.7倍。测试过程中，由于密云地区为春玉米田，茎叶除草作业时土质松软，限制了3WX-280 G型喷雾机的行进和施药效果，需要改进该型喷雾机的重量分布，以满足其在春玉米田茎叶除草中的使用需求。通过采用3WP-450型喷雾机开展茎叶除草，对总杂草鲜质量防效达91.81%，可在一定程度上满足夏玉米田的茎叶除草需要，但是，由于该型喷雾机不具有垄宽调节功能，作业速度优势未充分发挥，另外，该型喷雾机采用硬质轮胎，在转场作业时移动缓慢，机手舒适性差，建议在后续改进中考虑轮胎材质问题。

参考文献

[1]　马奇祥，赵永谦. 农田杂草识别与防除原色图谱[M]. 北京：金盾出版社，2004：271-273.

[2]　肖卫平，王蓉，郑松，等. 6种手动喷雾器田间使用效果比较[J]. 耕作与栽培，2007（3）：38-39.

[3]　杜惠，杨芳兰，郑果. 3种手动喷雾器施药效果初报[J]. 甘肃农业科技，2008（1）：21-22.

该文发表于《安徽农学通报》2016年第2期

免耕夏玉米田化学除草技术研究

袁志强，董　杰，张金良，岳　瑾，乔　岩，王品舒
（北京市植物保护站，北京 100029）

摘　要：本文针对免耕夏玉米田开展了封闭除草和茎叶除草技术研究。通过调查防治效果、玉米产量和药剂成本，封闭处理试验中，40％玉呱呱（乙·莠）悬浮剂4 500mL/hm^2 和40％异丙草·莠SC3 000mL/hm^{2}较好，药后60天除草效果分别达到88.8％和84.7％，杂草抑制率分别达到99.1％和99.5％，玉米产量比空白对照分别增加33.6％和25.7％，达到显著差异水平；茎叶处理以40g/L玉京香（烟嘧磺隆）可分散油悬浮剂600mL/hm^2＋38％莠去津悬浮剂1 050mL/hm^{2}最好，药后45天除草效果达到94.7%，杂草抑制率达到99.2％，玉米产量比空白对照增加12.5％，而亩药剂成本最低。结果证明两种除草方法均有较好的除草效果，可配合使用或交替使用，以缓解三夏期间的农时压力和杂草抗性的产生。

关键词：免耕；夏玉米；化学除草

北京地区多采用免耕覆盖播种夏玉米，并通过封闭处理防除杂草，配方多为阿特拉津与乙草胺、都尔、拉索等复配使用，而且各地长期使用单一配方，极易受土壤有机质含量、覆盖物和降水等多种因素的影响[1，2]，使防治效果年度间波动较大，又容易产生抗性杂草种群。因此，需进行封闭处理配方筛选，以便交替使用防止抗性种群的产生。同时引进高效、低毒的磺酰脲类除草剂进行茎叶处理[3]，以筛选出经济、高效的茎叶处理配方，与封闭处理交替、配合使用，即可缓解三夏时期的农时和农事管理等方面压力，又可为农民提供更多的选择。

1　材料与方法

1.1　供试药剂

38％莠去津悬浮剂（山东滨农科技有限公司）

50％乙草胺EC（山东滨农科技有限公司）

40％玉呱呱（乙·莠）悬浮剂（天津市华宇农药有限公司）

40％异丙草·莠悬浮剂（山东中禾化学有限公司）

41％草甘膦水剂（山东胜邦绿野化学有限公司）

40g/L玉京香（烟嘧磺隆）可分散油悬浮剂（中国农业科学院植物保护研究所廊坊农药中试厂）

100g/L硝磺草酮悬浮剂（瑞士先正达作物保护有限公司）

1.2　试验地点

试验设在北京市植保站顺义试验基地内，土壤为轻壤土，肥力中等偏低。试验地前茬为小麦，6月24日免耕播种玉米，品种为联科96。播种后未进行浇水管理，施药后6月28日、7月1日、7月7日、7月8日、7月14日均有小到中雨。主要杂草种类有裂叶牵牛、旋复花、反枝苋、苦荬菜、苘麻、打碗花、马齿苋、藜、龙葵、鳢肠、马唐、萝藦、铁苋菜、苍耳、莎草、牛筋草、野西瓜苗等。

1.3　试验设计

试验设计见表1。小区面积20m^2，随机区组排列，重复3次。各小区分别按设计用药量对水675kg/hm^2，采用Spyayer16L型背负式手压喷雾器均匀喷雾。封闭处理于6月26日（播后2天）施药；封闭处理于7月12日

（即杂草2～4叶期，玉米6叶期）施药。各药剂处理均在玉米播后苗前喷施41％草甘膦水剂60 00mL/hm^{2}杀灭明草。

表1　试验药剂剂量设计

处理	除草剂	有效剂量（g a.i./hm^2）	制剂量（mL/hm^2）
封闭处理	40％玉呱呱（乙·莠）SC	1 200	3 000
	40％玉呱呱（乙·莠）SC	1 500	3 750
	40％玉呱呱（乙·莠）SC	1 800	4 500
	40％异丙草·莠 SC	1 200	3 000
	40％异丙草·莠 SC	1 500	3 750
	40％异丙草·莠 SC	1 800	4 500
	38％莠去津 SC ＋ 50％乙草胺 EC	570+750	1 500+1 500
茎叶处理	40g/L 玉京香（烟嘧磺隆）OF	48	1 200
	40g/L 玉京香（烟嘧磺隆）OF ＋ 38％莠去津 SC	24+399	600+1 050
	40g/L 玉京香（烟嘧磺隆）OF ＋ 38％莠去津 SC	24+570	600+1 500
	40g/L 玉京香（烟嘧磺隆）OF ＋ 38％莠去津 SC	24+741	600+1 950
	100g/L 硝磺草酮 SC	120	1 200
	100g/L 硝磺草酮 SC ＋ 38％莠去津 SC	60+399	600+1 050
	100g/L 硝磺草酮 SC ＋ 38％莠去津 SC	60+570	600+1 500
	100g/L 硝磺草酮 SC ＋ 38％莠去津 SC	60+741	600+1 950
对照	清水（CK）		

1.4　田间调查

1.4.1　药害调查

封闭处理、茎叶处理施药后10天采用踏查法调查玉米被害情况，记录被害症状和被害株率。

1.4.2　药效调查

包括株防效和杂草抑制率，对角线3点取样，每点调查0.11m^2。封闭处理于施药后30天、60天，茎叶处理于施药后15天、45天，各调查一次株防效，记录杂草种类、株数，计算杂草防治效果。封闭处理于药后60天，茎叶处理于药后45天，分别拔取样点内所有杂草进行称重，计算杂草鲜重抑制率。

1.4.3　产量测定

玉米收获前2～3天进行测产，每小区随机3点取样，每点取1m行长的玉米作样本，晒干后脱粒称重，计算产量。

1.4.4　数据处理

各试验数据进行方差分析，采用邓肯氏新复极差（DMRT）法检验差异显著性。

2　结果与分析

2.1　安全性

药后10天调查，无论是封闭处理，还是茎叶处理，各处理均对玉米安全，未出现黄化、坏死斑等中毒症状，植株长势与空白对照一致。

2.2 防治效果

封闭处理于施药后30天、60天，茎叶处理于施药后15天、45天，调查了杂草株防效和杂草抑制率，最后一次的调查结果见表2。封闭各处理60天的防治效果均在80%，40%玉呱呱悬浮剂3 000mL/hm^{2}最好，防治效果达到91.8%。各封闭处理均能很好地抑制杂草的生长，杂草抑制率均达到98%以上；茎叶各处理45天的防治效果均在87%以上，除两个单剂处理外，除草效果均达到93%以上，各处理均能较好抑制杂草生长，杂草抑制率达到93%以上。总体来看，茎叶处理的防治效果要比封闭处理好，两种处理方法对杂草抑制效果比较接近。

对各处理最后一次调查的平均杂草株数进行比较，结果表明各处理杂草株数均比空白对照少，并达到显著差异水平，说明各处理杂草防治效果较好。其中40g/L玉京香（烟嘧磺隆）可分散油悬浮剂600mL/hm^2 + 38%莠去津悬浮剂1 500mL/hm^2、100g/L硝磺草酮悬浮剂600mL/hm^2 + 38%莠去津悬浮剂1 950mL/hm^{2}的杂草株数明显低于常规对照38%莠去津悬浮剂1 500mL/hm^2 + 50%乙草胺EC1 500mL/hm^2，并达到显著差异水平，而其他处理间杂草株数差异不明显，说明杂草防治效果不存在显著差异。

表2　各处理杂草防治效果统计表

处理（mL/hm^2）	封闭60天、茎叶45天防效/（株/0.11m^2、%）				杂草抑制率/（g/0.11m^2、%）			
	单子叶杂草	双子叶杂草	总株数	防治效果	单子叶杂草鲜重	双子叶杂草鲜重	总鲜重	杂草抑制率
乙草胺1 500+莠去津1 500	0	3.1	3.1b	81.8	0.6	3.3	3.9	98.0
玉呱呱3 000	0.1	1.3	1.4bc	91.8	0.1	0.6	0.7	99.6
玉呱呱3 750	0.1	2.3	2.4bc	85.9	0.4	1.2	1.6	99.2
玉呱呱4 500	0.4	1.4	1.8bc	89.4	0.9	0.8	1.7	99.1
异丙草·莠3 000	0.4	2.1	2.5bc	85.3	1.8	1.1	2.9	98.5
异丙草·莠3 750	0.5	2	2.5bc	85.3	0.1	2.4	2.5	98.7
异丙草·莠4 500	0	2.2	2.2bc	87.1	0	2.3	2.3	98.8
硝磺草酮1 200	0	2.2	2.2bc	87.1	0	3.5	3.5	98.2
硝磺草酮600+莠去津1 050	0.1	0.7	0.8bc	95.3	0.1	1.1	1.2	99.4
硝磺草酮600+莠去津1 500	0.2	0.6	0.8bc	95.3	0.1	0.4	0.5	99.7
硝磺草酮600+莠去津1 950	0.2	0.2	0.4c	97.6	0.8	0.2	1.0	99.5
玉京香1 200	0.2	1.8	2.0bc	88.2	0.1	13.4	13.5	93.1
玉京香600 +莠去津1 050	0.6	0.2	0.8bc	95.3	4.4	0.1	4.5	97.7
玉京香600 +莠去津1 500	0.5	0.1	0.6c	96.5	1.9	3.0	4.9	97.5
玉京香600 +莠去津1 950	0.3	0.8	1.1bc	93.5	1.3	1.9	3.2	98.4
CK	1.2	15.8	17a		18.7	176.8	195.4	

注：不同小写字母表示差异显著（$P<0.05$，LSD分析）

2.3 产量测定

收获前3天进行了测产，所得结果见表3。由于各处理对玉米比较安全，没有影响玉米的正常生长，且对杂草的防除和抑制效果明显，减少了杂草对养分和水分的竞争，因此各处理均表现出一定的增产效果，亩增产率在10%以上，其中40%玉呱呱（乙·莠）悬浮剂300mL/亩处理增产幅度最大，比对照增产33.6%。

对各处理玉米产量进行显著性分析可以看出40%玉呱呱（乙·莠）悬浮剂3 750mL/hm^2、40%玉呱呱（乙·莠）悬浮剂4 500mL/hm^2、40%异丙草·莠悬浮剂3 000mL/hm^{2}3个处理增产明显，与对照产量达到显著差异水平。其余各处理虽有一定的增产效果，但与对照产量未达到显著差异。

表3 各处理产量调查表

处理 / （mL/hm²）	穗粒数 / （粒 / 穗）	百粒重 / g	亩穗数 / （株 / 亩）	玉米产量 / （kg/hm²）	增产率 /%
乙草胺 1 500+ 莠去津 1500	543.3	32.0	3 704	8 218.5ab	20.7
玉呱呱 3 000	539.7	30.3	3 704	7 747.5ab	13.8
玉呱呱 3 750	565.7	31.3	3 704	8 376.0a	23.0
玉呱呱 4 500	590.7	31.0	3 704	9 100.5a	33.6
异丙草 · 莠 3 000	555.0	31.0	3 704	8 557.5a	25.7
异丙草 · 莠 3 750	536.3	31.0	3 704	7 854.0ab	15.3
异丙草 · 莠 4 500	524.7	31.0	3 704	7 705.5ab	13.1
硝磺草酮 1 200	528.9	30.3	3 704	7 596.0ab	11.5
硝磺草酮 600+ 莠去津 1 050	543.5	31.3	3 704	8 040.0ab	18.1
硝磺草酮 600+ 莠去津 1 500	564.0	30.3	3 704	8 082.0ab	18.7
硝磺草酮 600+ 莠去津 1 950	546.4	30.7	3 704	8 103.0ab	19.0
烟嘧磺隆 1 200	531.5	31.0	3 704	7 654.5ab	12.4
烟嘧磺隆 600 + 莠去津 1 050	529.5	30.7	3 704	7 662.0ab	12.5
烟嘧磺隆 600 + 莠去津 1 500	579.7	29.3	3 704	8 032.5ab	18.0
烟嘧磺隆 600 + 莠去津 1950	555.9	30.7	3 704	8 055.0ab	18.3
CK	482.7	29.7	3 704	6 810.0b	

注：不同小写字母表示差异显著（$P<0.05$，LSD分析）

2.4 防治药剂成本

经询问农药经销商，了解了试验药剂的价格（此价格介于批发和零售之间，仅供参考）。其中41%草甘膦单价8元（200g/瓶）、玉呱呱单价8元（350g/瓶）、莠去津单价12元（680mL/瓶）、乙草胺单价10元（340g/瓶）、异丙草 · 莠单价15元（500g/瓶）、玉京香单价5元（100mL/瓶）、硝磺草酮单价50元（100mL/瓶）。考虑到杀明草的草甘膦要视草情决定是否添加，这里不计算在内，仅计算试验中每种配方的成本（图1），以方便农民进行比对和做出选择。在试验各配方中，以硝磺草酮单剂及复配方投入较高，亩成本在21.24～40元。玉京香单剂及复配剂投入较低，亩成本在3.24～4.29元，比常规对照乙草胺1 500mL/hm²+莠去津1500mL/hm²配方的4.7元还低。

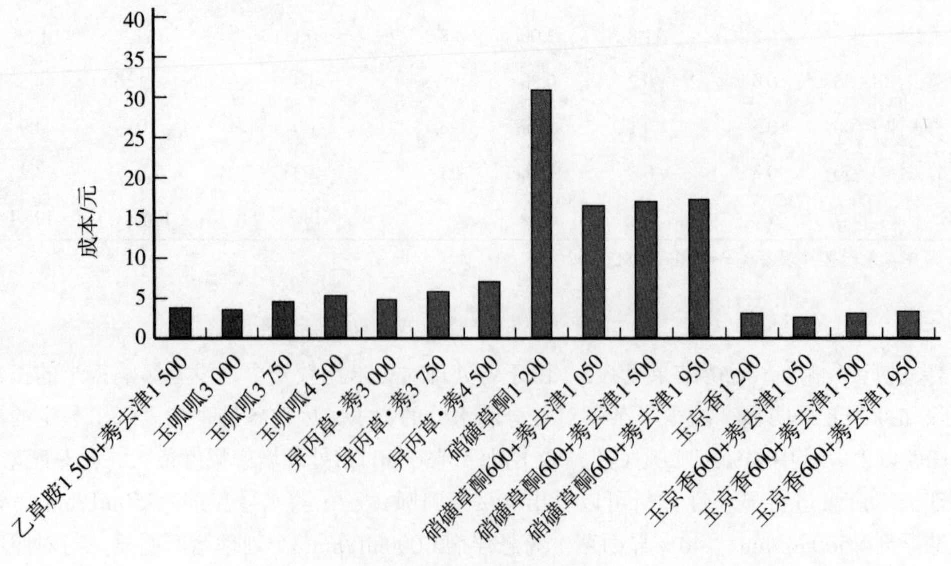

图1 各处理亩投入成本

3 讨论与结论

（1）北京地区免耕夏玉米既可采用封闭除草方式，也可采用茎叶除草方式，但茎叶处理除草效果优于封闭处理，后期杂草密度普遍较低。基于防治效果、产量和防治成本综合评价，生产上封闭处理可选用40％玉呱呱（乙·莠）悬浮剂4 500mL/hm^{2}配方和40％异丙草·莠SC3 000mL/hm^{2}较好，药后60天除草效果分别达到88.8％和84.7％，杂草抑制率分别达到99.1％和99.5％，玉米产量比空白对照分别增加33.6％和25.7％，达到显著差异水平，亩药剂成本分别为6.86元和6元，仅比常规对照38％莠去津悬浮剂1 500mL/hm^2＋50％乙草胺EC 1 500 mL/hm^{2}增加2.16元和1.3元；茎叶处理宜选择40g/L玉京香（烟嘧磺隆）可分散油悬浮剂600mL/hm^2＋38％莠去津悬浮剂1 050mL/hm^{2}配方，药后45天除草效果达到94.7%，杂草抑制率达到99.2％，玉米产量比空白对照增加12.5％，而每亩药剂成本最低，仅为3.24元，比常规对照每亩药剂成本减少1.46元。因此生产中封闭处理和茎叶处理既可按比例配合使用，也可以交替使用，以缓解三夏期间的农时压力和防止杂草抗性的产生。

（2）调查中发现，封闭各处理、40g/L玉京香（烟嘧磺隆）可分散油悬浮剂1 200mL/hm^2、100g/L硝磺草酮悬浮剂1 200mL/hm^{2}等处理对自生麦苗基本无效，而玉京香与莠去津的3个复配处理和硝磺草酮与莠去津的3个复配处理对自生麦苗效果很好，药后15天便出现自生麦苗中毒死亡。

（3）2013年夏玉米播种后降雨较多，有利于除草剂发挥效果，特别是对封闭处理非常有利，除草剂能够淋溶到地表形成药膜，起到封杀作用。而常规年份在夏玉米免耕播种后，一般在两周内都不会有降雨，封闭处理的大部分药剂被截留在小麦秸秆，不能在地边形成完整药膜，使防治效果下降。因此免耕覆盖夏玉米田封闭除草需要有适时、适量的降雨或喷灌，才能保证稳定的防治效果，这方面的研究将在今后开展。

参考文献

[1] 苏少泉，宋顺祖. 中国农田杂草化学防治（第1版）[M]. 北京：中国农业出版社，1996.7：144-150.

[2] R.Labrada，J.C.Caseley，C.Parke. 发展中国家的杂草治理（第1版）[M]. 邰伟东等译.北京：中国农业科技出版社，1997.12：182-183.

[3] 朱荷锄. 磺酰脲类除草剂作用特点及其发展前景[J]. 中国植保导刊，2012，32（8）：49-50.

该文发表于《北京农业》2014年第15期

"以杀替封"减药除草技术在免耕玉米田的示范效果

王品舒[1]，张金良[1]，岳　瑾[1]，王泽民[2]，岳向前[3]，董　杰[1]，袁志强[1]
（1.北京市植物保护站，北京 100029；2.北京市顺义区植保植检站，北京 102100；
3.北京市房山区植物保护站，北京 102488）

摘　要：为探索免耕玉米田的除草剂减量使用技术。研究评价了一种土壤处理剂处理，一种茎叶处理剂处理，以及茎叶处理剂与助剂混用处理的农药用量、防治效果以及玉米产量等情况。结果表明，使用15%硝磺草酮SC 825g/hm^2+20%烟嘧·莠去津OD 1 500g/hm^2 处理替代40%异丙·莠SC 3 750g/hm^{2}处理可降低除草剂商品用量的38%，降低折百用量的71.7%，各处理的防治效果和玉米产量差异不显著，另外，茎叶处理剂与助剂混用，有望进一步降低除草剂用量。示范的"以杀替封"减药除草技术可用于免耕玉米田的农药减量控害技术推广中。

关键词：玉米；免耕；农药减量控害；除草剂；防除效果

玉米是北京市第一大作物，主要有春播玉米和夏播玉米两种，其中，夏播玉米种植范围广、播种面积大，通常采用免耕覆盖方式播种[1]。目前，除草剂是北京市玉米田用量最大的化学农药，北京市《到2020年农药减量使用行动方案》提出，"到2020年农田化学农药使用总量控制在500吨（折百），比2014年减100吨"，为确保任务完成，在确保防治效果的基础上，科学降低玉米田除草剂的投入量是推进北京市化学农药减量工作的重要基础。为此，2015年，北京市开展了一些玉米田除草剂减量控害试验，形成了"以杀替封"减药除草技术，即使用除草剂用量较少的茎叶处理剂替代除草剂用量较大的土壤处理剂，试验效果较为明显。为进一步明确技术的适用性，确保技术在推广中可以落地，2016年，市、区植保站以推广应用效果较好、农药用量较低的40%异丙草·莠SC为对照，选用15%硝磺草酮SC 825g/hm^2+20%烟嘧·莠去津OD 1 500g/hm^{2}处理，以及该处理与助剂的混用处理进行了示范应用，以期为"以杀替封"减药除草技术的大面积推广应用提供基础。

1　材料与方法

1.1　供试材料

试验药剂：15%硝磺草酮SC（辽宁三征化学有限公司）、20%烟嘧·莠去津OD（辽宁三征化学有限公司）、40%异丙草·莠SC（山东中禾化学有限公司）、激健（四川蜀峰化工有限公司）。

施药器械：机动式喷杆喷雾机，选用扇形喷头。

1.2　试验设计及方法

试验示范工作于2016年在顺义区南彩镇东江头村进行，上茬作物为小麦，使用苯磺隆作为除草剂。试验设一个常用土壤处理剂处理示范区，一个茎叶处理剂处理示范区，一个茎叶处理剂和助剂混用处理示范区，以清水处理为对照，示范面积共200亩。

1.3　试验调查方法

在茎叶处理剂使用前调查田间杂草情况，在茎叶处理剂使用后45天调查各处理总杂草株数和鲜重质量，调查时每小区随机5点取样法，每点1m^2。计算株防效。测产时，每处理双行5m取玉米穗测产。

$$杂草株防效(\%)=\frac{对照区杂草株数-施药区杂草株数}{对照区杂草株数}\times 100$$

1.4 数据处理与分析

采用SPSS 16.0 软件Duncan's multiple range test 方法进行显著性分析。

2 结果与分析

2.1 示范区主要杂草

调查表明，试验地的主要杂草为马唐（*Digitaria sanguinalis* L.）、反枝苋（*Amaranthus retroflexus* L.）、马齿苋（*Portulaca oleracea* L.）、藜（*Chenopodium album* L.），此外，还有圆叶牵牛（*Pharbitis purpurea* L.）、裂叶牵牛（*Pharbitis nil* L.）、苍耳（*Xanthium sibiricum* L.）等阔叶杂草，数量较少。

2.2 各处理的农药减量控害效果

从各处理的除草剂用量来看（表1），土壤处理剂的化学农药用量最多，40% 异丙草 · 莠SC 3750g/hm^{2}处理的除草剂商品量为3 750g/hm^2、折百量为1 500g/hm^2，而采用15%硝磺草酮SC 825g/hm^2+20%烟嘧 · 莠去津OD 1 500g/hm^{2}茎叶处理的除草剂商品量为2 325g/hm^2、折百量为423.8g/hm^2。

各处理的株防效结果表明（表1），3种处理对禾本科草、阔叶草、总杂草的防效均超过93%，并且差异不显著。其中，40%异丙草 · 莠SC 3750g/hm^{2}处理对禾本科杂草的防效为94.5%、对阔叶草的防效为95.7%、对总杂草的防效为95.1%；15%硝磺草酮SC 825g/hm^2+20%烟嘧 · 莠去津OD 1 500g/hm^{2}处理对禾本科杂草的防效为93.2%、对阔叶草的防效为96.1%、对总杂草的防效为94.7%；15%硝磺草酮SC 825g/hm^2+20%烟嘧 · 莠去津OD 1 500g/hm^2+激健2 000倍液处理对禾本科杂草的防效为94.1%、对阔叶草的防效为96.5%，总杂草的防效为95.3%，与未添加助剂的处理相比，防效均略有提高，但差异不显著。

各处理的测产结果表明（表1），3种处理的产量差异不显著，在7 683 ~ 7 940kg/hm^2。

表1 供试处理的示范效果

处理	除草剂用量 / (g/hm^2)		株防效 /%			产量 / (kg/hm^2)
	商品量	折百量	禾本科草	阔叶草	总杂草	
40% 异丙 · 莠 SC 3 750g/hm^2	3 750	1 500	94.5 a	95.7 a	95.1 a	7 939.5 a
15% 硝磺草酮 SC825g/hm^2+20% 烟嘧 · 莠去津 OD 1 500 g/hm^2	2 325	423.8	93.2 a	96.1 a	94.7 a	7 831.5 a
15% 硝磺草酮 SC825g/hm^2+20% 烟嘧 · 莠去津 OD 1 500 g/hm2+ 激健 2 000 倍液	2 325	423.8	94.1 a	96.5 a	95.3 a	7 683 a

3 讨论

示范结果表明，采用"以杀替封"减药除草技术，推广使用茎叶处理剂替代土壤处理剂可降低玉米田的化学农药使用量，以15%硝磺草酮SC 825g/hm^2+20%烟嘧 · 莠去津OD 1 500g/hm^{2}处理替代40% 异丙 · 莠SC 3 750g/hm^{2}处理可降低除草剂商品用量的38%，降低折百用量的71.7%，农药减量作用明显，并且两种处理对常见杂草的防治效果，以及对玉米产量的影响均差异不显著，如替代农民常用的、农药用量较大的乙草胺+莠去津、乙 · 莠合剂等土壤处理剂，除草剂减量作用将更为明显。

通过示范也表明，通过筛选除草剂用量较低的处理方式替代除草剂用量较高的处理方式，是减少玉米田除草剂用量的有效措施。同时，在推广"以杀替封"减药除草技术过程中，要注意茎叶处理剂的推荐使用时期范围通常较窄，过早、过晚使用容易导致玉米出现药害，或达不到防治效果，因此，建议大面积应用时，要加强与统防统治服务的融合，提高作业效率，加强施药效果，以达到化学农药减量控害的目的。

另外，本试验在茎叶处理中添加助剂激健2 000倍液后，防治效果提高比例较小，这主要是由于未添加助剂处理的防效已经较高，可以提升的空间有限。本研究同期开展的盆栽试验结果表明，通过添加激健2 000倍液可提高低浓度除草剂处理对狗尾草、反枝苋等杂草的防治效果，相当于节省除草剂用量的20%左右，因此，探索助剂的应用方法，有望进一步提高“以杀替封”减药除草技术的应用效果。

参考文献

[1] 袁志强，董杰，张金良，等. 免耕夏玉米田化学除草技术[J]. 北京农业，2014（15）：104-106.

不同除草剂处理在免耕玉米田的农药减量控害效果

王品舒[1]，袁志强[1]，吴炳秦[2]，张金良[1]，岳　瑾[1]，董　杰[1]，杨建国[1]
（1.北京市植物保护站，北京 100029；2.北京市房山区植物保护站，北京 102488）

摘　要：为筛选适于免耕玉米田使用的除草剂，探索除草剂减量使用技术。研究评价了8种茎叶处理和两种土壤处理方式对常见禾本科和阔叶杂草的防治效果。结果表明，88.8%硝磺草酮·莠去津WG 1 425～1 650g/hm^2、26%硝磺·烟嘧·莠去津OD 2 475～2 850g/hm^2、40%异丙草·莠S 3 000g/hm^{2}等处理对总杂草的株防效在90%以上，并且，使用茎叶处理剂26%硝磺·烟嘧·莠去津OD 2 475g/hm^{2}处理替代40% 异丙草·莠SC 3 000g/hm^{2}和40%乙·莠SC 4 500g/hm^{2}处理，分别可降低除草剂商品量的17.5%和45%，降低折百量的46.38%和64.25%。研究形成的“以杀替封”减药除草技术可用于免耕玉米田的农药减量控害技术推广工作中。

关键词：玉米；免耕；农药减量控害；除草剂；防除效果

北京地区的夏播玉米通常采用免耕覆盖方式种植[1]，即在冬小麦收获后直接播种玉米，种植户在生产中通常采用土壤处理剂或茎叶处理剂防除农田杂草，常用的土壤处理剂有异丙草·莠、乙草胺、莠去津、乙·莠合剂等，使用方式有40%异丙草·莠SC 3 000g/hm^2、40%乙·莠SC 4 500g/hm^2、38%莠去津SC 1 500g/hm^2+50%乙草胺EC 1 500g/hm^{2}等；常用的茎叶处理剂有烟嘧磺隆、硝磺草酮、烟嘧.莠去津、硝磺·莠去津、烟嘧磺隆+莠去津等，使用方式有4%烟嘧磺隆OF 600～1 050g/hm^2+38%莠去津SC 1 500g/hm^2、10%硝磺草酮SC 600g/hm^2+38%莠去津SC 1 500g/hm^2 等。

除草剂对于提高玉米生产效率和保证玉米产量具有显著作用，但是，在推广应用除草剂过程中也产生了一系列的问题亟待解决：一是北京市减少化学农药用量的紧迫形势。2015年，北京市制定了《到2020年农药减量使用行动方案》，提出“到2020年农田化学农药使用总量控制在500吨（折百），比2014年减100吨”的目标，玉米是北京市第一大作物，目前除草剂是玉米田投入量最大化学农药，推动玉米田除草剂减量工作对于确保全市化学农药减量任务完成意义重大；二是常用除草剂带来的潜在生态环境风险。北京玉米田以往以乙草胺[2]、莠去津[3-5]作为主要除草剂，而研究表明，这两种除草剂长期使用容易导致一些生态环境问题，甚至威胁人体健康，有必要逐步替代或减少这两种除草剂的使用。

为解决以上问题，本研究选用8种茎叶处理剂（含混配）处理、两种本地常用的土壤处理剂处理，通过试验明确各处理在免耕玉米田中的应用效果，同时探索不同处理方式在化学农药减量技术推广过程中的应用前景。

1　材料与方法

1.1　供试材料

试验药剂：4%烟嘧磺隆 OF（中国农业科学院植物保护研究所廊坊农药中试厂）、38%莠去津SC（山东胜邦绿野化学有限公司）、88.8%硝磺·莠去津WG（山东中禾化学有限公司）、26%硝磺·烟嘧·莠去津OD（山东中禾化学有限公司）、40%异丙草·莠SC（山东中禾化学有限公司）、40%乙·莠SC（河北宣化农药有限责任公司）。

施药器械：濛花MH-16型背负式喷雾器（濛花喷雾器有限公司）选用扇形喷头。

1.2 试验设计及方法

试验于2015年在北京市植物保护站科技示范展示基地进行，上茬作物为小麦，未使用除草剂。试验设8种茎叶处理剂（含混配）处理、两种土壤处理剂处理，以清水处理为对照，每处理设4次重复，每小区3m^2，小区随机区组排列。土壤处理剂于播后第2天喷施，茎叶处理剂于于7月2日喷施，此时玉米处于4～5叶期，杂草3～5叶期。各处理剂按600kg/hm^{2}对水使用（表1）。

表1 各处理的除草剂使用情况

处理序号	供试药剂	制剂用量/（g/hm^2）	商品量/（g/hm^2）	折百量/（g/hm^2）
1	4% 烟嘧磺隆 OF+38% 莠去津 SC	600+1 500	2 100	594
2	4% 烟嘧磺隆 OF+38% 莠去津 SC	1 050+1 500	2 550	612
3	88.8% 硝磺草酮 · 莠去津 WG	1 200	1 200	1 065.6
4	88.8% 硝磺草酮 · 莠去津 WG	1 425	1 425	1 265.4
5	88.8% 硝磺草酮 · 莠去津 WG	1 650	1 650	1 465.2
6	26% 硝磺 · 烟嘧 · 莠去津 OD	2 100	2 100	546
7	26% 硝磺 · 烟嘧 · 莠去津 OD	2 475	2 475	643.5
8	26% 硝磺 · 烟嘧 · 莠去津 OD	2 850	2 850	741
9	40% 异丙草 · 莠 SC	3 000	3 000	1 200
10	40% 乙 · 莠 SC	4 500	4 500	1 800

1.3 试验调查方法

田间试验分别于药前调查试验地草相，在茎叶处理剂喷施后30天调查各处理的残存杂草株数和鲜重质量。调查时采取每小区随机5点取样法，每点1m^2，计算株防效和鲜质量防效。

$$杂草株防效（\%）=\frac{对照区杂草株数-施药区杂草株数}{对照区杂草株数}\times 100$$

$$杂草鲜质量防效（\%）=\frac{对照区杂草地上部鲜质量-施药区杂草地上部鲜质量}{对照区杂草地上部鲜质量}\times 100$$

1.4 数据处理与分析

采用SPSS 16.0 软件Duncan’s multiple range test 方法进行显著性分析。

2 结果与分析

2.1 杂草草相

7月2日调查表明，试验地的主要杂草为马唐、反枝苋、马齿苋、藜，此外，田间还有少量圆叶牵牛、裂叶牵牛、苍耳等阔叶杂草，其中，马唐的密度为20.4株/m^2、反枝苋为16.7株/m^2、马齿苋为6.0株/m^2、藜为7.2株/m^2、其他杂草为12.2株/m^2。

2.2 供试处理的除草剂用量情况

供试的10种处理方式中，处理3的除草剂商品量用量最低，为1 200g/hm^2，处理10的用量最高，为4 500g/hm^2，另外，40%异丙草.莠SC、40%乙 · 莠SC等两种土壤处理的除草剂商品量均高于8种茎叶处理。各处理的除草剂折百量情况表明，处理6的折百量最低，为546g/hm^2，处理10的折百量最高，为1 800g/hm^2，其中，4%烟嘧磺隆 OF+38%莠去津 SC和26%硝磺·烟嘧·莠去津 OD等两种处理剂的各处理折百量均较低。

2.3 供试除草剂对玉米田杂草的株防效

茎叶处理剂喷施后30天调查表明，供试的8种茎叶处理剂（含混配）处理、两种土壤处理剂处理对田间常见的马唐、反枝苋、马齿苋、藜以及试验地块的其他阔叶杂草具有防治效果（表2），其中，26%硝磺·烟嘧·莠去津OD 2 850 g/hm^2 、88.8%硝磺草酮.莠去津WG 1 650g/hm^2 、40%异丙草·莠SC 3 000g/hm^2、88.8%硝磺草酮·莠去津WG 1 425g/hm^2 、26%硝磺·烟嘧·莠去津OD 2 475g/hm^2 等5种处理对总杂草的株防效分别为93.12%、92.39%、91.65%、90.67%、90.61%，均达90%以上，并且差异不显著。40%乙·莠SC 4 500g/hm^2 、4%烟嘧磺隆OF 1 050g/hm^2 +38%莠去津SC 1 500g/hm^2、88.8%硝磺草酮.莠去津WG 1 200g/hm^2 、26%硝磺·烟嘧·莠去津OD 2 100g/hm^2、4%烟嘧磺隆OF 600g/hm^2 +38%莠去津SC 1 500g/hm^2 等5种处理对总杂草的株防效分别为88.70%、86.25%、84.28%、83.55%、75.45%，均低于90%。

表2 各处理对杂草的株防效

单位：%

处理序号	马唐	反枝苋	马齿苋	藜	其他杂草	总杂草
1	70.55 a	82.91 a	60.98 a	76.39 a	77.78 a	75.45 a
2	86.70 bc	91.45 abc	70.73 a	87.50 a	84.72 a	86.25 b
3	82.90 b	88.03 abc	78.05 a	84.72 a	83.33 a	84.28 b
4	92.40 cd	95.73 bc	82.93 a	88.89 a	86.11 a	90.67 b
5	94.30 cd	94.87 bc	85.37 a	91.67 a	90.28 a	92.39 b
6	86.70 bc	85.47 ab	73.17 a	83.33 a	81.94 a	83.55 ab
7	92.16 cd	93.16 abc	78.05 a	90.28 a	91.67 a	90.61 b
8	95.25 d	96.58 c	80.49 a	94.44 a	90.28 a	93.12 b
9	87.65 bcd	95.73 bc	90.24 a	93.06 a	95.83 a	91.65 bc
10	90.50 bcd	94.02 bc	92.68 a	94.44 a	94.44 a	88.70 b

注：同一列不同小写字母表示显著性差异（P<0.05，n=4），下表同

2.4 供试除草剂对玉米田杂草的鲜质量防效

各处理对杂草的鲜质量防效调查表明（表3），40%异丙草·莠SC 3 000g/hm^2、26%硝磺·烟嘧·莠去津OD2 850g/hm^2 、40%乙·莠SC 4 500g/hm^2 、88.8%硝磺草酮·莠去津WG 1 650g/hm^2 、26%硝磺·烟嘧·莠去津OD2 475g/hm^2 、4%烟嘧磺隆OF 1 050g/hm^2 +38%莠去津SC 1 500g/hm^2 等6种处理对总杂草的鲜质量防效分别为95.34%、94.45%、94.32%、92.80%、92.62%、90.12%，均达90%以上，并且差异不显著。88.8%硝磺草酮·莠去津WG 1 425g/hm^2 、26%硝磺·烟嘧·莠去津OD 2 100g/hm^2 、88.8%硝磺草酮·莠去津WG 1 200g/hm^2 、4%烟嘧磺隆OF 600g/hm^2 +38%莠去津SC 1 500g/hm^2 等4种处理对总杂草的株防效分别为89.29%、85.47%、85.26%、81.82%，均低于90%。

表3 各处理对杂草的鲜质量防效

单位：%

处理序号	马唐	反枝苋	马齿苋	藜	其他杂草	总杂草
1	79.67 a	86.56 a	65.57 a	86.10 a	70.93 a	81.82 a
2	91.73 c	94.49 c	68.99 ab	91.39 a	83.28 ab	90.12 bc
3	84.85 b	87.51 ab	71.79 ab	88.11 a	81.71 ab	85.26 ab
4	91.68 c	92.71 bc	71.73 ab	89.10 a	85.25 ab	89.29 bc

（续表）

处理序号	马唐	反枝苋	马齿苋	藜	其他杂草	总杂草
5	94.08 cd	95.37 c	79.69 b	93.00 a	90.75 b	92.80 c
6	86.78 b	86.16 a	75.82 ab	86.80 a	82.82 ab	85.47 ab
7	94.26 cd	92.81 bc	80.04 b	94.42 a	93.23 b	92.62 c
8	95.86 d	96.04 c	79.18 b	95.63 a	95.68 b	94.45 c
9	93.35 cd	96.97 c	92.90 c	96.34 a	95.95 b	95.34 c
10	92.01 cd	96.48 c	93.00 c	95.34 a	91.71 b	94.32 c

3 讨论

通过试验表明，40%异丙草·莠SC 3 000g/hm^{2}和40%乙·莠SC 4 500g/hm^{2}处理均可以满足防治需要，但是，使用40%异丙草·莠SC 3 000g/hm^2 处理替代40%乙·莠SC 4 500g/hm^{2}处理可减少除草剂使用量的33.33%，适于作为一种主要土壤处理方式推广应用，有助于减少除草剂的用量。近几年，北京市、区植保部门依托各类项目资金，在部分地区推广了异丙草·莠替代乙草胺、莠去津、乙·莠合剂等土壤处理剂，农民应用效果较好。

药后30天，4%烟嘧磺隆OF 1 050g/hm^2 +38%莠去津SC 1 500g/hm^2 、88.8%硝磺草酮.莠去津WG 1 425～1 650g/hm^2 、26%硝磺.烟嘧.莠去津OD 2 475～2 850g/hm^2 处理对总杂草的株防效在86%～94%，鲜质量防效在89%～95%，可以满足免耕玉米田的除草需求。从各处理的除草剂商品量使用情况来看，使用除草剂用量较少的88.8%硝磺草酮·莠去津WG 1 425g/hm^2 、26%硝磺·烟嘧·莠去津OD 2 475g/hm^{2}处理，替代农户常用的4%烟嘧磺隆OF 1 050g/hm^2 +38%莠去津SC 1 500g/hm^2 处理，分别可减少除草剂商品量的44.11%和5%，但是，如以除草剂折百量作为统计依据，则88.8%硝磺草酮·莠去津WG 1 425g/hm^2 处理的除草剂折百量最大，其他两种处理方式的折白量近似。因此，综合考虑防治效果和除草剂使用量，建议推广使用26%硝磺·烟嘧·莠去津OD 2 475g/hm^2 处理这类农药减量控害作用显著的处理方式。

不同茎叶处理和土壤处理的防效结果表明，在防效差异不显著的情况下，茎叶处理剂的用量通常要高于土壤处理剂，因此，推广使用茎叶处理剂替代土壤处理剂可实现除草剂用量的降低。以防治效果好，商品量和折百量均较低的茎叶处理剂26%硝磺·烟嘧·莠去津OD 2 475g/hm^{2}处理为例，如用于替代40%异丙草·莠SC 3 000g/hm^{2}和40%乙·莠SC 4 500g/hm^{2}处理，分别可降低除草剂商品量的17.5%和45%，降低折百量的46.38%和64.25%，在除草剂减量控害方面作用显著。在研究基础上，2016年，北京市在部分地区示范推广了“以杀替封”减药除草剂技术，推广使用茎叶处理剂替代土壤处理剂，示范推广效果明显，同时，试验示范过程中也发现，由于常用茎叶处理剂的推荐使用时期范围较窄，过晚使用容易导致玉米发生药害或杂草草龄过大影响防治效果，另外，此时期北京地区降雨频繁，杂草生长速度较快，错过最佳防治时期后，常常无法发挥除草剂的防治效果，因此，在大面积推广应用“以杀替封”减药除草技术的过程中，需要注意玉米和杂草的生育阶段、茎叶处理剂的推荐使用时期、气象条件、大型植保器械的保障能力等因素，加强技术与统防统治服务的融合，提升除草作业效率和除草剂使用效果，确保各类茎叶处理剂能够在推荐使用时期内完成施药作业。

参考文献

[1] 袁志强，董杰，张金良，等. 免耕夏玉米田化学除草技术[J]. 北京农业，2014（15）：104-106.

[2] Dagnaca T，Bristeau S，Jeannot R，et al. Determination of chloroacetanilides，triazines and phenylureas and some of their

metabolites in soils by pressurised liquid extraction，GC–MS/MS，LC–MS and LC–MS/MS[J].Journal of Chromatography A，2005，1 067：225–233.

[3] 李宏园，马红，陶波.除草剂阿特拉津的生态风险分析与污染治理[J].东北农业大学学报，2006，37（4）：552–556.

[4] Rebich R A，Coupe R H，Thurman E M. Herbicide concentrations in the Mississippi River Basin–the importance of chloroacetanilide herbicide degradates[J].Sci Total Environ，2004，321：189–199.

[5] Muir K，Rattanamongkolgul S，Smallman–Raynor M，et al. Breast cancer incidence and its possible spatial association with pesticide application in two counties of England[J]. Public Health，2004，118：513–520.

北京农田发现外来杂草刺果藤为害

董　杰[1]，杨建国[1]，岳　瑾[1]，王品舒[1]，袁志强[1]，马永军[2]，郭书臣[2]
（1.北京市植物保护站，北京 100029；2.北京市延庆区植物保护站，北京 102100）

摘　要：刺果藤（*Sicyos angulatus* L.）在我国以前仅在台湾、大连和青岛有发生记载。北京市2010年在海淀区温泉镇山区林地首次发现刺果藤为害林木，2013年在延庆、密云、海淀3个区9个乡（镇）大面积发生为害，发生面积274hm^2，并已从山区林地扩展到大田、果园等。北京市植保系统高度重视并进行了有效铲除，但由于土壤中难以彻底灭除的积存种子以及贸易、旅游、交通等影响，刺果藤仍有蔓延的危险。必须高度重视，加强检疫监测，一经发现，立即彻底铲除。

关键词：刺果藤；生物入侵；危害；农田

刺果藤（*Sicyos angulatus* L.）又名刺瓜藤、刺果瓜，英文名burcucumber，one seeded bur-cucumber或star cucumber等，是葫芦科（Cucurbitaceae）野胡瓜属（*Sycyos*）植物[1, 2]。刺果藤起源于美国东北部，目前分布于美国、加拿大、墨西哥、澳大利亚，法国、德国、匈牙利、意大利等欧洲国家，日本、韩国等亚洲国家，我国台湾省也有分布[3]，2003年在大连和青岛被发现[2, 4-5]。刺果藤作为一种外来入侵植物，对农林业和生态环境可造成严重为害[6]。

1　刺果藤在北京的发现和确认

刺果藤在北京是新发现杂草。 2010年9月，车晋滇等在海淀区温泉镇山区林地首次发现刺果藤为害林木，但未造成大面积为害[6]。2013年8月，延庆区植物保护站反映该区玉米田中发现一种新杂草，该杂草外形像瓜秧，花淡黄色，头状花絮，果实表面具长的硬刺和短柔毛，通过藤蔓成片缠绕作物，为害十分严重。2013年9月2日，北京市植物保护站组织有关专家到延庆区实地考察、取样，经中国农业科学院植物保护研究所杂草专家李香菊研究员鉴定为刺果藤（*Sicyos angulatus* L.）。

2　刺果藤在北京的发生及防治情况

刺果藤具有极强的生命力和竞争力，铲除难度大，严重影响农林业生产和生态安全。为掌握刺果藤在本市发生的危害情况，防止其进一步蔓延，北京市植物保护站于2013年9月组织全市13个区（县）开展了大面积普查，覆盖全市13个区（县）的130个乡（镇）。普查发现，延庆、密云、海淀3个区县9个乡（镇）有刺果藤发生，发生面积274hm^2，农田、果园、绿化带、荒地都有发生。其中，延庆区发生最为严重，发生面积268hm^2，其中粮田157hm^2，主要为玉米和大豆田，为害严重的地块绝收（图1至图3）。在北京市植物保护站的技术指导下，所有植株已在开花结实前全部铲除，但过去积存在土壤中的种子存活期较长，条件适宜时新植株还会不断产生。2014年5月，北京市植物保护站对2013年发生严重地块进行普查发现，部分地块刺果藤已经开始出苗（图4），密度较高的地块达到15株/m^2，因此，对已发生地块仍要加强监测，连续不断地做好防除工作。

图1　刺果藤为害玉米造成绝收

图2　刺果藤的花

图3　刺果藤的簇生果实

图4　刺果藤的幼苗

3　刺果藤在北京的发生分布特点

普查还发现，刺果藤在全市的发生呈现3个特点：①发生区域还比较小，目前主要集中在延庆、密云和海淀的部分乡（镇），其他区尚未发现；②呈集中点片发生，部分地块发生较为严重；③部分地区公路两侧的绿化带、荒地发生严重，多先由公路两侧向农田蔓延，并有向农田中心扩散蔓延的趋势。

4　刺果藤传入北京的可能途径分析

刺果藤主要是通过种子传播扩散，生产种子量大，极易通过水流、机械或牲畜传播，果实上的刺也极易造成扩散。人为因素是造成该草传播的另一重要因素，长距离运输及携带该种子的贸易都能造成其扩散。据此分析，刺果藤传入北京的途径主要有两种可能：①随携带刺果藤种子的玉米种调运进京而传入；②随进京的车辆或游客而传入。北京作为国际化大都市，频繁的物流和人流，为刺果藤长距离的迁移与入侵、传播与扩散创造了条件，对北京市农业生产和生态安全构成巨大威胁。

5　刺果藤的为害

5.1　破坏生态环境

刺果藤的生命力、竞争力极强，具有极强的入侵性。国外报道，刺果藤可攀缘到高20m以上的邻近树木，造成覆盖植物死亡。可借助邻近树木向外扩展达25m，造成其他植物缺光或受压死亡，形成单一群落。张淑梅等在大连发现，刺果藤在山区、水库、居民区等处都有大量生长，并迅速向四周扩展蔓延，或迅速向高处攀缘，所覆盖区域内当地的草本植物几乎不能存活，成片的灌木和部分树木被缠绕而枯死，对生态环境的破坏性极大，被称为是大连生态的最大杀手[2]。邵秀玲等在青岛发现，被刺果藤覆盖植物大部分死亡[3]。

5.2 破坏农林业生产

刺果藤是一年生大型藤本植物，生活力强，适应性广，耗水量和耗营养物质高，光竞争优势极强，可为害玉米、大豆、果树及其他农作物，在田间与作物竞争水分、光照、矿质营养及生存空间，严重时能导致作物大面积减产，以致绝收，并阻碍机械收获等农事操作的进行。研究资料表明，当每10m^{2}有15～20株刺果藤时，玉米减产80%；每10m^{2}有28～50株刺果藤时，玉米减产90%～98%。在美国肯塔基州、北卡罗来纳州和田纳西州，刺果藤已成为玉米及大豆田的恶性杂草。在欧洲，刺果藤为害日益严重，意大利、西班牙、挪威等国将它作为入侵杂草[2]。

6 刺果藤的防控

为防止刺果藤在北京市的蔓延危害，结合刺果藤的生物学特性以及其传播扩散方式，特提出以下防控对策。

6.1 加强植物检疫

刺果藤种子容易混杂在粮食及包装材料中进行传播，同时刺果藤的果实上具刺，也会加剧其远距离扩散的可能。目前，刺果藤只在我国的大连、青岛等港口城市以及北京零星发生，为了控制该草向未发生区传播蔓延，植物检疫部门需加强对进口粮食及国内、省内调运粮食、种子及其包装材料、运输车辆等的检疫。

6.2 加强普查监测

北京市植物保护站于2013年9月10日专门召开了全市外来入侵杂草刺果藤的识别培训及为害考察现场会，在全市范围内组织开展了刺果藤疫情普查，并对发现的植株进行了铲除，为以后的防控工作打下了基础。但由于刺果藤的种子在土壤中可存活数年，当年铲除的地方，以后几年还会有新植株产生，同时，当条件适宜时刺果藤的种子在整个生长季节内可进行周期性萌发。因此，在今后几年仍要加强普查监测工作。

6.3 人工（机械）及时拔除

在北京，刺果藤于4月底陆续出苗，幼苗似黄瓜苗，很容易识别。刺果藤前期生长较慢，后期生长迅速。根据这些特性，可在5—6月其开花前组织人力进行拔除，但由于刺果藤苗期不整齐，应进行多次人工拔除，才能控制其蔓延传播。

夏季刺果藤生长旺盛，覆盖度高，根部常被茂密交错的茎蔓和其他植物覆盖住，不易找到根部，人工拔除有一定困难。应尽早在刺果藤结籽前，采取机械翻除、割除等措施割断它的藤蔓。如果结籽后割取藤蔓，成熟的种子会落入地面，成为第2年的扩展源。

6.4 除草剂定向防治

目前，未见有关化学除草剂防治刺果藤的报道。应积极开展化学除草剂的筛选试验研究和技术推广。在发生面积大、不易人工防除的情况下，使用化学除草剂进行防除。使用化学除草剂时宜采用定向喷雾，喷药时要注意不要直接喷到树干和对除草剂敏感的植物上，以免对其他植物产生药害。

参考文献

[1] 王青，李艳，陈辰. 中国大陆葫芦科归化属：野胡瓜属[J]. 西北植物学报，2005，25（6）：1 227-1 229.

[2] 张淑梅，王青，姜学品，等. 大连地区外来植物：刺果瓜（*Sicyos angulatus* L.）对大连生态的影响及防治对策[J]. 辽宁师范大学学报（自然科学版），2007，30（3）：356-358.

[3] 邵秀玲，梁成珠，魏晓棠，等. 警惕一种外来有害杂草刺果藤[J]. 植物检疫，2006，20（5）：303-305.

[4] 刘克学. 警惕一种新的外来生物[J]. 生命世界，2004，178：64.

[5] 王连东，李东军. 山东两种外来入侵种：刺果藤和剑叶金鸡菊[J]. 山东林业科技，2007（4）：39.

[6] 车晋滇，贾峰勇，梁铁双. 北京首次发现外来入侵植物刺果瓜[J]. 杂草科学，2013，31（1）：66-68.

该文发表于《中国植保导刊》2014年第7期

几种除草剂对刺果藤等玉米田杂草的防除效果

王品舒[1]，岳　瑾[1]，郭书臣[2]，袁志强[1]，董　杰[1]，乔　岩[1]，张金良[1]
（1.北京市植物保护站，北京 100029；2.北京市延庆区植物保护站，北京 102100）

摘　要：【目的】为筛选可防除玉米田刺果藤并兼治其他杂草的除草剂。[方法]试验设置了9种除草剂处理，通过田间试验，评价各药剂的除草效果。【结果】55% 硝磺·莠去津SC783.75ga.i./hm^{2}和4% 烟嘧磺隆OD24ga.i./hm^2+38% 莠去津SC570ga.i./hm^{2}的防效较好，用药较少，药后30天，两种处理对刺果藤的鲜质量防效均在87%以上，对总杂草的鲜质量防效均在89%以上。【结论】上述两种处理适用于发生刺果藤的玉米田除草工作。

关键词：玉米；刺果藤；除草剂；防除效果

刺果藤（*Sicyos angulatus* L.）又名刺瓜藤、刺果瓜，为葫芦科（Cucurbitaceae）野胡瓜属（*Sycyos*）植物[1，2]，原产于美国，早期被作为观赏植物或通过种子运输等途径扩散到了欧洲、亚洲的部分国家和地区。随着刺果藤的蔓延，其强烈的侵占能力给农作物、林木、生态环境造成了巨大为害，引起了许多国家和地区的重视，意大利、西班牙、挪威等国都将其列为入侵杂草。近年，我国的台湾、大连、青岛、北京、张家口陆续报道发现刺果藤，并在北京、张家口发现该杂草由为害草坪、林木开始入侵农田[2–6]。北京在2013年发现刺果藤入侵粮田，发生面积157hm^2，为害作物主要为春玉米、大豆，严重地块导致绝产[7]；河北在2014年报道，张家口的高新区、宣化区约有400hm^{2}玉米受害，严重田地减产50%～80%[6]。

目前，刺果藤的防治技术极为缺乏，北京春玉米产区通常采用的乙草胺+莠去津封闭除草方式不能有效控制刺果藤出苗，在实际生产中防治手段主要依靠多次人工拔除，这一方式不仅费工费力，而且前期多次入田拔草又易影响苗前封闭除草效果。为了解决刺果藤的防治技术难题，实现一次施药防治玉米田刺果藤并兼治其他杂草，本研究选用4种除草剂，设置了9种处理，通过田间药效试验，以明确各处理对刺果藤和其他杂草的防除效果，从而为发生刺果藤玉米田的除草工作提供防治指导依据。

1　材料与方法

1.1　供试材料

试验药剂：4% 烟嘧磺隆OD（中国农业科学院植物保护研究所廊坊农药中试厂）；38% 莠去津SC（山东胜邦绿野化学有限公司）；55% 硝磺·莠去津SC（瑞士先正达作物保护有限公司）；57% 2, 4–滴丁酯EC（佳木斯黑龙农药化工股份有限公司）。

供试作物：玉米，品种为郑单958。

施药器械：濛花MH–16型背负式喷雾器（濛花喷雾器有限公司）选用扇形喷头作业。

1.2　试验设计及方法

试验于2014年在北京市延庆区延庆镇莲花池村玉米田进行。玉米于4月29日种植。试验共设9种除草剂处理（表1），以清水处理为对照，每处理设4次重复，每小区15m^2（3m×5m），小区随机区组排列。各处理于玉米3～5片叶时（6月3日），按600kg/hm^{2}对水均匀喷施。

1.3　试验调查方法

田间试验分别于药后7天、14天、30天调查残存杂草株数，30天调查残存杂草鲜重质量。调查时采取每小区随机5点取样法，每点1m^2，计算株防效和鲜质量防效。

$$杂草株防效（\%）=\frac{对照区杂草株数-施药区杂草株数}{对照区杂草株数}\times 100$$

$$杂草鲜质量防效（\%）=\frac{对照区杂草地上部鲜质量-施药区杂草地上部鲜质量}{对照区杂草地上部鲜质量}\times 100$$

1.4　数据处理与分析

试验数据使用SPSS 13.0软件进行分析（表1）。

表1　供试除草剂及用量

处理序号	除草剂	制剂用量 /（mL/hm^2）	有效成分含量 /（g a.i./hm^2）
1	4% 烟嘧磺隆 OD+38% 莠去津 SC	600+1 050	24+399
2	4% 烟嘧磺隆 OD+38% 莠去津 SC	600+1 500	24+570
3	4% 烟嘧磺隆 OD+38% 莠去津 SC	600+1 950	24+741
4	55% 硝磺 · 莠去津 SC	1 200	660
5	55% 硝磺 · 莠去津 SC	1 425	783.75
6	55% 硝磺 · 莠去津 SC	1 650	907.50
7	4% 烟嘧磺隆 OD+57% 2，4- 滴丁酯 EC	600+120	24+68.40
8	4% 烟嘧磺隆 OD+57% 2，4- 滴丁酯 EC	600+150	24+85.50
9	4% 烟嘧磺隆 OD+57% 2，4- 滴丁酯 EC	600+180	24+102.60

2　结果与分析

2.1　试验地杂草草相

根据6月2日对田间杂草的调查，试验地的主要杂草为刺果藤（*Sicyos angulatus* L.）、马唐（*Digitaria sanguinalis* L.）、狗尾草（*Setaria viridis* L.）、反枝苋（*Amaranthus retroflexus* L.）、马齿苋（*Portulaca oleracea* L.）、苍耳（*Xanthium sibiricum* L.）。此外，田间还有少量阔叶杂草，由于数量较少，未做统计。其中，刺果藤的密度为7.7株/m^2、马唐为15.5株/m^2、狗尾草为9.4株/m^2、反枝苋为27.3株/m^2、马齿苋为9.7株/m^2、苍耳为9.9株/m^2。此时，刺果藤为2～6片叶，其他杂草为2～4片叶。

2.2　不同除草剂对刺果藤的防治效果

试验结果（表2）表明，供试除草剂均对刺果藤有防除作用，其中，以55% 硝磺 · 莠去津SC 907.50g a.i./hm^{2}的防治效果最好，药后7天、14天、30天的株防效分别为84.38%、94.59%、75.00%。55% 硝磺 · 莠去津SC的3种剂量处理，株防效随着使用剂量的增加而提高，其中药后7天、30天时各处理间防效差异不显著。4%烟嘧磺隆OD+38% 莠去津SC的3种剂量处理，药后7天、14天、30天时防治效果差异均不显著，除草剂剂量的变化未对防治效果造成明显影响。4% 烟嘧磺隆OD+57% 2，4-滴丁酯EC的株防效结果表明，57% 2，4-滴丁酯EC剂量增加到102.60g a.i./hm^{2}时，刺果藤的株防效高于处理7和8，但未达到显著差异。另外，供试的9种除草剂处理在药后30天对于刺果藤均具有较好的鲜质量防效，其中以55% 硝磺 · 莠去津SC 783.75g a.i./hm^{2}和55% 硝磺 · 莠去津SC 907.50 g a.i./hm^{2}的鲜质量防效较好，均在89%以上。

表2 不同除草剂对刺果藤的防治效果

处理序号	药后 7 天株防效 /%	药后 14 天株防效 /%	药后 30 天株防效 /%	药后 30 天鲜质量防效 /%
1	71.88 a	83.78 abc	68.18 a	83.90 abc
2	78.13 a	89.19 abc	75.00 a	87.39 bc
3	75.00 a	91.89 bc	72.73 a	86.13 abc
4	65.63 a	81.08 ab	65.91 a	83.27 abc
5	75.00 a	83.78 abc	72.73 a	89.44 c
6	84.38 a	94.59 c	75.00 a	89.26 c
7	62.50 a	78.38 a	65.91 a	79.62 a
8	65.63 a	81.08 ab	63.64 a	79.86 ab
9	75.00 a	86.49 abc	70.45 a	80.21 ab

注：采用Duncan's multiple range test 方法分析，同一列不同小写字母表示显著性差异（P<0.05，n=4）

2.3 供试除草剂对玉米田其他杂草的兼治效果

各处理均对试验地块发生的马唐、狗尾草、反枝苋、马齿苋、苍耳等杂草起到了一定的防治效果（表3），其中，以55% 硝磺 · 莠去津SC 783.75 g a.i./hm^{2}和55% 硝磺 · 莠去津SC 907.50 g a.i./hm^{2}的防治效果较好，药后30天对马唐、狗尾草、反枝苋、苍耳、总杂草的株防效、鲜质量防效均在90%以上，对马齿苋的株防效、鲜质量防效均在82%以上。而55% 硝磺 · 莠去津SC 660 g a.i./hm^{2}对各杂草的防效均低于以上两种剂量处理，对各杂草的株防效均低于90%。4% 烟嘧磺隆OD+38% 莠去津SC的3种剂量梯度处理在株防效和鲜质量防效方面差异不显著。4%烟嘧磺隆OD+57% 2, 4–滴丁酯EC的3种剂量处理对马唐、狗尾草、马齿苋、苍耳的株防效和鲜质量防效差异均不显著。另外，供试的9种除草剂处理对马齿苋的株防效、鲜质量防效均未超过90%，且各处理间防效差异不明显。

表3 药后30天供试除草剂对其他杂草的防治效果

处理序号	马唐		狗尾草		反枝苋		马齿苋		苍耳		总杂草	
	株防效 /%	鲜质量防效 /%	株防效 /%	鲜质量防效 /%	株防效 /%	鲜质量防效 /%	株防效 /%	鲜质量防效 /%	株防效 /%	鲜质量防效 /%	株防效 /%	鲜质量防效 /%
1	83.61 a	84.38 a	90.48 ab	91.26 a	94.02 bcd	93.14 ab	75.61 a	80.03 a	78.05 a	80.54 a	86.75 ab	87.79 a
2	78.69 a	86.11 ab	88.10 ab	89.41 a	94.87 bcd	95.23 ab	73.17 a	78.95 a	82.93 abc	87.15 a	86.09 ab	89.65 ab
3	85.25 a	83.51 a	83.33 a	93.39 ab	93.16 abcd	95.88 ab	78.05 a	83.47 a	84.76 abc	84.28 a	87.00 ab	89.84 ab
4	81.97 a	86.98 ab	85.71 ab	93.71 ab	88.03 a	94.21 ab	68.29 a	77.73 a	82.93 abc	88.58 a	83.11 a	90.10 ab
5	90.16 a	93.25 bc	92.86 ab	95.26 ab	95.73 cd	97.96 b	82.93 a	87.38 a	92.68 bc	91.18 a	92.05 bc	94.53 ab
6	91.80 a	96.51 c	97.62 b	98.49 b	97.44 d	98.02 b	85.37 a	85.28 a	95.12 c	96.61 a	94.37 c	96.32 b
7	85.79 a	83.64 a	80.95 a	91.37 a	91.45 abc	90.24 a	68.29 a	76.72 a	80.49 ab	87.80 a	84.22 a	87.23 a
8	86.89 a	80.76 a	88.10 ab	89.29 a	89.74 ab	93.54 ab	70.73 a	78.85 a	75.61 a	83.74 a	84.44 a	87.22 a
9	85.25 a	81.89 a	85.71 ab	92.52 ab	95.73 cd`	92.87 ab	70.73 a	74.75 a	82.93 abc	89.27 a	87.09 ab	88.06 a

注：采用Duncan's multiple range test 方法分析，同一列不同小写字母表示显著性差异（P<0.05，n=4）

3 讨论

田间试验表明，供试的55% 硝磺 · 莠去津SC、4% 烟嘧磺隆OD+38% 莠去津SC、4% 烟嘧磺隆OD+57% 2, 4–滴丁酯EC等处理均对刺果藤具有一定防治效果，并可兼治农田其他杂草。其中，55% 硝磺 · 莠去津SC在783.75ga.i./hm^{2}和907.50g a.i./hm^2 2种剂量处理下对于刺果藤、农田杂草的防治效果较好，且防效差异不显著；4% 烟嘧磺隆OD24ga.i./hm^2+38%莠去津SC570ga.i./hm^{2}处理是北京市常用的玉米茎叶除草方式，有一定的应用面积，易于进一步推广应用，试验也表明，该处理对于刺果藤可以达到较好的防治效果；4% 烟嘧磺隆OD+57% 2，4-滴丁酯EC的3种剂量处理虽然对于刺果藤具有一定防治效果，但未能明显优于其他处理，且北京市玉米田的刺果藤主要发生于春玉米产区，生长周期较长，该处理存在后期农田杂草易于滋生的风险，建议进一步优化配方后使用。通过综合评价供试9种除草剂处理的防治效果、推广的难易程度、使用成本、农药使用量等因素，建议将55% 硝磺 · 莠去津SC783.75 g a.i./hm^{2}或4% 烟嘧磺隆OD24 g a.i./hm^2+38% 莠去津SC570 g a.i./hm^{2}作为发生刺果藤玉米田的除草方式。

在试验过程中发现，5叶期以前的刺果藤幼苗对于供试除草剂较敏感，喷施4% 烟嘧磺隆OD+38% 莠去津SC或55% 硝磺 · 莠去津SC 的各剂量处理3天后，可观察到刺果藤明显萎蔫，药后6天已有部分刺果藤焦枯、死亡，而叶龄较大的刺果藤较难有效杀死，另外，几种处理均在药后14天对刺果藤的防效达到高峰，随着中毒刺果藤的陆续死亡和新出苗刺果藤数量的不断增加，防治效果逐渐下降，这说明，几种除草剂的封闭效果不理想，各处理主要发挥茎叶除草作用。因此，在使用55% 硝磺 · 莠去津SC783.75 g a.i./hm^{2}或4% 烟嘧磺隆OD24 g a.i./hm^2+38% 莠去津SC570 g a.i./hm^2 2种处理防治刺果藤时，要抓住防治关键阶段，在防止玉米产生药害的前提下，尽量选在刺果藤大面积出苗，叶龄5叶前施药，从而一次施药有效控制刺果藤群体数量。

另外，刺果藤出苗不整齐，产种量大，调查中发现，北京地区4月底至9月底均有刺果藤出苗，最长可生长至24m，1.5m长的刺果藤即可产果球9颗，籽粒189粒，早前有研究认为，1棵刺果藤即可为害333m^2[6]，每10m^{2}发生15 ~ 20棵刺果藤时，玉米可减产80%[5]。因为化学除草剂的持效期有限，对于刺果藤这种长期、陆续出苗的入侵性杂草，仅依靠除草剂难以实现刺果藤“零发生”。在已发生刺果藤的玉米田，使用55% 硝磺 · 莠去津SC 783.75 g a.i./hm^{2}或4% 烟嘧磺隆OD 24 g a.i./hm^2+38% 莠去津SC 570 g a.i./hm^{2}可以大量节省人力物力，推迟刺果藤为害时间，降低为害损失，但是，在施药后40天，应坚持每月入田查看一次，人工拔除后续幼苗以及寄生于玉米上的植株，尤其要将刺果藤所产果实，包括未成熟果实，带走焚毁以防留土。

目前来看，刺果藤极易扩散，为害极为严重，一旦发生就难以在短时间内彻底根除，应当引起高度重视，已经侵入农田的地区应尽快开展综合防治技术研究，形成规程，严防刺果藤的进一步扩散。在除草剂方面，建议加大力度筛选持效期较长的封闭除草剂，尤其是可在前期封闭除草基础上，继续安全使用的茎叶除草剂，从而实现刺果藤的持续控制。另外，要加强刺果藤为害的警示和宣传，防止游客、农民将种籽带离发生地，造成更大范围的危害。

参考文献

[1] 王青，李艳，陈辰. 中国大陆葫芦科归化属：野胡瓜属[J]. 西北植物学报，2005，25（6）：1 227-1 229.

[2] 张淑梅，王青，姜学品，等. 大连地区外来植物：刺果瓜（ *Sicyos angulatus* L.）对大连生态的影响及防治对策[J]. 辽宁师范大学学报（自然科学版），2007，30（3）：356-358.

[3] 刘克学. 警惕一种新的外来生物[J]. 生命世界，2004，178：64.

[4] 王连东，李东军. 山东两种外来入侵种：刺果藤和剑叶金鸡菊[J]. 山东林业科技，2007（4）：39.

[5] 车晋滇，贾峰勇，梁铁双. 北京首次发现外来入侵植物刺果瓜[J]. 杂草科学，2013，31（1）：66-68.

[6] 曹志艳，张金林，王艳辉，等. 外来入侵杂草刺果瓜（ *Sicyos angulatus* L.）严重危害玉米[J]. 植物保护，2014，40（2）：187-188.

[7] 董杰，杨建国，岳瑾，等. 北京农田发现外来杂草刺果藤危害[J]. 中国植保导刊，2014，34（7）：58-60.

该文发表于《农药》2015年第5期

延庆区玉米田鸭跖草的发生规律及化学防除技术初报

郭书臣[1]，王亚南[1]，岳　瑾[2]，马永军[1]

（1.北京市延庆区植物保护站，北京 102100；2.北京市植物保护站，北京 100029）

摘　要：本文针对在北京市延庆区玉米田为害严重的杂草鸭跖草，开展其发生规律及防治技术研究。通过调查表明，其发生规律为从5月初开始出土，到7月底结束，出土时间为90天，5月底和6月底是两个出土高峰期，发生密度大，再生能力很强，为害严重；在化学防治技术方面应选用26%莠去津·硝磺草酮可分散油悬浮剂有效量780g/hm^{2}在鸭跖草2～4叶期（玉米苗后3～5叶期）进行茎叶喷雾施药，防治效果达98.7%以上，与空白对照相比增产率达24.7%。

关键词：玉米田；鸭跖草；发生规律；化学防除技术

鸭跖草（*Commelina communis* L.）属鸭跖草科，又叫竹叶草，是我国北方地区玉米田重要杂草之一。其喜湿又抗旱，可在不同土壤环境中生长，耐低温，出土时间早，发生密度大，再生能力很强[1]。近几年，鸭跖草在北京市延庆区玉米田普遍发生，个别地块发生严重，当人工铲掉之后，长时间日晒不死，遇雨仍能存活[2]。在防治中，前期因其种子根细如发丝，封闭用药难以吸收传导；后期根系发达，生长繁茂，与玉米争肥、争水、争光，严重影响当地的玉米生产安全。因此，需摸清其发生规律及为害特点，并筛选出防治效果好的药剂品种，为科学防治提供依据。

1　材料与方法

1.1　鸭跖草田间发生规律调查

1.1.1　调查地点

调查分别设在玉米种植面积大，鸭跖草发生严重的旧县镇古城村和永宁镇南关村。旧县镇古城村土壤为壤土，肥力中等偏上，2013年4月25日播种春玉米，品种为郑单958；永宁镇南关村土壤为壤土，肥力中等，4月25日播种春玉米，品种为郑单958。

1.1.2　调查方法

采取定点调查。即随机选取3个点，每点面积为1m^2，做好标记。于玉米播种后4月25日至8月1日，每隔7天观察鸭跖草的出土情况，每次调查记录已出土的鸭跖草数量，并进行人工拔除，以统计自然情况下鸭跖草发生数量。

1.2　鸭跖草化学防除试验

1.2.1　试验地点

旧县镇古城村和永宁镇南关村春玉米田。

1.2.2　供试药剂

试验药剂：45%乙草胺·莠去津·硝磺草酮悬乳剂（北京燕化永乐生物科技股份有限公司生产）、26%莠去津·硝磺草酮可分散油悬浮剂（河北欧亚化学工业有限公司生产）。

对照药剂：15%硝磺草酮悬浮剂（山东先达化工有限公司）、90%莠去津水分散粒剂（浙江中山化工集团有限公司）。

1.2.3 试验设计

本试验共设8个处理：45%乙草胺·莠去津·硝磺草酮悬乳剂180g/亩

45%乙草胺·莠去津·硝磺草酮悬乳剂240g/亩

26%莠去津·硝磺草酮可分散油悬浮剂170g/亩

26%莠去津·硝磺草酮可分散油悬浮剂200g/亩

15%硝磺草酮悬浮剂53g/亩

90%莠去津水分散粒剂100g/亩

人工除草处理（测产用）

空白对照

小区面积30m^2，随机区组排列，重复4次。于鸭跖草2～4叶期（玉米苗后3～5叶期）针对鸭跖草植株均匀喷雾施药，4种药剂喷施于5月26日上午一次性完成。施药当天调查鸭跖草基数，药后7天、15天、30天调查株防效，最后一次同时调查鲜重防效。10月7日，收获、取样、测产。

1.2.4 数据分析

$$防治效果（\%）=（1-\frac{处理区药后调查数\times空白对照区杂草基数}{处理区杂草基数\times空白对照区药后调查数}）\times100$$

2 结果与分析

2.1 田间发生规律

由图1可见，鸭跖草从玉米播种后7天始见，出土时间达90天之久。调查期间（90天）鸭跖草每平方米累计出土量为古城村100，南关村90。见草后20天，即5月23—30日达到高峰期，占累计出土数的30.5%；见草后30～50天，即6月2—25日出土数较少；见草后55～65天，即6月27日至7月4日出土数又明显增加，出现第2个高峰，占累计出土数的27.4%；7月31日以后，不再出土。

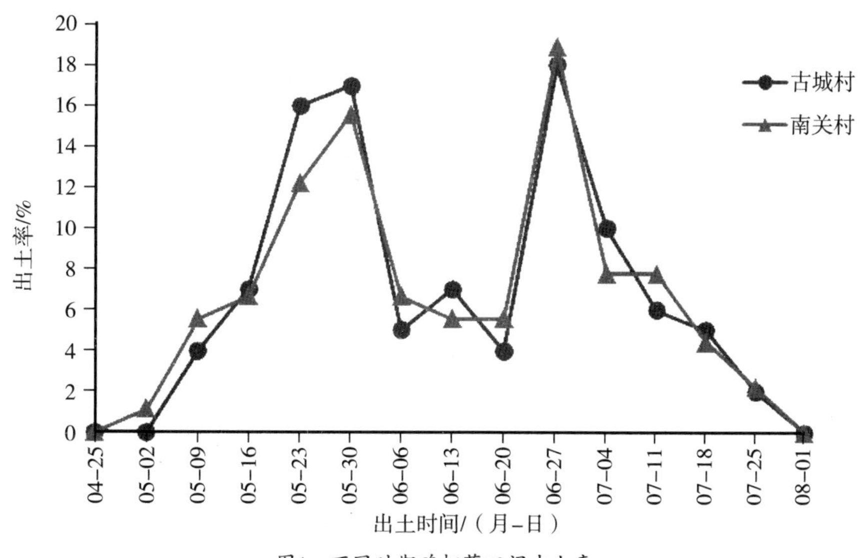

图1 不同时期鸭拓草田间出土率

2.2 化学防除试验

2.2.1 防除效果

由表1可见，45%乙草胺·莠去津·硝磺草酮悬乳剂180g/亩 、240g/亩 、26%莠去津·硝磺草酮可分散油悬浮剂170g/亩、200g/亩处理防除玉米田鸭跖草具有较好的速效性，药后7天防效分别达到77.4%、83.9% 、93.1%、95.5%。

26%莠去津·硝磺草酮可分散油悬浮剂170g/亩、200g/亩处理防除玉米田鸭跖草效果高于45%乙草胺·莠去津·硝磺草酮悬乳剂180g/亩、240g/亩和对照药剂15%硝磺草酮悬浮剂53g/亩、90%莠去津水分散粒剂100g/亩，差异显著 。

26%莠去津·硝磺草酮可分散油悬浮剂170g/亩、200g/亩处理药后30天抑草率分别达到93.3%、96.4%，高于45%乙草胺·莠去津·硝磺草酮悬乳剂和对照药剂，差异显著。

表1 不同药剂对玉米田鸭跖草防除效果表

处理	鸭跖草基数/株	药后7天			药后15天			药后30天		
		鸭跖草数量/株	防效/%	差异显著性	鸭跖草数量/株	防效/%	差异显著性	鸭跖草鲜重/g	抑草率/%	差异显著性
45%乙草胺·莠去津·硝磺草酮悬乳剂180g/亩	16	8	77.4	d C	6	88.3	c C	53.2	82.6	c C
45%乙草胺·莠去津·硝磺草酮悬乳剂240g/亩	15	5	84.9	bc AB	3	93.7	b B	39.5	87.1	b B
26%莠去津·硝磺草酮可分散油悬浮剂170g/亩	13	2	93.1	a AB	2	95.2	a AB	20.5	93.3	ab AB
26%莠去津·硝磺草酮可分散油悬浮剂200g/亩	20	2	95.5	a A	1	98.4	a A	11	96.4	a A
15%硝磺草酮悬浮剂53g/亩	13	3	89.6	c BC	4	90.4	c C	22	92.8	c C
90%莠去津水分散粒剂100g/亩	8	2	88.7	ab AB	2	92.2	a AB	19	93.8	b B
CK	14	31	/	/	45	/	/	305.6	/	/

2.2.2 作物产量

由表2可见，与空白对照处理比较，45%乙草胺·莠去津·硝磺草酮悬乳剂180g/亩、240g/亩，26%莠去津·硝磺草酮可分散油悬浮剂170g/亩、200g/亩处理增产率分别达到21.1%、23.8%、18.5%、24.7%；与人工除草处理比较，各处理增产率分别达到-3.6%、–1.4%、–0.7%、–5.6%。经统计分析：药剂处理间及与人工除草处理间差异均不显著，与空白对照间差异均达极显著水平。

表2 作物产量对比表

处理	平均产量/（kg/hm^2）	与空白对照处理比较增产率/%	与人工除草处理比较增产率/%
45%乙草胺·莠去津·硝磺草酮悬乳剂180g/亩	8521.8	21.1（a A）	–3.6
45%乙草胺·莠去津·硝磺草酮悬乳剂240g/亩	8715.5	23.8（a A）	–1.4
26%莠去津·硝磺草酮可分散油悬浮剂170g/亩	8343.3	18.5（a A）	–5.6
26%莠去津·硝磺草酮可分散油悬浮剂200g/亩	8776.8	24.7（a A）	–0.7
15%硝磺草酮悬浮剂53g/亩	8708.8	23.7（a A）	–1.5
90%莠去津水分散粒剂100g/亩	8596.3	22.1（a A）	–2.8
空白对照	7038.8	0.0（b B）	–20.4
人工除草	8840.3	25.6（a A）	0.0

3 讨论与结论

本试验所用的4种药剂对玉米均安全无药害，且与空白对照相比，增产显著。在大田，鸭跖草比玉米早出苗5天以上，出土时间达90天，5月底和6月底是鸭跖草出土的两个高峰期，7月底停止出土。在防治方面，可以采用多种措施防治鸭跖草为害：秋天深翻土地、轮作换茬改变其种子在土壤中的位置，抑制自然出土密度；人工拔除，根据鸭跖草两个出土高峰，再结合施肥等农事操作进行人工拔除；根据鸭跖草7月底不再出土，可在8月进行彻底清除，并把残体运到田外销毁，以减少土壤中鸭跖草种子的数量，降低其出土密度；根据试验结果，可选用26%莠去津·硝磺草酮可分散油悬浮剂200g/亩或者45%乙草胺·莠去津·硝磺草酮悬乳剂240g/亩在玉米苗后3～5叶期，鸭跖草2～4叶期进行茎叶喷雾，防效可达90%以上。由于鸭跖草叶片蜡质层厚，特别是在干旱条件下蜡质层增厚，叶片斜向上生长，加工剂型为水溶性和悬乳剂的除草剂药液雾滴不易黏着和吸收，建议使用26%莠去津·硝磺草酮可分散油悬浮剂（OD）进行防治[3]。

参考文献

[1] 李学宏. 恶性杂草鸭跖草的危害与防除[J]. 陕西农业科学，2012，58（4）：266-267.

[2] 陈亚东. 唐山地区玉米田鸭跖草综合防治技术[J]. 河北农业，2011（1）：26-27.

[3] 许秀杰，雷平，吴喂，等. 吉林省玉米田鸭跖草生物特性及化学防除研究[J]. 东北农业科学，1999（04）：24-27.

该文发表于《中国植保导刊》2014年第12期

几种除草剂在决明田的应用效果

王品舒[1]，岳 瑾[1]，董 杰[1]，袁志强[1]，乔 岩[1]，张金良[1]，董二容[2]
（1.北京市植物保护站，北京 100029；2.北京农学院，北京 102206）

摘 要：【目的】为筛选适宜除草剂以防除决明田杂草。【方法】试验选用3种土壤处理剂和3种茎叶处理剂，评价不同处理在决明田的除草效果。【结果】96%精异丙甲草胺EC792.00g a.i./hm^{2}和50%敌草胺WG975.00ga.i./hm^{2}处理，药后45天，对总杂草的鲜质量防效均达81%以上；8.8%精喹禾灵EC46.20ga.i./hm^2、10.8%高效氟吡甲禾灵EC32.40ga.i./hm^{2}和6.9%精噁唑禾草灵EW38.81ga.i./hm^2，药后30天，对总禾本科杂草的鲜质量防效均达84%以上。【结论】以上5种除草剂处理可以用于决明田除草。

关键词：决明；杂草；除草剂；防除效果

决明（*Cassia obtusifolia* L.）是豆科决明属植物，主要种植于河南、河北、安徽、湖北等地，其干燥成熟种子，具有清火、明目、通便和抑菌等功效，是重要的食药同源药材，被广泛用于成药、药枕的配方中，并可用于制作茶饮和游乐场沙池，国内年需求量约2万t[1-3]。决明在北京地区不仅被作为药用植物来种植，同时，由于决明形态优美、花朵鲜艳、花期较长，因此也作为景观作物种植于一些农业园区。特别是近年来，调整农业结构是北京农业领域的重点工作，景观农业作为首都农业的重要内涵和发展方向获得了大力发展，一批以景观农业为特色，兼具生产和游客观光能力的农业基地在京郊蓬勃发展，促进了决明、金银花、黄芩、万寿菊等药用植物在京郊的种植规模不断扩大，植保技术需求日益迫切。

目前，田间除草是制约决明种植的一个技术难题，一方面决明上没有登记可用的除草剂；另一方面长期以来，决明田除草研究和技术报道匮乏，农民在田间除草主要采取多次人工拔除的方式，费工费力、成本较高，难以形成规模。为了解决决明田除草问题，发展京郊生态景观作物，本研究选用3种苗前施用兼治禾本科和阔叶杂草的土壤处理剂，以及3种苗后施用仅防治禾本科杂草的茎叶处理剂，设置18种处理，通过田间药效试验，以明确各处理对决明的安全性和除草效果，从而为提出科学的防治指导意见提供依据。

1 材料与方法

1.1 供试材料

供试除草剂：33%二甲戊灵EC（江苏龙灯化学有限公司）、96%精异丙甲草胺EC（先正达作物保护有限公司）、50%敌草胺WG（印度联合磷化物有限公司）、8.8%精喹禾灵EC（京博农化科技股份有限公司）、10.8%高效氟吡甲禾灵EC（美国陶氏益农公司）、6.9%精噁唑禾草灵EW（德国拜耳公司）。

供试作物：决明种子由中国医学科学研究院药用植物研究所提供。

试验地主要杂草：马唐（*Digitaria sanguinalis* L.）、牛筋草（*Eleusine indica* L.）、狗尾草（*Setaria viridis* L.）、反枝苋（*Amaranthus retroflexus* L.）、马齿苋（*Portulaca oleracea* L.）、苍耳（*Xanthium sibiricum* L.）等。

施药器械：濠花MH-16型背负式喷雾器（濠花喷雾器有限公司），选用扇形喷头作业。

1.2 试验设计

试验于2014年在北京市植物保护站顺义示范展示基地（衙门村）进行，试验地块土壤黏质，肥力偏瘦，上茬作物为决明，未使用除草剂。决明于4月17日按照30kg/hm^{2}条播，行距4cm，未施用肥料。试验设9种土壤处理和9种茎叶处理（表1），以清水处理为对照，每处理设4次重复，每小区12m^2（3m×4m），小区随机区组排列。土壤处理剂于4月18日，按照750kg/hm^{2}对水均匀喷施。茎叶处理剂于5月26日，按照600kg/hm^{2}对水均匀喷施。

1.3 试验调查方法

各处理于药后7天调查药害情况。土壤处理于药后45天调查残存杂草株数和杂草鲜重质量。茎叶处理于药后15天、30天调查残存禾本科杂草株数，30天调查残存禾本科杂草鲜重质量。调查时采取每小区随机5点取样法，每点0.25m^2，计算株防效和鲜质量防效。6月6日调查各处理中决明幼苗生长情况，每小区随机调查1m长双垄全部植株数及地上部株高。

$$杂草株防效（\%）=\frac{对照区杂草株数-施药区杂草株数}{对照区杂草株数}\times 100$$

$$杂草鲜质量防效（\%）=\frac{对照区杂草地上部鲜质量-施药区杂草地上部鲜质量}{对照区杂草地上部鲜质量}\times 100$$

表1 供试除草剂及用量

处理序号	除草剂	制剂用量 / (g/hm^2)	有效成分含量 / (g a.i./hm^2)
1	33% 二甲戊灵 EC	1 200.00	396.00
2	33% 二甲戊灵 EC	1 725.00	569.25
3	33% 二甲戊灵 EC	2 250.00	742.50
4	96% 精异丙甲草胺 EC	675.00	648.00
5	96% 精异丙甲草胺 EC	825.00	792.00
6	96% 精异丙甲草胺 EC	975.00	936.00
7	50% 敌草胺 WG	1 500.00	750.00
8	50% 敌草胺 WG	1 950.00	975.00
9	50% 敌草胺 WG	2 400.00	1 200.00
10	8.8% 精喹禾灵 EC	225.00	19.80
11	8.8% 精喹禾灵 EC	375.00	33.00
12	8.8% 精喹禾灵 EC	525.00	46.20
13	10.8% 高效氟吡甲禾灵 EC	225.00	24.30
14	10.8% 高效氟吡甲禾灵 EC	300.00	32.40
15	10.8% 高效氟吡甲禾灵 EC	375.00	40.50
16	6.9% 精 · 噁唑禾草灵 EW	450.00	31.05
17	6.9% 精 · 噁唑禾草灵 EW	562.50	38.81
18	6.9% 精 · 噁唑禾草灵 EW	675.00	46.58

1.4 数据处理与分析

试验数据使用SPSS 13.0 软件进行分析。

2 结果与分析

2.1 供试除草剂对决明幼苗生长的影响

各除草剂施药后7天，33%二甲戊灵EC 569.25g a.i./hm^{2}和742.50g a.i./hm^{2}两种处理中部分决明幼苗出现药害，其余16种处理中未发现明显药害。

株数调查表明，9种土壤处理中，幼苗株数最低为12.75，最高为20.75，除96%精异丙甲草胺EC 648.00g a.i./hm^{2}和792.00g a.i./hm^{2}处理以外，其余7种处理均低于对照处理的18.25株，并且，33%二甲戊灵EC 569.25g a.i./hm^2、742.50g a.i./hm^{2}处理与对照达到显著性差异。9种茎叶处理中，决明株数与对照处理差异均不显著，幼苗株数最高为21.75，最低为16.75。

株高调查表明，供试的18种除草剂处理对幼苗株高均无显著影响，株高最低为8.07cm，最高为11.43cm。

2.2 供试土壤处理剂的除草效果

试验结果（表2）表明，供试的9种土壤处理剂对决明田的马唐、牛筋、反枝苋、马齿苋等杂草均具有防治作用。药后45天，以33%二甲戊灵EC569.25g a.i./hm^{2}和33%二甲戊灵EC 742.50g a.i./hm^{2}对总杂草的株防效和鲜质量防效较好，两种处理对禾本科和阔叶杂草的株防效均在80%以上，鲜质量防效均在87%以上。33%二甲戊灵EC 396.00g a.i./hm^{2}处理对总杂草的株防效和鲜质量防效略低于上述两种处理，防效分别为77.44%和79.83%。96% 精异丙甲草胺EC对禾本科杂草的防治效果优于阔叶杂草，其中，有效成分含量分别为792.00g a.i./hm^{2}和936.00g a.i./hm^{2}的两种处理对总杂草的株防效分别为72.70%和74.93%，鲜质量防效分别为81.53%和82.25%，显著高于648.00g a.i./hm^{2}处理。50%敌草胺WG对禾本科杂草的防治效果优于阔叶杂草，供试的3种浓度处理对总杂草的鲜质量防效间差异不明显，有效成分含量分别为975.00g a.i./hm^{2}和1 200.00g a.i./hm^{2}的两种处理对总杂草的株防效显著高于750.00g a.i./hm^{2}处理，株防效分别为77.16%和81.62%。

表2 药后45天土壤处理剂对杂草的防治效果

处理序号	马唐		牛筋		其他禾本科草		反枝苋		马齿苋		其他阔叶草		总杂草	
	株防效/%	鲜质量防效/%	株防效/%	鲜质量防效/%	株防效/%	鲜质量防效/%	株防效/%	鲜质量防效/%	株防效/%	鲜质量防效/%	株防效/%	鲜质量防效/%	株防效/%	鲜质量防效/%
1	83.13 b	84.35 ab	79.71 ab	78.71 a	84.38 ab	78.41 a	72.73 c	73.48 ab	71.64 cd	80.62 bc	74.19 bcd	76.51 bc	77.44 de	79.83 bc
2	90.36 cd	88.72 abc	82.61 ab	89.29 a	87.50 ab	89.21 ab	89.61 d	90.60 b	86.57 e	89.04 c	80.65 cd	87.89 bc	86.91 f	89.12 cd
3	95.18 d	94.89 c	92.75 c	92.39 a	90.63 b	92.70 b	88.31 d	89.32 b	82.09 de	90.52 c	83.87 d	89.36 c	89.42 f	92.10 d
4	73.49 a	79.74 a	72.46 a	77.04 a	71.88 a	76.51 a	45.45 a	53.50 a	50.75 a	50.77 a	51.61 a	54.80 a	61.00 a	66.97 a
5	84.34 bc	89.36 abc	79.71 ab	88.22 a	81.25 ab	85.71 ab	64.94 bc	75.41 ab	59.70 ab	70.89 b	64.52 abcd	72.82 abc	72.70 bc	81.53 bc
6	89.16 c	91.33 bc	81.16 ab	88.58 a	78.13 ab	84.60 ab	62.34 b	72.24 ab	67.16 bc	75.35 bc	67.74 abcd	71.12 ab	74.93 cd	82.25 bc
7	77.11 a	85.64 abc	79.71 ab	82.39 a	81.25 ab	81.59 ab	59.74 b	72.70 ab	59.70 ab	69.22 b	61.29 abc	69.28 ab	69.64 b	78.07 b
8	90.36 cd	89.46 abc	88.41 bc	92.39 a	90.63 b	94.76 b	64.94 bc	75.92 ab	65.67 bc	70.24 b	58.06 ab	72.23 ab	77.16 de	82.85 bc
9	89.16 c	93.80 bc	94.20 c	89.73 a	93.75 b	93.97 b	71.43 c	79.09 ab	68.66 bc	72.83 b	74.19 bcd	75.18 bc	81.62 e	85.17 bc

注：采用Duncan's multiple range test 方法分析，同一列不同小写字母表示显著性差异（P<0.05，n=4），下同

2.3 供试茎叶处理剂的除草效果

供试的9种茎叶处理剂均对马唐、牛筋、狗尾草等禾本科杂草具有防治效果（表3）。药后7天，各处理中禾本科杂草已出现中毒症状。药后15天，中毒禾本科杂草陆续死亡，其中，以6.9%精噁唑禾草灵EW 46.58g a.i./hm^{2}处理对总禾本科杂草的防效较好，株防效为87.51%。药后30天，8.8%精喹禾灵EC 46.20g a.i./hm^2、10.8%高效氟吡甲禾灵EC 32.40g a.i./hm^2、10.8%高效氟吡甲禾灵EC 40.50g a.i./hm^2、6.9%精噁唑禾草灵EW38.81g a.i./hm^2、6.9%精噁唑禾草灵EW46.58g a.i./hm^2 5种处理对总禾本科杂草的株防效较好，防效在77%～86%，并且各处理间差异不明显。药后30天鲜质量防效表明，除8.8%精喹禾灵EC 19.80g a.i./hm^{2}和

10.8%高效氟吡甲禾灵EC 24.30g a.i./hm^{2}两种处理的鲜质量防效低于77%，其余7种处理的鲜质量防效差异不明显，防效均在77%以上，最高可达91.09%。

表3　茎叶处理剂对禾本科杂草的防治效果

处理序号	药后 15 天株防效 /%				药后 30 天株防效 /%				药后 30 天鲜质量防效 /%			
	马唐	牛筋	狗尾草	总禾本科草	马唐	牛筋	狗尾草	总禾本科草	马唐	牛筋	狗尾草	总禾本科草
10	55.71 a	44.00 a	48.15 a	54.94 a	61.63 a	49.12 a	50.00 a	55.14 a	62.64 a	59.26 a	59.92 a	61.64 a
11	77.14 bcd	68.00 bc	72.19 b	75.61 bc	77.91 b	71.93 cd	66.67 ab	73.51 cd	83.06 bc	84.79 bcd	79.96 bcd	83.04 bc
12	85.71 cd	74.49 bcd	81.85 b	82.93 cd	88.37 c	79.37 de	81.19 b	83.97 e	92.62 c	83.82 bcd	86.08 cd	90.06 c
13	65.71 ab	64.00 b	69.66 b	69.02 b	65.12 a	61.40 b	64.29 ab	63.24 b	73.4 ab	69.87 ab	63.53 ab	71.53 ab
14	84.29 cd	78.00 cd	78.73 b	82.88 cd	84.88 bc	82.46 de	79.18 b	82.84 e	90.18 bc	89.96 cd	83.70 cd	89.37 c
15	82.86 cd	84.00 d	83.31 b	84.87 d	83.72 bc	78.95 de	79.74 b	81.35 de	92.01 c	82.15 bcd	89.44 d	89.71 c
16	71.43 bc	70.02 bc	69.44 b	73.31 b	63.95 a	66.67 bc	71.43 ab	66.49 bc	81.02 bc	72.93 abc	68.32 abc	77.88 bc
17	81.43 cd	79.99 cd	74.07 b	81.48 cd	83.72 ba	80.69 de	68.25 ab	77.29 de	83.34 bc	87.73 cd	85.35 cd	84.47 bc
18	86.98 d	84.02 d	88.43 b	87.51 d	81.40 bc	87.73 e	83.04 b	85.88 e	91.05 bc	93.31 d	87.52 cd	91.09 c

3　讨论与结论

二甲戊灵属二硝基苯胺类除草剂，登记在玉米、棉花、韭菜、甘蓝等作物上，主要用于防治马铃薯、大豆、胡萝卜田的杂草[4-6]。决明与大豆同属豆科植物，33%二甲戊灵EC在大豆田的安全用量通常为750～1500g a.i./hm^2[7]，而在本试验中，当33%二甲戊灵EC有效成分含量超过569.25g a.i./hm^{2}时，决明幼苗已出现药害，幼苗株数显著减少。分析认为二甲戊灵导致决明出现药害的主要原因是决明种植模式较为粗放，本试验在播种时采取条播后以脚覆土镇压的方式，由于试验地块土壤黏性强，颗粒大，难以保证覆土均匀，部分种子覆土低于2cm，而二甲戊灵的药膜厚度通常可达2～3cm，药剂容易直接接触种子，从而导致药害。与此类似，推测种植模式粗放也是其他土壤处理中决明幼苗株数偏少的原因之一。另外，决明种子小于大豆种子，耐药性相对较弱，也易产生药害。

根据田间试验结果，综合考虑除草剂安全性、防治效果和农药使用量等因素，建议决明田土壤处理可采用96%精异丙甲草胺EC792.00g a.i./hm^{2}或50%敌草胺WG975.00g a.i./hm^{2}处理，药后45天，田间总杂草的株防效可达72%以上，鲜质量防效可达81%以上。茎叶处理可选用8.8%精喹禾灵EC 46.20g a.i./hm^2、10.8%高效氟吡甲禾灵EC 32.40g a.i./hm^{2}或6.9%精噁唑禾草灵EW38.81g a.i./hm^2，药后30天，对总禾本科杂草的株防效可达77%以上，鲜质量防效可达84%以上。上述除草剂均未登记在决明上，缺乏多地区、多种栽培条件下的应用评价，而除草剂的安全性往往会受到天气、土质、水分、品种等多种因素影响，因此，在决明田采取以上除草方式时，应首先开展小面积试验，经过综合评价再行推广应用，尤其是精异丙甲草胺、敌草胺均属酰胺类除草剂，应注意使用地区天气条件，药后易遭遇持续高湿低温等天气时，可导致豆科作物产生药害[8]。

试验过程中发现，决明田采用二甲戊灵、精异丙甲草胺、敌草胺等土壤处理剂后，药后45天内可较好地控制田间杂草，但是，在6月中旬以后，随着北京地区雨季来临，土壤处理剂的药效明显降低，田间杂草迅速滋生，尤其是阔叶杂草后期生长迅速，而决明生长周期长，此时生长较为缓慢，无法形成竞争优势，因此，有必要开展进一步研究，一方面探索土壤处理剂使用后60天左右，可防除雨季新生阔叶杂草的茎叶处理剂；另一方面探索农艺措施，调整种植间隙，通过苗前使用土壤处理剂，后期依靠决明种群密度优势抑制杂草滋生。

参考文献

[1] 尚文艳，许志兴，金哲石，等. 决明子种植密度研究[J]. 北方园艺，2013（22）：167–169.

[2] 刘红为. 决明子产销趋势分析[J]. 中国现代中药，2013，15（2）：159–160.

[3] 国家药典委员会. 中国药典：一部[M]. 北京：化学工业出版社，2005：98.

[4] 陈莉，李文华，王学东，等. 二甲戊灵在两种土壤及马铃薯中的残留降解动态[J]. 中国土壤与肥料，2014（5）：90–94.

[5] 李向阳，金晨钟，刘桂英，等. 33%二甲戊乐灵乳油防除大豆田杂草研究初报[J]. 湖南农业科学，2008（6）：76–77.

[6] 曹春莉，杨小梅. 施田补对胡萝卜田杂草的防治效果研究[J]. 安徽农业科学，2013，41（28）：1 1373.

[7] 黄春艳，陈铁保，王宇，等. 28种除草剂对大豆的安全性及药害研究初报[J]. 植物保护，2003，29（1）：31–34.

[8] 高家东，田兴山，冯莉，等. 酰胺类除草剂安全剂的作用机制及研究进展[J]. 广东农业科学，2013（22）：31–34.

该文发表于《农药》2015年第9期

农田鼠害防治技术

北京市鼠害防治取得的成效及经验

袁志强[1]，董　杰[1]，岳　瑾[1]，乔　岩[1]，王品舒[1]，张金良[1]，贾海山[2]
（1.北京市植物保护站，北京 100029；2.北京市顺义区植保植检站，北京 101300）

害鼠是农田重要生物灾害之一，农田鼠常盗食种子、作物果实、啃咬器物，鼠害每年都会造成较大的经济损失。黑线姬鼠、大仓鼠等农田主要鼠种也是流行性出血热等鼠传疾病的天然宿主，直接威胁人们的身体健康。20世纪80年代末，北京市农田鼠害发生猖獗，引起了市和区县各级农业行政主管部门的高度重视，也为农田鼠害防治工作的开展带来了契机。自1988年开始，北京市植物保护站组织开展农田统一灭鼠工作，从大面积灭鼠示范到全市范围的农田春季统一灭鼠，一直延续至今，灭鼠模式得到了不断完善。特别是2003年以来，在毒鼠强专项整治活动的推动下，北京市农田鼠害监测和灭鼠工作得到进一步加强。毒饵站等安全灭鼠技术的引入，进一步压低了农田鼠密度，使农田鼠密度得到有效控制。

1　农田灭鼠取得显著成效

1.1　鼠密度持续下降

通过连续多年的农田统一灭鼠，农田鼠密度明显下降。从2008年开始，北京市农田鼠密度一直保持在1%以下（图1）。以鼠密度较高的顺义区为例（图2），2002年平均捕获率为6.8%，2010年后捕获率下降到1%以下。目前北京市农田鼠密度明显低于8%～10%的全国鼠害发生水平，尽管近两年全国农田鼠害呈现上升趋势，北京市农田鼠密度仍处于较低水平。

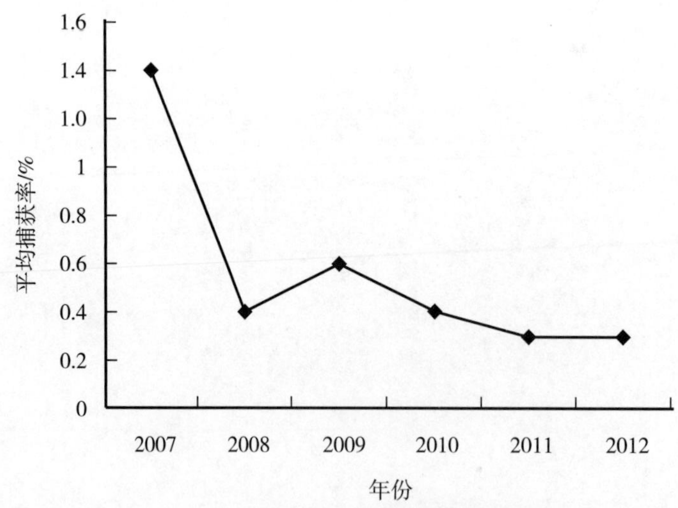

图1　2007—2008年全北京市农田害鼠捕获情况

1.2　优势鼠种下降明显

据顺义区监测资料分析（图3），从20世纪80年代以来，大仓鼠一直是农田第一鼠种，从2003年后，大仓鼠所占比例逐年下降，2010年后已捕获不到。目前全北京市其他监测点虽有零星捕获，但所占比例极低。同时，另一种优势鼠种黑线姬鼠所占比例虽有所上升，但总体捕获量明显下降（图4）。

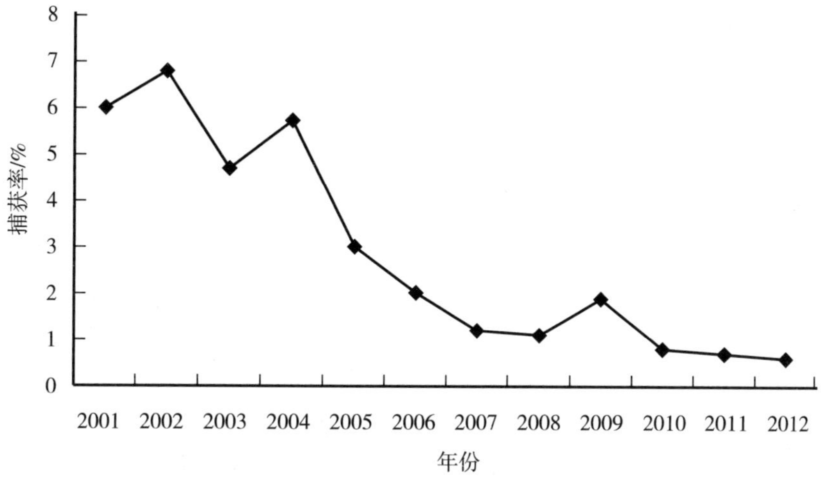

图2　2001—2012年顺义农田害鼠捕获情况

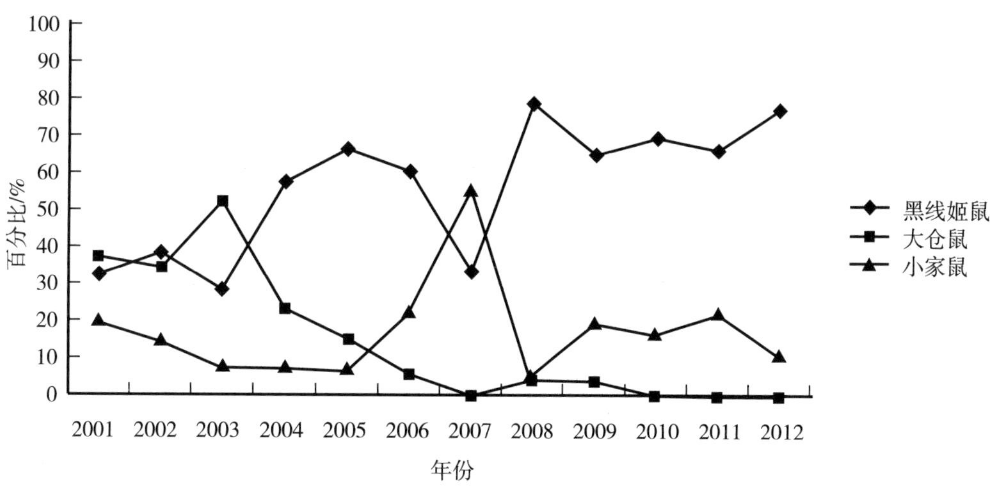

图3　2001—2012年顺义农田害鼠种群变化

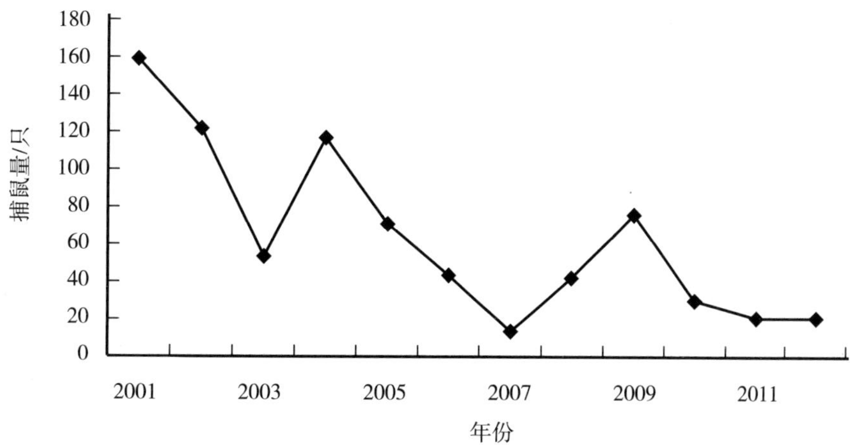

图4　顺义区2001—2012年黑线姬鼠捕获情况

1.3 捕获峰值下降

据监测资料分析（图5），目前农田鼠害年度曲线虽然仍成两个峰值，一般为5—6月和9—10月，但峰值较2007年前明显下降，两个峰值差异明显减小。

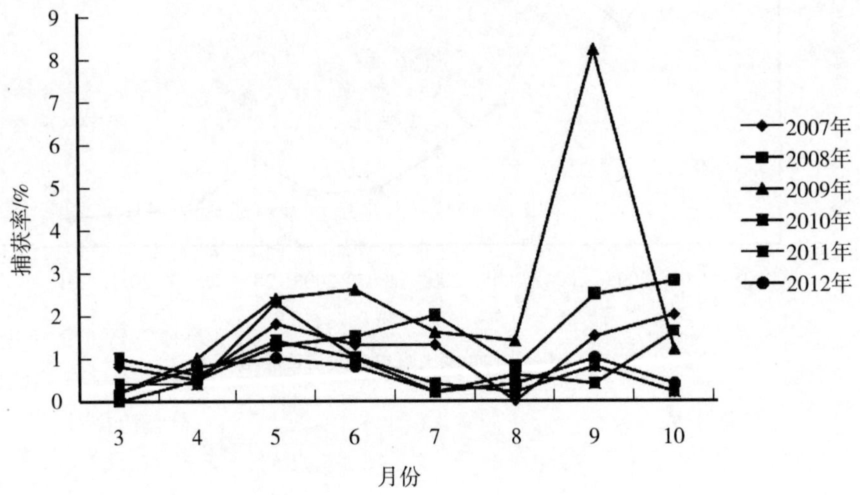

图5 顺义区2007－2012年逐月捕鼠情况

近年来，农田灭鼠工作围绕重大活动开展工作，从2008年奥运会到花博会、世界草莓大会和园博会，北京市植保技术与相关区县全面布控，突出重点，针对性地开展了相关场馆周边区域的灭鼠工作，有效压低了这些区域的鼠密度，为重大活动的成功召开提供了保障。农田鼠密度的降低，有效地减少了出血热等鼠传疾病的传播介体，切断了鼠传疾病的传播途径，减少了鼠传疾病的发生和传播。

2 主要经验

2.1 加强监测，科学指导防治

2008年前，本市鼠情监测工作比较薄弱，只有部分区县承担监测工作。2008年农田鼠害监测工作得到加强，样地数和调查频次成倍增加，首次实现了农田鼠害监测的全面覆盖。2008年后，北京市每年设监测点65个，分布在13个区县，3—10月每月调查一次，定点、定人、定时开展调查，及时掌握农田鼠害发生动态，同时为制订灭鼠方案提供了科学依据，指导防治工作的开展。

2.2 加强灭鼠新技术的引进和推广

为提高灭鼠效果和安全性，近年来北京市植物保护站引进了毒饵站灭鼠技术、粘鼠板物理控鼠技术、减量控鼠技术，并结合本市的鼠害发生特点开展相关技术研究，在全市进行重点推广。北京市植物保护站2003年引进毒饵站灭鼠技术，开展了毒饵站材质筛选和不同环境布放技术的研究，在此基础上制定了《农区毒饵站灭鼠技术规程》（DB11/T818—2011），纸质毒饵站、陶土毒饵站、PVC毒饵站及加工机均获得国家实用新型专利。2005年在农业部“全国农村（区）统一灭鼠”项目的带动下，在全市进行了推广，目前每年毒饵站灭鼠面积在30万亩以上，基本实现了设施保护地的全面覆盖。近年来随着绿色蔬菜基地的增加，对灭鼠的安全性要求进一步提高，为此引进了粘鼠板物理灭鼠技术，与毒饵站配合使用（用粘鼠板代替毒饵），既做到毒饵的零投放，又延长了粘鼠板的作用时间，进一步增加了灭鼠安全性，每年应用面积达1万余亩。随着农田鼠密度的降低，北京市植物保护站引进了减量控鼠技术，并调整了不同环境的布放方法，亩投饵量从原来的150g下降到现在的50g，投饵量大幅度下降。

2.3　根据鼠害发生特点追加秋季灭鼠

近些年随着保护地设施的发展，农田鼠害的活动周期延长，保护地为鼠害越冬和繁殖提供了场所，冬季为害明显上升，并成为农田鼠害的新鼠源地。为保证设施保护地生产安全，压低越冬基数，从2009年开始，北京市在秋冬时期增加了一次灭鼠工作，重点对设施保护地开展灭鼠，每年秋防面积在5×10^5亩以上，对农田鼠密度的整体下降起到了积极作用。

2.4　组织和资金到位

农区鼠害防治实行属地管理和分级负责制原则。每年年初，北京市农业局下发灭鼠文件部署全市灭鼠工作，并成立灭鼠领导小组。区县按照市局文件，成立灭鼠领导小组，制订方案下发灭鼠文件，落实灭鼠任务。北京市农区灭鼠工作分别由北京市植物保护站、北京市畜牧兽医总站和北京市渔政管理站分别负责，3部门密切联系，及时沟通，协同安排，同步开展春季统一灭鼠工作，实现了农区灭鼠工作的全面覆盖，避免了鼠害的迁移为害，巩固了灭鼠效果。

农田灭鼠是一项公益性工作，多年来受到各级农业主管部门的高度重视。目前每年投入灭鼠资金260余万元，其中国家投入17万元，市级投入45万元，区县投入约200万元，主要用于鼠药的费用，从2011年开始，全部鼠药开支都由市、区县两级承担。资金投入使北京市农田灭鼠工作得以持续开展，并实现了对害鼠的有效控制。

2.5　宣传培训到位

农田灭鼠工作涉及的范围广，为确保灭鼠效果和安全，采取逐级培训的方式普及科学灭鼠技术。每年市、县、乡分别开展培训工作，范围涉及每个投药人员，由投药员组成灭鼠专业队完成毒饵布放工作，确保了投饵质量。同时，为争取农民群众对灭鼠工作的支持，市、区（县）利用电视、广播、明白纸、宣传画、小册子等多种渠道和方式广泛开展宣传，普及科学灭鼠知识，防止畜禽中毒事件发生，确保灭鼠的安全。

3　存在问题和建议

农田虽然取得了显著成绩，害鼠得到了有效控制，但农田灭鼠工作仍不能放松，由于害鼠具有高繁殖特性和转移为害的特点，害鼠仍有反弹的可能性，2009年9月，顺义一块玉米田害鼠捕获率达到26%，因此农田鼠害的防治是一项长期性的工作，须常抓不懈。

该文发表于《北京农业》2014年第12期

D-2E鼠情智能监测系统在农区不同环境的应用效果

袁志强[1]，张金良[1]，刘春来[2]，郭书臣[3]，白文军[4]

（1.北京市植物保护站，北京　100029；2.北京市丰台区植保植检站，北京　100070；
3.北京市延庆区植物保护站，北京　102100；4.北京市农业局宣传教育中心，北京　100029）

摘　要：为推进北京市农区鼠害监测数字化水平，减轻鼠情监测的劳动强度，解决常规夹捕法监测结果波动大、低密度时捕鼠困难的问题，以提高农区鼠害监测水平，2014年北京市引进D-2E鼠情智能监测系统，分别在设施园区、林荒地、养殖场等农区环境各布放了一套D-2E鼠情智能监测系统，至2015年11月布放结束。试验期间，每月采用常规监测方法（夹捕法和粉剂法）进行了对比调查。两年的监测数据显示：在设施园区和林荒地，D2E智能监测系统监测的结果与常规监测法的结果比较接近，在养殖场环境，D-2E智能监测系统两年的平均监测结果分别为5.6%和3%，与常规监测结果差异较大，且高峰期不能对应，不能反映出该环境的实际鼠害发生情况。通过对监测结果进行分析，可得出结论：D-2E智能监测系统在使用中虽有一些不足，但省时省工，可实现全天候监测，从与常规监测法比对结果看，可以用于设施园区和林荒地鼠情监测，但不适于在养殖场环境应用。

关键词：农区鼠情；智能监测；数字化

1　材料与方法

1.1　试验材料

D-2E-100鼠情智能监测系统，由上海伟赛智能科技有限公司生产，包括监测现场使用的1个数据工作站和4个感知单元，及公司提供的后台处理器和用户查看监测结果的网站；鼠夹，由北京市隆华新业卫生杀虫剂有限公司生产的新型鼠夹；滑石粉，由市场购买。

1.2　试验地情况

设施园区设在北京市丰台区王佐镇河西村绿水峡谷芽菜基地，2014年3月由公司技术人员进行布放，分别在养殖区、库房、蔬菜大棚、绿化区放置了感知单元，每个感知单元距工作站40～50m，整个监测系统覆盖面积2 500m^2，期间丢失1个感知单元。2015年4月在库房、蔬菜大棚、养殖区1个感知单元。林荒地设在延庆区松山自然保护区一个农家院周边，2014年6月自行布放，一直布放到2015年11月。养殖场设在怀柔区杨宋镇梭草村北京翔达绿源商贸中心（养鸽场），2014年8月自行安装。2015年5月移至顺义区大孙各庄大洛泡猪场，9月再移至河北省香河市梁各庄猪场，到11月底结束。

1.3　常规比对调查

设施园区和养殖场采用粉剂法调查，每月调查1次，设施园区每月布粉45块，养殖场每月布粉40～50块，以阳性粉块数估算鼠密度。林荒地采用夹捕法调查，每月布夹50个，以捕获率估算鼠密度[1-4]。

2　结果与分析

2.1　监测结果

将3个环境两年的监测结果汇总，从表1可见：在设施园区和林荒地，D-2E智能监测系统监测的结果与常规监测法的结果比较接近，设施园区绿水峡谷2015年常规监测法偏高，可能与少一个感知单元有关，因此D-2E智能监测系统可以用于这两个环境的鼠情监测。在养殖场环境，D-2E智能监测系统两年的平均监测结果分别为5.6%和3%，与常规监测结果差异较大，且高峰期不能对应，不能反映出实际的鼠害发生情况，分析原因可能是养殖场障碍物较多，影响了感知单元的覆盖度，因此不适于在养殖场环境应用[5-8]。

表1 D-2E智能监测系统监测结果统计

地点	年份	调查方法	平均鼠密度/%											合计/%	平均/%
			1月	2月	3月	4月	5月	6月	7月	8月	9月	10月	11月		
绿水峡谷	2014	D-2E	—	—	0.4	1.0	0.6	0.7	0.4	0.0	0.0	0.0	0.0	3.1	0.3
		粉剂法	—	—	0.0	0.0	0	0.0	2.6	0.0	0.0	1.1	0.0	3.7	0.4
	2015	D-2E	—	—	—	1.0	1.9	1.5	2.9	1.1	0.6	0.2	0.3	9.5	1.2
		粉剂法	—	—	—	0.0	7.4	8.9	7.5	13.3	11.8	9.6	9.2	67.7	8.5
松山	2014	D-2E	—	—	—	—	—	0.0	0.0	0.0	0.0	0.0	0.0	0.0	0.0
		夹捕法	—	—	—	—	—	6.0	0.0	0.0	0.0	0.0	0.0	6.0	1.0
	2015	D-2E	0.0	2.1	3	2.2	2.0	1.2	1.1	0.4	0.0	0.0	0.0	12.0	1.1
		夹捕法	0.0	0.0	0.0	0.0	2.0	1.3	0.0	2.0	1.3	0.0	0.0	6.6	0.6
养殖场	2014	D-2E	—	—	—	—	0.0	1.9	23.1	14.1	0.0	0.0	0.0	39.1	5.6
		粉剂法	—	—	—	—	76.2	0.0	0.0	0.0	0.0	0.0	0.0	76.2	10.9
	2015	D-2E	0.0	0.0	0.0	0.0	25	0.0	0.0	0.0	3.3	0.0	4.8	33.1	3.0
		粉剂法	0.0	0.0	4.4	0.0	74.6	0.0	1.6	0.0	86.3	0.0	0.0	166.9	15.2

2.2 D-2E智能监测系统的运转情况

为考察D-2E智能监测系统实际运转情况，两年来，试验中不曾采用人为干预，以便观察系统稳定性。通过对两年来系统运转情况进行分析得图1。从图1可见：D-2E在实际监测过程中会出现不能正常运转的现象，3个监测点累计正常运转时间611天，无效时间840天，其中：设施园区绿水峡谷运转最好，正常运转达到337天，占总布放时间的71.5%；林荒地和养殖场环境D-2E的运转较差，正常运转时间分别为136天和138天，占总布放时间的27.9%和28.0%，可能是这两个环境信号干扰因素较大。

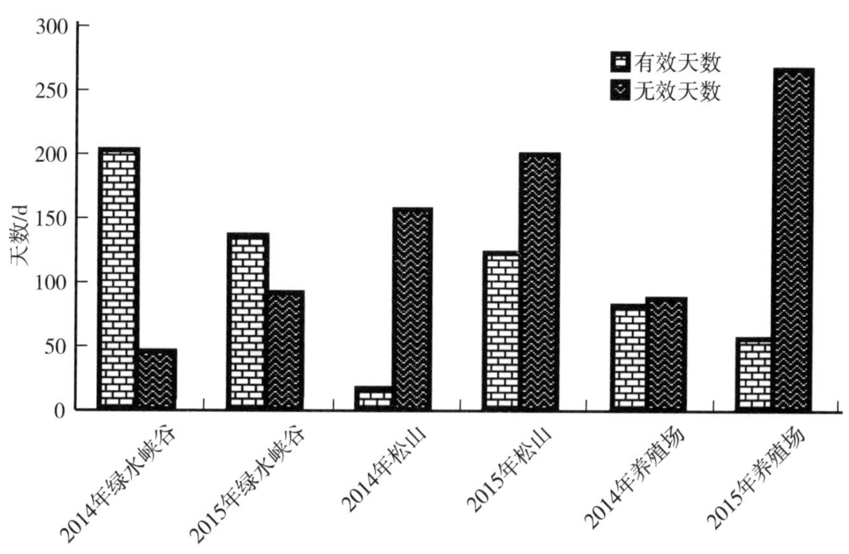

图1 2014—2015年各监测区D-2E运转情况

3 结论与讨论

D-2E监测结果虽然与常规监测方法存在一定的差异，但能大体反映出监测环境的鼠密度，可以用于设施园区和林荒地鼠情监测，可实现全天候监测，随时获得相关数据，大大节省了人工，代表了农区鼠害监测技术发展趋势[7-15]。使用中也发现该系统存在一定的不足。一是感知单元丢失问题，在试验中就丢失3个；二是感知单元使用中存在没电的现象，依据公司提供的电池寿命应该是3年；三是感知单元与工作站之间的信号不稳定，易受障碍物干扰，不仅有效监测距离大大缩减，且稍有移动便丢失信号，无效监测天数较多可能也是由于这个原因；四是数据换算是否科学，数据中存在夹捕率折算不一致的现象，而且其夹捕法折算无法排除重复经过的鼠只数，鼠出现1次即为1%，折算的鼠密度会偏高。另外，100夹夜最小的取样面积也达到18.7亩，D-2E在园区的覆盖范围不足5亩，却用1：1等价折算，是不科学的；五是价格偏高，不利于推广使用；六是用户无法自由提取数据，不方便。另外，使用过程中未作相关维护或定期检查设备运转情况，售后服务有待加强。

参考文献

[1] 谢大彤，张永治，梁昌卫. 桐梓县1986—2013年鼠情监测结果分析[J]. 植物医生，2014，27（4）：47-49.

[2] 杨再学，杨光灿，罗建平，等. 遵义市农区鼠种种类及其种群数量变动规律[J].山地农业生物学报，2013，32（3）：209-213.

[3] 杨再学，金星，刘晋，等. 贵州省1984—2010年农区鼠情监测结果分析[J]. 农学学报，2011，32（3）：11-14.

[4] 杨再学，郑元利，胡支先. 贵州余庆县1986-2001年鼠情监测结果分析[J]. 中国媒介生物学及控制杂志，2003，14（2）：94-96.

[5] 陈奕聪，王少清，蔡岳钊，等. 农区鼠情监测分析及防控对策[J]. 中国农技推广，2013，29（1）：44-45.

[6] 高永荣，陈长安，张淑芬. 北京市11年家鼠鼠情监测结果分析[J]. 中国媒介生物学及控制杂志，1997，8（1）：30-33.

[7] 赵芳，龙贵兴，杨再学，等. 黔西北地区农田黑线姬鼠种群数量动态及繁殖特征变化[J]. 亚热带农业研究，2015，11（1）：46-50.

[8] 张美文，王勇，李波，等. 洞庭湖不同退田还湖类型区东方田鼠和黑线姬鼠的繁殖特性[J]. 兽类学报，2009，29（4）：396-405.

[9] 窦相峰，阿孜古丽·加帕，李阳桦，等. 北京市土地覆盖遥感和鼠疫鼠情调查[J].中国媒介生物学及控制杂志，2013，2（24）：43-46.

[10] 刘孝祥，林波，周溪乔. D2E鼠情智能侦测系统在小浪底水利枢纽的应用[J].中华卫生杀虫药械，2012，18（4）：362-363.

[11] 高强，曹晖，周毅彬，等. 红外线鼠密度监测仪在鼠侵害监测中的应用研究[J].中华卫生杀虫药械，2013，19（5）：395-398.

[12] 陈海燕，王慧琴，曹明华，等. 基于机器视觉化的高原鼠兔智能监测系统[J]. 中国农机化，2012（6）：172-175.

[13] 金志刚，汪祖国，卫义龙，等. 农田鼠情预警监测与持续开展控鼠防害技术探讨[J].上海农业科技，2005（5）：125-126.

[14] 冷培恩，张春哲，刘洪霞. 上海市轨道交通鼠类调查[J]. 中国媒介生物学及控制杂志，2015，26（4）：361-365.

[15] 吴金美，高军，张艳玲，等. 物联网技术在卢龙县农田鼠情监测上的应用[J]. 现代农业科技，2016（3）：146-147.

该文发表于《农业科技通讯》2016年第10期

捕鼠桶尺寸对围栏陷阱系统（TBS）捕鼠效果的影响

袁志强[1]，董　杰[1]，岳　瑾[1]，徐申明[2]，何晓光[2]
（1.北京市植物保护站，北京 100029；2.北京市平谷区植物保护站，北京 101205）

摘　要：围栏陷阱法（Trap Barrier System，TBS）广泛用于农田鼠害防控，本研究比较了6种直径和高度规格的自制PVC捕鼠桶、倒须捕鼠笼和标准捕鼠桶制作的TBS在北京设施农业区内的捕鼠效果。结果表明h30-r20自制PVC捕鼠桶组建的TBS效费比最高，其捕鼠效果不低于标准捕鼠桶，综合TBS较成品TBS每延长米成本低近60%，若采用全封闭布放方式，成本更低。可于设施农业区逐步推广使用。

关键词：PVC捕鼠桶；围栏陷阱系统（TBS）；捕鼠效果；综合成本

围栏陷阱法（Trap Barrier System，TBS）控鼠技术是一种最早在东南亚水稻田中应用的新型环保灭鼠技术[1-3]。自2006年起在我国陆续大规模地推广应用[4-7]，2014年北京市开始试验推广该项技术，在不同的农田作物中进行了试验，取得了很好的效果。但使用过程中也发现由于捕鼠桶开口较大，在捕获害鼠的同时，也会捕获刺猬、黄鼠狼、蛇等其他动物。另一方面，现有成品的铁制捕鼠桶，在雨季易受水浸泡腐蚀，使用寿命较短。另外，成品TBS的造价偏高，现有财政资金支持体系下很难大范围应用。为解决上述问题，2015年笔者因地制材地制作了一批TBS装置，设置了不同规格的捕鼠桶、倒须捕鼠笼，比较了其捕鼠效果，以降低TBS的使用成本，增加对其他动物的安全性，为大范围的推广使用提供依据。

1　材料与方法

1.1　试验地概况

试验地位于北京市平谷区山东庄绿水峡谷合作社蔬菜基地内，总占地面积10hm^2，基地周边均为桃园。基地园区内常年种植各种蔬菜及草莓，每年在育苗和草莓生产季均有害鼠为害，园区近年均未使用化学杀鼠剂灭鼠，通常仅于春季和秋季使用粘鼠板进行灭杀。

1.2　试验材料

成品TBS由北京市隆华新业卫生杀虫剂有限公司生产。TBS由孔径≤1cm的金属网围栏和高50cm、上底面直径25～30cm的圆台形捕鼠桶组成。自制TBS委托北京顺来居祥建材经营部制作。TBS由孔径1cm、高0.5m防锈铁丝网和捕鼠桶组成；捕鼠桶由PVC管制成，规格有高50cm，直径分别为10cm、15cm和20cm，及直径20cm，高分别为30cm、40cm及50cm。自制倒须捕鼠笼，用市场购买的铁丝捕鼠笼改装，即在捕鼠笼进口相对的一面铁网下端，剪开一个直径5～6cm的圆孔，圆孔处安装一个直径5～6cm、长10～15cm的PVC管，PVC管一端固定在铁网上，捕鼠笼内的一端绑两圈铁窗纱加工的15cm的倒须。

1.3　试验设计

试验共设8个处理，分别为：捕鼠桶高50cm，开口直径10cm，记作h50-r10；捕鼠桶高50cm，开口直径15cm，记作h50-r15；捕鼠桶高50cm，开口直径20cm，记作h50-r20；捕鼠桶高30cm，开口直径20cm，记作h30-r20；捕鼠桶高40cm，开口直径20cm，记作h40-r20；捕鼠桶高50cm，开口直径20cm，记作h50-r20；倒须捕鼠笼；成品捕鼠桶高50cm，开口半圆形，直径20cm。8个处理顺序排列，3次重复。TBS设置在蔬菜园区的外围设置成封闭方式，3月底安装。围网地上部分高30～40cm，埋入地下10～15cm，沿围栏边缘每间隔5m埋设捕鼠桶（里外均可），上底面向上埋至与地面齐平，于桶口平齐处围网底部开一个边长3～4cm的正方形口。每处理10个捕鼠桶或捕鼠笼，以成品捕鼠桶作对照。

1.4 数据记录及分析

对全部捕鼠桶进行编号，专人负责查看记录，4—11月，每隔1天检查所有捕鼠桶一次，冬季（12月至翌年2月）每7天调查一次，记录调查日期，捕获害鼠桶号、捕获鼠数量、种类和性别。

夹捕法对照调查，于4—12月每月初在园区内外交替夹捕调查，每月次置夹100夹夜，记录捕获鼠数量、鼠种、性别。

采用LSD法检验不同规格捕鼠桶月平均捕鼠数差异，数据使用SPSS 13.0软件进行统计。

2 结果与分析

2.1 捕鼠数量

2015年4—12月期间，除倒须捕鼠笼未捕获害鼠外，其他各规格TBS捕鼠桶均捕获害鼠，年度捕获曲线均呈双峰型，第1个捕获高峰在4—5月，第2个捕获高峰在9—10月（图1）。不同规格捕鼠桶捕鼠数量存在差异，除倒须捕鼠笼和h50–r10桶外，其他5种捕鼠桶处理捕鼠数均超过标准捕鼠桶，分别多捕鼠19～69只，其中h50–r20捕鼠桶捕鼠数最高，累计捕鼠数为113只。h50–r20、h30–r20、h40–r20 3种捕鼠桶的月均捕鼠数无显著差异，但均与h50–r10捕鼠数差异显著，且h50–r20的捕鼠数与标准铁皮桶的捕获量差异也显著，倒须捕鼠笼期间未捕获任何鼠。试验中直径20cm的捕鼠桶偶尔会捕获刺猬，而直径15cm的捕鼠桶未捕刺猬。4—12月各类捕鼠桶捕鼠数量见表1。

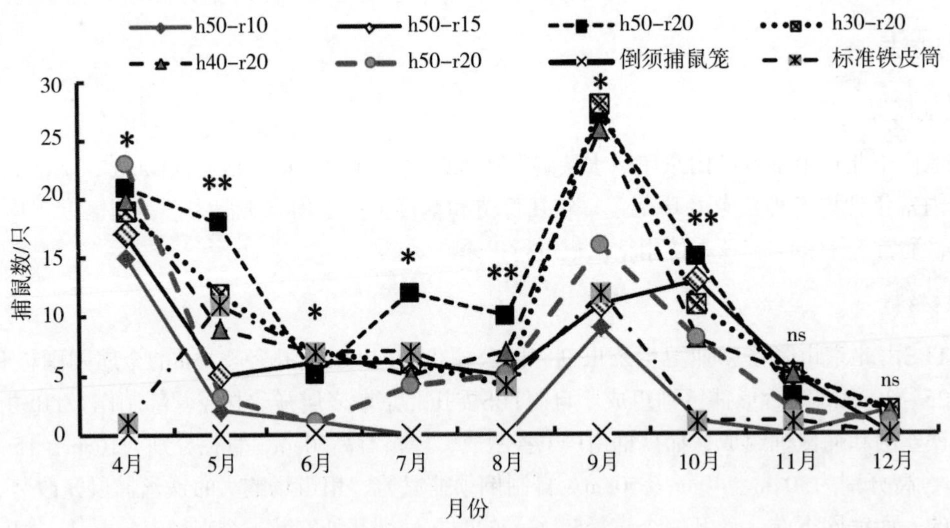

图1 北京农田不同规格捕鼠桶TBS于2015年4—12月的月捕鼠量

表1 北京农田8种不同规格捕鼠桶TBS于2015年4—12月的月捕鼠量

TBS 类型	4 月	5 月	6 月	7 月	8 月	9 月	10 月	11 月	12 月	合计
H50–r10	（5.00 ± 3.00）ab	（0.67 ± 0.58）a	（0.33 ± 0.58）a	0.00a	0.00a	（3.00 ± 3.00）a	（0.33 ± 0.57）a	0.00a	（0.67 ± 1.15）a	（10 ± 6.24）abc
H50–r15	（5.66 ± 0.58）a	（1.67 ± 0.57）ab	（2.00 ± 0.00）a	（2.00 ± 0.00）a	（1.67 ± 0.58）a	（3.67 ± 1.53）a	（4.33 ± 0.58）b	（1.67 ± 1.53）a	0.00a	（22.67 ± 0.58）a
H50–r20	（7 ± 4.58）ab	（6.00 ± 1.00）b	（1.67 ± 0.58）a	（4.00 ± 1.73）a	（3.33 ± 1.54）a	（9.00 ± 6.56）a	（5.00 ± 1.00）b	（1.00 ± 1.00）a	（1.70 ± 0.58）a	（3.33 ± 6.11）abc
H30–r20	（6.33 ± 3.05）ab	（4.00 ± 3.61）ab	0.58a	（1.33 ± 0.58）a	（9.33 ± 3.21）a	（3.67 ± 2.52）a	（1.67 ± 1.53）ab	（0.67 ± 1.15）a	（0.67 ± 1.15）a	6.11abc
H40–r20	（6.67 ± 2.52）ab	（3.00 ± 0.00）ab	（2.33 ± 1.53）a	（1.67 ± 0.58）a	（2.33 ± 1.53）a	（8.67 ± 3.79）a	（2.67 ± 1.15）ab	（1.67 ± 0.58）a	（0.67 ± 1.55）a	（29.67 ± 6.51）abc
H50–r20	（7.67 ± 3.21）ab	（1.00 ± 1.00）bc	（0.33 ± 0.58）a	（1.33 ± 0.58）a	（1.67 ± 0.58）a	（5.33 ± 2.89）a	（2.67 ± 2.08）ab	（0.67 ± 0.58）a	（0.33 ± 0.58）a	（21.00 ± 8.89）abc
倒须笼	0.00b	0.00ac	0.00a	0.00a	0.00a	0.00a	0.00a	0.00a	0.00a	0.00b
铁皮桶	（0.33 ± 0.58）b	（3.60 ± 0.58）b	（2.33 ± 2.31）a	（2.33 ± 2.52）a	（1.33 ± 1.53）a	（4.00 ± 3.00）a	（0.33 ± 0.58）a	（0.33 ± 0.58）a	0.00a	（14.67 ± 0.58）c

2.2 捕鼠种类

试验共捕获害鼠4种，包括大仓鼠、黑线姬鼠、小家鼠、鼩鼱，其中小家鼠和黑线姬鼠为优势种，分别占总捕鼠数的61.3%和37.7%（图2）。不同规格桶捕获害鼠的种类无差异，均以小家鼠和黑线姬鼠为优势种，其中h50–r20、h40–r20、h30–r20、h50–r20等4种规格的捕鼠桶各捕获3种，h50–r10、h50–r15和标准捕鼠桶各捕获两种害鼠。

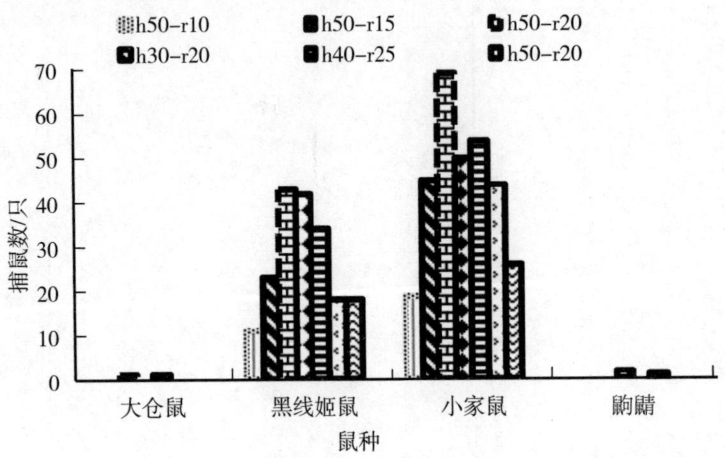

图2 北京农田不同规格捕鼠桶TBS于2015年4—12月捕获害鼠种类及数量

2.3 与夹捕法比较

试验区内外逐月夹捕除5月捕获两只鼠外，其他月份均无捕获。而TBS每月均有鼠捕获，其百桶捕鼠率曲线分别于4月和9月呈现两个峰值（图3）。

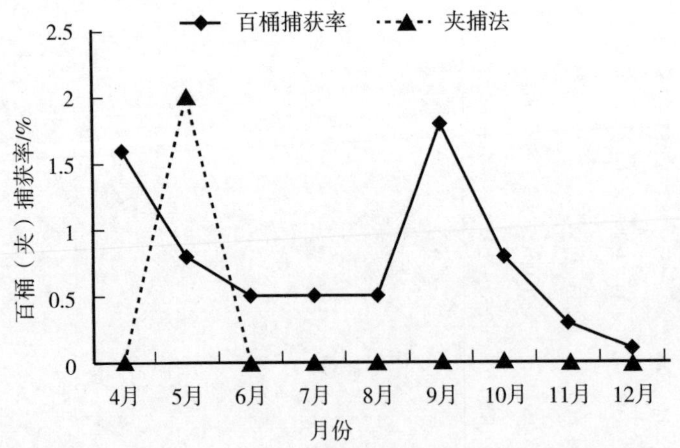

图3 2015年4–12月月均TBS百桶害鼠捕获率与月夹捕率比较

2.4 成本评估

试验共制作TBS 3 510m，投入总成本为37 560元，折每延长米10.7元。成品TBS每套1 600元，长60m，折每延长米26.7元。本试验园区面积10hm^2，若采用外围全封闭方式共需使用围网1 430m，折合每亩使用围网9.5m；若采用单棚室设置，每亩需使用围网100m以上，外围全封闭设置可明显降低成本。若按每延长米10.7元，平均每亩一次性投入成本约101.65元，设置的TBS至少可连续使用5年，合计每亩每年投入成本约

20.33元。试验基地草莓棚常规灭鼠采用粘鼠板法，每棚室每月使用5张粘鼠板，一般连放3个月，共计15张粘鼠板，每块粘鼠板2元，共需30元。TBS对设施农业内害鼠的控制成本低于常规控鼠方式成本，适用于绿色生产蔬菜园区应用。

3 讨论与结论

从捕鼠效果看，试验自制PVC捕鼠桶与标准铁皮捕鼠桶捕鼠效果相同或略优，可能由于PVC桶变温幅度小，在害鼠接近时不易引起警觉。其中h50-r20与h30-r20捕鼠桶捕鼠数无明显差异，但综合制作和安装成本，h30-r20最经济有效。若从非靶标生物安全性考虑，应尽可能使用h50-r15规格。试验中倒须捕鼠笼未捕获任何鼠，可能由于设计不科学，倒须长度不够，未遮住出口造成，尚需进一步改进。

从TBS与夹捕实际的捕获效果看，TBS月捕获率更符合高密度年份常规夹捕调查的害鼠季节性捕获曲线变化特征[8-10]。而本次夹捕法仅在5月捕到害鼠，其他月份均未捕获害鼠。夹捕法受布夹方式，环境因素等影响，捕获率波动性很大，经常会出现急剧升降现象，在害鼠密度低时，甚至会连续捕获不到害鼠，难以反映出田间鼠害的实际发生情况。TBS法捕获的害鼠群落结构全面，数量稳定，能更真实反映出害鼠实际发生情况。TBS法可代替夹捕法用于农田鼠害监测，或作为夹捕法的补充，以提高监测的准确度。

自制PVC捕鼠桶TBS成本低于标准铁皮TBS，可以大幅度减少防治成本。同时自制PVC捕鼠桶耐腐蚀，使用寿命更长，埋设更简便，可进一步降低TBS成本。而且设施农业区采用外围全封闭方式布放将进一步减少单位面积使用成本，甚至可低于其常规使用的粘鼠板法，可于设施农业区逐步推广使用。

参考文献

[1] Lam Y M. Rice as a trap crop for the rice field rat in Malaysia[C]//Crabb A C & R E.Proceedings of the 13th Vertebrate Pest Conference. Davis： University of California Press，1988：123-128.

[2] Singleton G R，Sudarmaji，Suriapermana S. An experimental field study to evaluate a trap-barrier system and fumigation for controlling the rice field rat，Rattus argentiventer，in rice crops in West Java[J]. *Crop Protection*，1998，17（1）：55-64.

[3] Brown P R，Nguyen P T，Singleton G R，et al. Ecologically based rodent management in the real world： applied to a mixed agro-ecosystem in Vietnam[J]. *Ecological Applications*，2006，16：2 000-2 010.

[4] 王振坤，戴爱梅，郭永旺，等. TBS技术在小麦田的控鼠试验[J]. 中国植保导刊，2009，29（9）：29-30.

[5] 陈越华，陈伟. 围栏捕鼠技术初探[J]. 湖南农业科学，2009，12（10）：97-98.

[6] 李广华，伊力亚尔，魏新政，等. 新疆TBS灭鼠技术示范应用效果初探[J]. 中国植保导刊，2011，31（8）：27-29.

[7] 梁红春，兰璞，郭永旺. 围栏捕鼠技术在天津地区应用研究[J]. 中国媒介生物学及控制杂志，2014，25（2）：145-147.

[8] 刘家栋，翟兴礼，徐心诚，等. 大仓鼠生态、危害及防治研究[J]. 河南教育学院学报（自然科学版），2001，10（1）：55-57.

[9] 董照锋，李亚清，王刚云，等. 商洛市大仓鼠发生规律和防治技术研究[J]. 陕西农业科学，2012（11）：14-15.

[10] 郑元利，杨再学，胡支先，等. 余庆县2001至2005年黑线姬鼠种群动态和繁殖规律研究[J]. 中国媒介生物学及控制杂志，2006，17（5）：366-369.

该文发表于《中国植保导刊》2017年第1期

顺义区农田大仓鼠（Tscherskia triton）种群数量季节消长浅析

袁志强[1]，董　杰[1]，杨建国[1]，贾海山[2]

（1.北京市植物保护站，北京 100029；2.北京市顺义区植保植检站，北京 101300）

摘　要：【目的】揭示大仓鼠种群消长原因，为农田害鼠控制和种群发生预测提供借鉴和指导。【方法】1994—2014年，采用夹线法于每年1—12月进行调查，每月上旬在监测点5块农田，布放鼠夹500夹夜。捕获的样本测量体重、体长、尾长、耳高、后足长，解剖观察繁殖情况。以体重为指标，分析大仓鼠年龄结构及其繁殖力、粮食作物面积变化和人为控制因素对种群数量的影响。【结果】种群年龄结构不完整时，大仓鼠群体急剧下降。5—9月成年以上雌繁殖鼠数与大仓鼠群体数量显著正相关，可作为预测群体数量变动的重要指标。粮食种植面积及持续开展的灭鼠工作通过对大仓鼠繁殖力和种群年龄结构影响，引起大仓鼠群体数量下降。【结论】粮食种植面积和人为控制可以影响大仓鼠群体的繁殖力和群体年龄结构。当种群年龄结构遭到破坏，繁殖力下降到一定水平时，大仓鼠种群数量就会急剧下降而无法快速恢复。另外，主要繁殖期（5—9月）成年雌繁殖鼠数可以作为预测顺义地区大仓鼠种群数量消长的重要指标。

关键词：大仓鼠；种群数量；季节消长

大仓鼠（*Tscherskia triton*）是顺义区农田中体型较大的一个害鼠种群，1988年前属农田弱势害鼠种群，仅占总捕鼠数的5%以下，1989年起种群开始逐年上升，成为农田第二大种群，占总捕鼠数的11.1%～18.0%，1994—2003年跃居农田第一大害鼠种群，占总捕鼠数的39.2%～66.6%。之后，该种群迅速下降，到2006年又降为弱势种群，2010年后已很难捕获。是什么原因导致了大仓鼠种群的快速增长，又是什么原因导致大仓鼠种群衰退呢？本文通过对顺义区1994—2014年监测资料结合环境因素分析，初步揭示顺义区农田大仓鼠种群季节消长原因，以便为农田害鼠控制和种群发生预测提供借鉴和指导。

1　研究方法

采用15cm×8cm铁夹，以花生米作诱饵，于每年1—12月进行调查，每月上旬采用夹线法在监测点5块农田，布放鼠夹500夹夜，夹距5m，夹线间隔50m以上，记录鼠种、性别，测量其体重、体长、尾长、耳高、后足长，解剖观察繁殖情况。

2　结果与分析

2.1　大仓鼠种群发生情况

1994—2014年累计捕获大仓鼠2 241只，解剖2 232只，其中雌鼠1 191只、雄鼠1 041只，因2010年后未捕获到大仓鼠，因此仅对1994—2009年发生情况进行了统计（图1）。从图1可以看出，1994—2003年，大仓鼠种群处于活跃期，种群数量较高，平均捕获率达6.4%，2004年后，大仓鼠种群数量逐年下降，从农田第一或第二大害鼠种群下降到零星发生状态，2010年后未曾捕获。

2.2　种群结构和繁殖力变化

2.2.1　种群年龄结构变化

以体重[1]为标准对1994—2009年捕获的大仓鼠样本进行年龄划分，得各年度大仓鼠年龄结构（图2）。从图2可以看出，1994—2004年各年度年龄结构完整，除2001年外，（成年鼠+老龄鼠）/（幼鼠+亚成鼠）

的比例均在80%以上，种群结构属上升趋势型[1, 2]。这期间种群数量虽有波动，但仍有一定的群体数量。自2005年后，大仓鼠种群年龄结构出现1～4个年龄断层，种群数量急剧下降，呈零星发生态势。可见，种群破坏是大仓鼠种群衰退的一个重要原因。

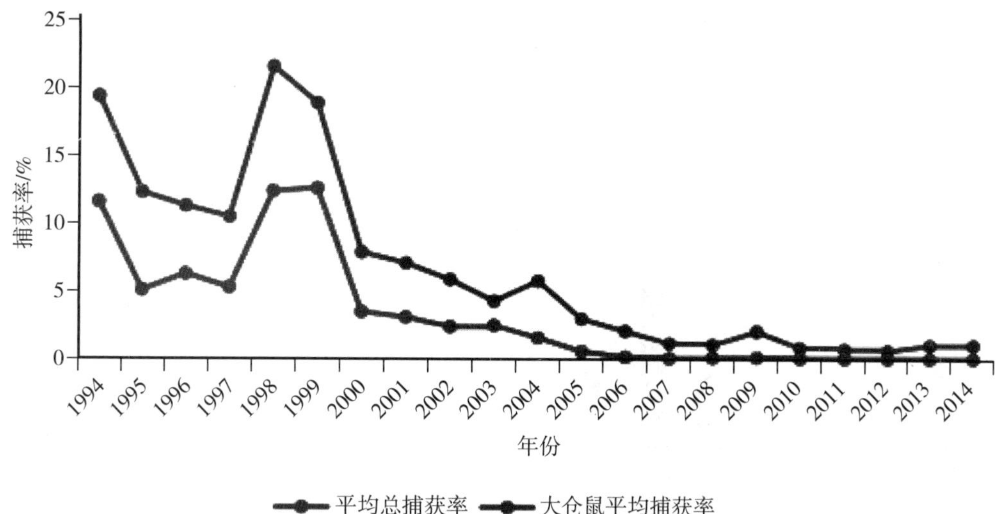

图1　顺义区农田大仓鼠历年捕获情况

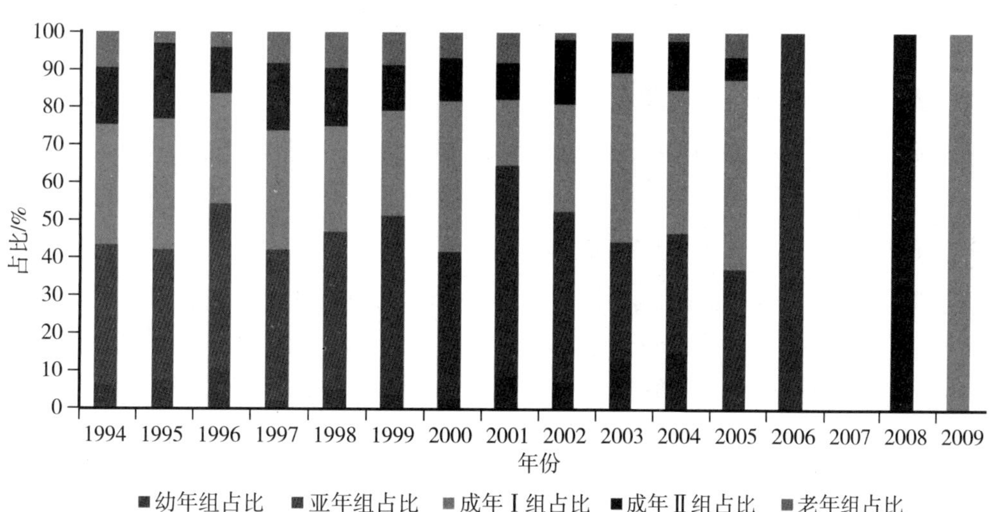

图2　各年份大仓鼠年龄组成变化

2.2.2　繁殖力变化

对1994—2009年捕获的大仓鼠样本繁殖情况分析表明，顺义地区大仓鼠繁殖期为每年的3—10月，从亚成鼠到老龄鼠都具有繁殖后代的能力，但各年龄组的个体繁殖情况存在较大差异[2]。以雌鼠为例，平均胎仔数随着鼠龄增加而增加，并表现出明显的季节变化，以老龄组平均胎仔数最高，为10.3只/胎，与其他年龄组达到显著差异水平。3月平均胎仔率最低5.5只/胎，5月平均胎仔数最高为10.5只/胎；大仓鼠主要繁殖期在5—9月，这个时期的成年以上雌繁殖鼠数占总雌繁殖鼠数的93.8%，所产胎仔数占这个时期总胎仔数的95.2%，是大仓鼠种群快速增长关键时期，由于大仓鼠种群的增长最终是通过雌鼠的繁殖来实现，因此5—9月成年以上雌繁殖鼠数量可以作为预测大仓鼠群体数量的变化依据。

对历年5—9月的成年以上雌繁殖鼠数与大仓鼠捕获率的分析得图3。从图3可以看出，5—9月成鼠以上雌繁殖鼠变动曲线与年捕鼠数有很好的拟合性，相关性分析表明二者显著正相关（r=0.815，P< 0.001）。年捕鼠数随着5—9月成鼠以上雌繁殖鼠数量的增加而增加，2003年后，5—9月成年以上雌繁殖鼠数量下降到10只以下，大仓鼠捕获率迅速降低，种群数量难以恢复。雌繁殖鼠数量的下降说明大仓鼠繁殖力降低，当大仓鼠繁殖力下降到临界点时，种群便出现迅速衰退的现象。

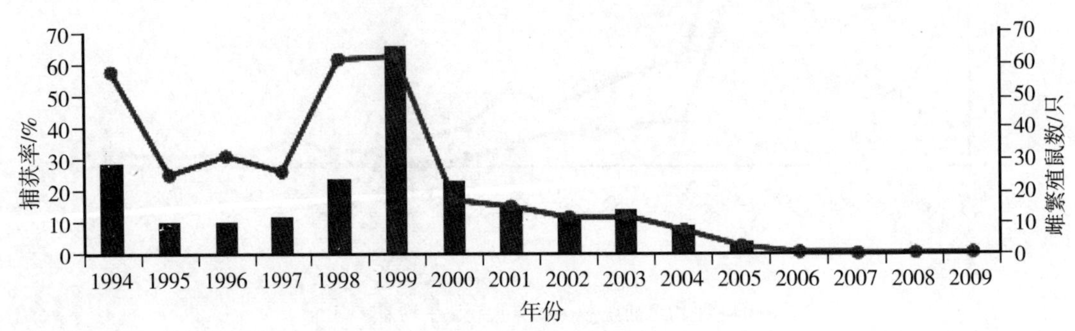

图3　历年5—9月成年以上雌繁殖鼠数与捕获率对比

2.3　影响大仓鼠种群数量的主要外部因素

大仓鼠群体数量同时受包括食物丰缺、栖息环境、天敌数量及人为控制等多种外部因素影响，其中食物和人为控制对种群数量影响最大。

2.3.1　粮食种植面积的变化对大仓鼠群体数量的影响

鼠类每天食量一般相当于体重的1/10 ~ 1/5[3]，而大仓鼠体型较大，对食物的需求量更多。粮食种植面积直接影响大仓鼠食物的丰缺，进而影响到大仓鼠的繁殖和存活，对种群数量的消长造成重要影响。据顺义区统计局数据，1994—2009年，顺义区粮食种植面积（包括小麦、水稻和玉米3种作物）波动较大，大仓鼠种群数量也呈现了大幅度波动。1994—1999年粮食种植面积在100万亩以上，实行小麦、玉米两茬平播耕作制度，复种指数和粮食单产都有大幅度提高，田间食物资源充足，此间大仓鼠每年平均雌繁殖鼠数为28.3只，平均胎仔数为9只/胎，比1986—1988年（未进行防治）的平均雌繁殖鼠数两只和平均胎仔数5.5只/胎都大幅度增长，大仓鼠种群数量大幅度增加，成为农田第一优势鼠种。2000年后，农业种植业结构进行大幅度调整，粮食种植面积不断压缩，饲草、青饲玉米等饲料作物面积逐年增加，到2003年粮食面积降低到最低点，田间食物资源匮乏。大仓鼠种群数量虽未即刻呈现大幅度下降，但2003年后出现急剧下降。粮食种植面积的多少决定了食物的丰缺，进而会影响大仓鼠的繁殖，分析1994—2009年粮食种植面积与同时期大仓鼠繁殖的情况得图4。从图4可以看出，随着粮食种植面积的减少，雌繁殖鼠数和平均胎仔数均呈现下降趋势，雌繁殖鼠数从高峰期的75只下降到10只以下，平均胎仔数10.5下降到5只，大仓鼠的繁殖力明显下降，种群数量锐减。当种群数量下降到一定水平后，即使粮食面积有所回升，如2010年小麦、玉米复种面积恢复到3.8万hm^2，后逐年下降，2013年下降到2.9万hm^2，而粮田大仓鼠也没有出现回升，说明大仓鼠种群数量已下降到很低水平，种群数量已很难在短期内恢复。

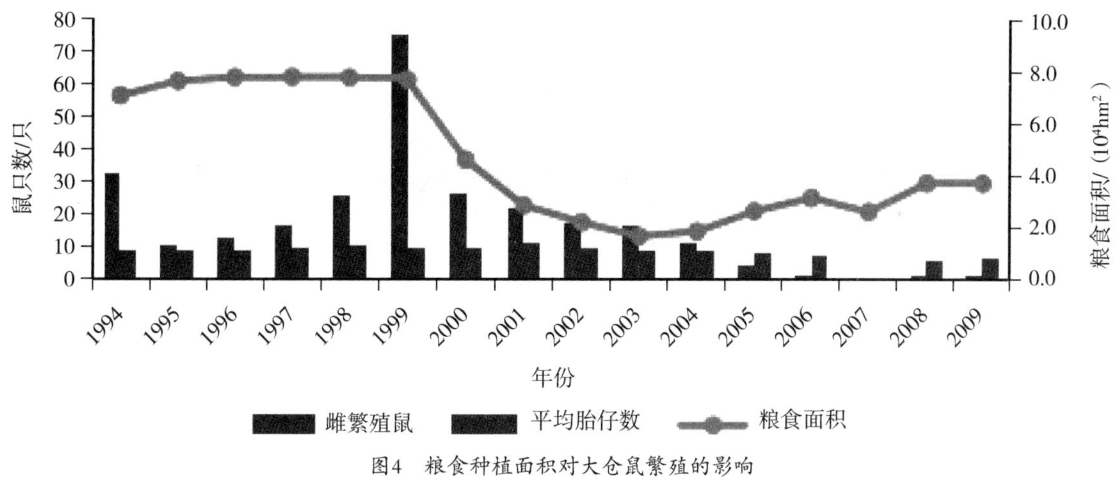

图4 粮食种植面积对大仓鼠繁殖的影响

2.3.2 人为控制减少了大仓鼠种群数量

顺义区的农田统一灭鼠工作从1988年一直延续到现在，除2005年外，每年面积在40万亩以上，基本实现农田环境灭鼠全覆盖。灭鼠使用的杀鼠剂为第2代抗凝血剂溴敌降，采用自行配制或直接购置成品方式，毒饵为0.005%溴敌隆小麦毒饵，由灭鼠专业队采用平行条带式投饵，1hm^{2}投饵750～2 250g，具体投饵量依据鼠密度调整。2003年引进了毒饵站灭鼠技术并建立了国家级毒饵站灭鼠示范区，每年示范面积10万亩，灭鼠效果进一步提高。2008年后，统一灭鼠工作从每年的一次春季灭鼠，发展为春季和秋季两次灭鼠，其中春季为全面灭鼠，覆盖全区所有农田环境，主要采用药物灭鼠方法；秋季是以设施保护地为主的重点区域灭鼠，主要采用毒饵站保护性投饵方式和粘鼠板灭鼠方式。对1994年后顺义区灭鼠面积与大仓鼠捕获情况分析得图5。从图5可以看出，1994—2003年，虽然灭鼠工作每年都在进行，但大仓鼠种群数量呈现波动状态，并未呈现大幅度下降，主要是因为一次大范围灭鼠工作，由于受毒饵有效期、投饵质量、种群社会地位等因素的影响，灭鼠主要是杀死群体中处于劣势地位老弱个体，群体数量虽有所下降，但由于食物资源丰富，残余害鼠会通过补偿生殖使害鼠群体恢复到一定水平，甚至出现增长的现象。2003年后，在食物匮乏和连续灭鼠共同作用下，大仓鼠种群结构遭到破坏，大仓鼠繁殖力下降，种群数量下降到一定水平，即使后来粮食面积有所回升，但种群也没有出现回升现象，由此也说明农田灭鼠是一项长期性的工作。

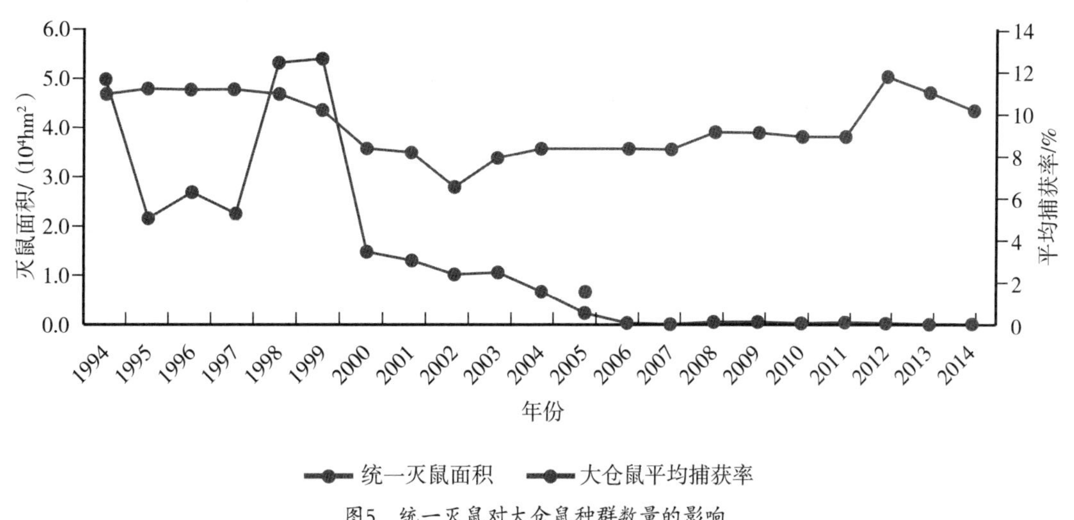

图5 统一灭鼠对大仓鼠种群数量的影响

3 讨论

（1）种植业机构调整后，顺义区粮食种植面积大幅度减少，使大仓鼠食物匮乏，不利于种群的繁殖和幼鼠生长；同时持续进行的人为控制，逐步压低了大仓鼠群体数量。尽管大仓鼠具有超强的繁殖能力，灭鼠后种群数量可以恢复到一定水平，但在食物减少和持续控制的复合作用下，就会引起种群年龄结构不稳定，繁殖力下降，当这种破坏积累到一定水平时，大仓鼠种群数量就会急剧下降而无法快速恢复。

（2）张知彬[4]、曹长余[5]、刘家栋[6]、董照锋等[7]均认为大仓鼠一年有两个繁殖高峰期，只是具体时间各地区存在一定的差异。顺义地区大仓鼠每年3—10月进行繁殖，以成年以上鼠为主要繁殖体，所产胎仔数占95.6%，5—6月和8—9月为繁殖高峰期。在大仓鼠8个月的繁殖期内，5—9月是主要繁殖期，其雄性繁殖鼠占比、雌性繁殖鼠占比、胎仔数占比分别为91.6%、90.7%、90.6%，这个时期的成年以上雌繁殖鼠数量与大仓鼠种群数量有很好的相关性，可作为预测种群消长的重要指标。

参考文献

[1] 郭永旺，施大钊. 中国农业鼠害防控技术培训指南[C]. 北京：中国农业出版社，2012：168-169.

[2] 卢浩泉，马勇，赵桂枝. 害鼠的分类测报与防治[C]. 北京：农业出版社，1988：82-83.

[3] 汪诚信. 药物灭鼠[C]. 北京：北京科学技术出版社，1986：12-13.

[4] 张知彬，朱靖，杨荷芳，等. 大仓鼠种群繁殖参数的估算[J]. 动物学研究，1991，12（3）：253-258.

[5] 曹长余，赵恒川，孙光远等. 大仓鼠发生规律研究[J]. 中国媒介生物学及控制杂志，1993，4（1）：53-55.

[6] 刘家栋，翟兴礼，徐心诚. 大仓鼠（Cricetulus triton）生态、危害及防治研究[J]. 河南教育学院学报（自然科学版），2001，10（1）：55-57.

[7] 董照锋，李亚清，王刚云，等. 商洛市大仓鼠发生规律和防治技术研究[J]. 陕西农业科学，2012（11）：14-15.

该文发表于《中国媒介生物学及控制杂志》2016年第4期

顺义区农田两大害鼠种群的繁殖力比较

袁志强[1]，董　杰[1]，贾海山[2]，杨建国[1]
（1.北京市植物保护站，北京　100029；2.北京市顺义区植保植检站，北京　101300）

摘　要：【目的】对顺义农田两大害鼠种群进行分析，揭示两大害鼠种群繁殖力存在的差异及其对种群数量变化的影响，为制定科学灭鼠策略提供依据。【方法】1994—2014年，采用夹线法于每年3—11月（或1—12月）进行调查，每月上旬在监测点农田（4～5块）布放鼠夹400～500夹夜。捕获的样本测量体重、体长、尾长、耳高、后足长，解剖观察繁殖情况。以种群繁殖力为指标，分析黑线姬鼠与大仓鼠在繁殖力方面的差异。【结果】黑线姬鼠和大仓鼠每年都有两个繁殖高峰期，并以成年以上个体为繁殖主体，分别占总胎仔数的94.5%和95.6%。黑线姬鼠的繁殖期和主要繁殖期均比大仓鼠延长1个月，且主要繁殖期的雌、雄繁殖鼠占比均高于大仓鼠，胎次数是大仓鼠的1.7倍，仅平均胎仔数低于大仓鼠，由此说明黑线姬鼠种群的繁殖力比大仓鼠更强一些，具有有更大的竞争优势。【结论】黑线姬鼠和大仓鼠都是以成年以上个体为主要繁殖体。黑线姬鼠在繁殖期的雌雄繁殖鼠占比、胎次数均高于大仓鼠，繁殖期和主要繁殖期比大仓鼠延长1个月，尽管平均胎仔数低于大仓鼠，但黑线姬鼠的繁殖力总体优于大仓鼠，从而使黑线姬鼠种群数量比大仓鼠表现出更好的稳定性。

关键词：害鼠种群；繁殖力；比较

大仓鼠（*Tscherskia triton*）和黑线姬鼠（*Apodemus agrarius* Pallas）是顺义区农田的两个主要害鼠种群。其中黑线姬鼠一直是农田优势种群，近些年种群数量虽呈下降趋势，但仍是农田第一优势种群。而大仓鼠种群则呈现出较大波动，1988年以前，大仓鼠只是一个弱势种群，1990年后大仓鼠种群数量迅速增长，超过黑线姬鼠成为农田第一优势种群，2003年后大仓鼠种群数量又迅速下降成为弱势种群，近几年已很难捕获。两大害鼠种群是在相同的外界选择压下，如粮食种植面积大幅度缩减、暖冬气候、连续20多年的全覆盖灭鼠等，但二者的种群数量变化却表现出很大差异，是什么原因导致这种巨大差异出现的呢？通过对顺义区1994—2014年鼠情监测数据进行分析，旨在揭示两大害鼠种群繁殖力存在的差异及其对种群数量变化的影响，为制定科学灭鼠策略提供依据。

1　研究方法

采用15cm×8cm的铁夹，以花生米作诱饵，于每年3—11月（或1—12月）进行调查，每月上旬采用夹线法在监测点农田（4～5块）布放鼠夹400～500夹夜，夹距5m，夹线间隔50m以上，记录鼠种、性别，测量其体重、体长、尾长、耳高、后足长，解剖观察繁殖情况。

2　结果与分析

2.1　两大种群发生情况

1994—2014年累计捕获大仓鼠2 242只，解剖2 232只，其中雌鼠1 041只，雄鼠1 191只；黑线姬鼠1 932只，解剖1 905只，其中雌鼠813只，雄鼠1 092只。历年的具体捕获情况见图1。从图1可以看出，两种害鼠的捕获曲线变化趋势与总捕获曲线有很好的拟合性。1994—2003年，大仓鼠捕获率大于或等于黑线姬鼠捕获率，是农田第一优势鼠种，2004年后其捕获率迅速下降，2010年后已捕获不到。而黑线姬鼠捕获率在2003年以前虽低于大仓鼠，但捕获率也较高，是农田第二大种群，之后黑线姬鼠上升为农田第一优势鼠种，种群数量虽然也呈现下降趋势，但下降速度比大仓鼠迟缓。由此说明在相同的环境选择压下，黑线姬鼠种群对环境的适应力更强一些。

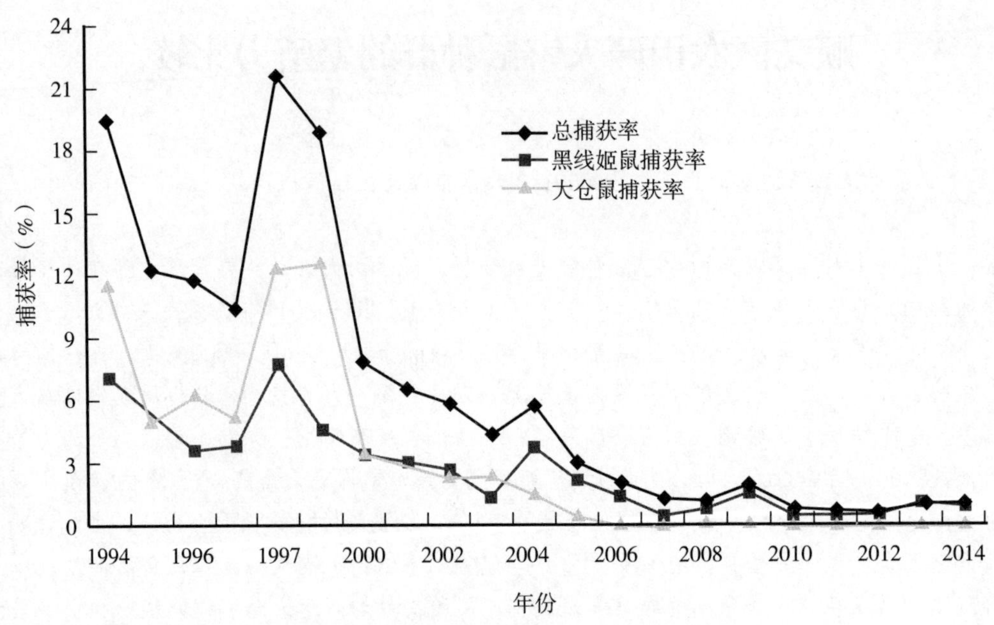

图1　顺义农田两大鼠害种群历年捕获情况

2.2　两大害鼠种群繁殖力年度变化

因2010年后已捕获不到大仓鼠，下面仅对1994—2009年的数据进行分析。对两大害鼠种群繁殖力年变化分析得图2，从图2可以看出，除个别年份外，黑线姬鼠雌、雄繁殖鼠占比均高于大仓鼠。1994—2009年黑线姬鼠平均雌繁殖鼠和雄繁殖鼠占比分别为59%和86.1%，分别比大仓鼠平均雌繁殖鼠和雄繁殖鼠占比高74%和28.3%；黑线姬鼠雌鼠繁殖的胎次数（1999年和2003年除外）也高于大仓鼠，累计产仔450胎次，是大仓鼠269胎次的1.7倍；黑线姬鼠平均每胎产仔5.5只/胎，每胎比大仓鼠少2.7只，但黑线姬鼠胎仔数波动

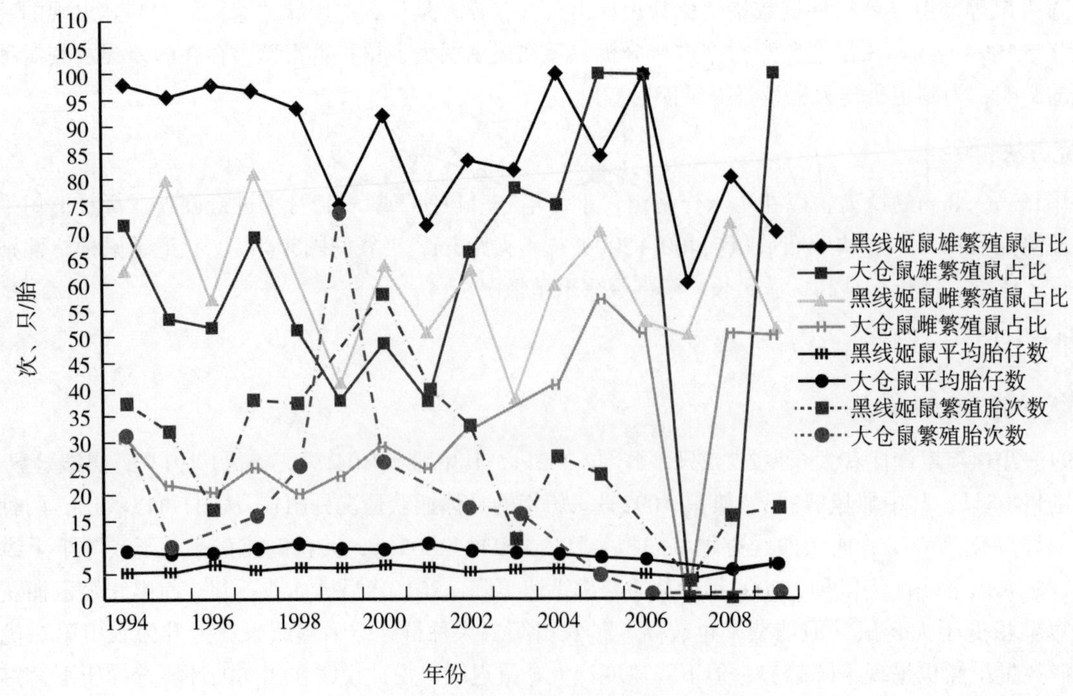

图2　两大害鼠种群繁殖力年度变化比较

较小在4～6.6只，大仓鼠胎仔数波动较大为5～10只，说明大仓鼠胎仔数受环境影响（特别是食物丰缺）更大，这也是2004年前后大仓鼠种群数量发生较大变化的主要原因。综合以上各因素比较看，黑线姬鼠在繁殖性状的优势使其比大仓鼠更具有竞争力，群体数量稳定性更强。

2.3 两大害鼠种群繁殖力季节变化

对两大害鼠种群繁殖力的季节变化分析得图3。从图3可以看出，在顺义地区，两大害鼠种群在冬季（12月至翌年2月）均不进行繁殖，每年从3月开始进入繁殖期。黑线姬鼠繁殖期为每年的3—11月，主要繁殖期为5—10月，该期繁殖的胎仔数占总胎仔数的95.2%；大仓鼠繁殖期为每年的3—10月，主要繁殖期为5—9月，该期繁殖的胎仔数占总胎仔数的90.6%。黑线姬鼠和大仓鼠每年均有两个繁殖高峰期。黑线姬鼠第1个繁殖高峰期在5—6月，占总胎仔数的36.6%，第2个高峰期在9—10月，占总胎仔数的34.2%；大仓鼠第1个繁殖高峰期在6—7月，占总胎仔数的35.1%。第2个繁殖高峰期8—9月，占总胎仔数的44.2%。两种害鼠的平均胎仔数也呈现一定的季节变化，3月食物匮乏，两种害鼠的平均胎仔数都是一年中最低的，黑线姬鼠平均胎仔数为3只，大仓鼠为5.5只。随着田间食物的增多，黑线姬鼠平均胎仔数呈现上升趋势，9月平均胎仔数最高，为6.3只；大仓鼠最高平均胎仔数发生在5月，为10.5只，比黑线姬鼠偏早。总之，两种害鼠繁殖均呈现一定的季节性变化，除3—4月外，黑线姬鼠每月的雌、雄繁殖鼠占比均比大仓鼠高，每年繁殖期和主要繁殖期均比大仓鼠延长1个月，尽管黑线姬鼠平均胎仔数比大仓鼠低，但其整体繁殖力仍然比大仓鼠要强一些。

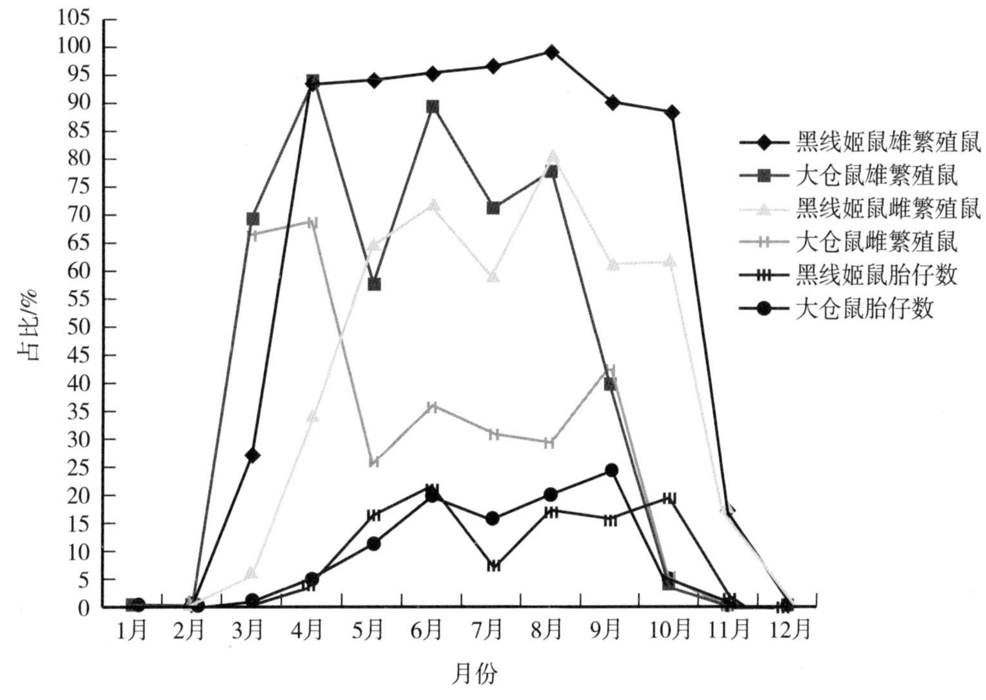

图3 两大害鼠种群繁殖力季节变化比较

2.4 两大害鼠种群年龄结构对繁殖力的影响

以体重[1]为标准对1994—2009年捕获的大仓鼠和黑线姬鼠样本进行年龄划分，并对各年龄组胎仔数统计得图4。从图4可以看出，黑线姬鼠和大仓鼠年龄结构对繁殖的影响基本一致，都是以成年以上个体繁殖为主，分别占总胎仔数的94.5%和95.6%，其中以成年Ⅱ组的贡献率最高，分别占总胎仔数的42.6%和36.7%。由此可见，两种害鼠均是成年以上个体为繁殖主体，二者在繁殖体结构上差异不大。

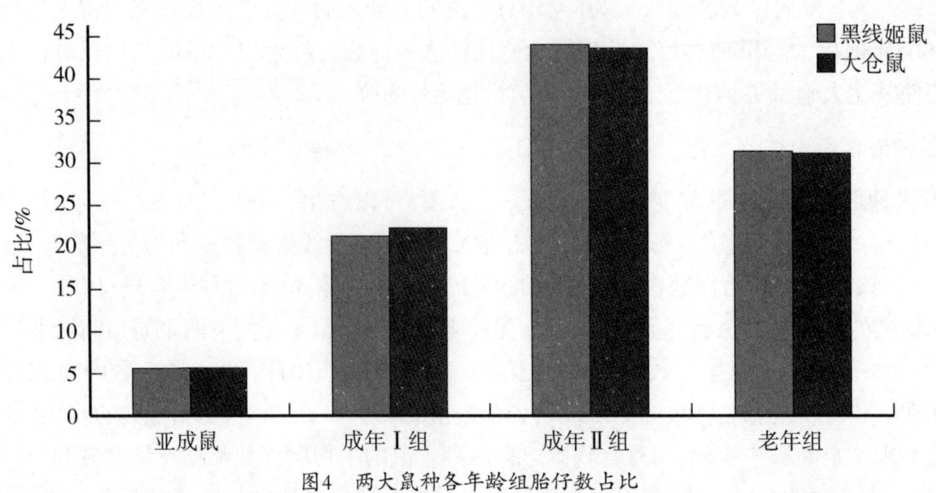

图4　两大鼠种各年龄组胎仔数占比

3　讨论

（1）张知彬[2]、曹长余[3]、刘家栋[4]、董照锋等[5]均认为大仓鼠一年有两个繁殖高峰期，郑元利[6]、李恩涛[7]认为黑线姬鼠一年有两个繁殖高峰期，只是具体时间各地区存在一定的差异。在顺义地区，黑线姬鼠和大仓鼠一年也有两个繁殖高峰期，黑线姬鼠的繁殖高峰期分别在5—6月和9—10月；大仓鼠的繁殖高峰期分别在6—7月和8—9月。杨再学[8]认为黑线姬鼠成年以上个体是种群主要繁殖群体，顺义地区的黑线姬鼠和大仓鼠也是以成年以上个体为主要繁殖群体，分别占总胎仔数的94.5%和95.6%。

（2）黑线姬鼠和大仓鼠在繁殖力上存在一定的差异。黑线姬鼠的繁殖期和主要繁殖期均比大仓鼠延长1个月，且繁殖期的雌、雄繁殖鼠比例均高于大仓鼠，繁殖胎次数是大仓鼠的1.7倍，尽管平均胎仔数低于大仓鼠，但其整体繁殖力仍强于大仓鼠。正是因为这种繁殖力差异的存在，导致两个害鼠种群在面对相同的外界环境选择压时，黑线姬鼠种群数量变化平缓，而大仓鼠种群数量变化波动极大，由此说明黑线姬鼠种群具有更强的竞争优势。

（3）了解农田不同害鼠种群竞争力差异，可以进一步帮助预测农田害鼠群落的未来走势，并根据农田优势害鼠种群的发生规律适当调整防治时间，制定针对性的防治策略，科学指导防治工作的开展。

参考文献

[1]　郭永旺，施大钊. 中国农业鼠害防控技术培训指南[C]. 北京：中国农业出版社，2012：168-169.

[2]　张知彬，朱靖，杨荷芳，等. 大仓鼠种群繁殖参数的估算[J]. 动物学研究，1991，12（3）：253-258.

[3]　曹长余，赵恒川，孙光远，等. 大仓鼠发生规律研究[J]. 中国媒介生物学及控制杂志，1993，4（1）：53-55.

[4]　刘家栋，翟兴礼，徐心诚. 大仓鼠（Cricetulus triton）生态、危害及防治研究[J]. 河南教育学院学报（自然科学版），2001，10（1）：55-57.

[5]　董照锋，李亚青，王刚云，等. 商洛市大仓鼠发生规律和防治技术研究[J]. 陕西农业科学，2012（11）：14-15.

[6]　郑元利，杨再学，胡支先. 余庆县2001至2005年黑线姬鼠种群动态和繁殖规律研究[J]. 中国媒介生物学及控制杂志，2006，17（5）：366-369.

[7]　李恩涛，周全忠，李跃辉，等. 瓮安县黑线姬鼠种群数量变化规律[J]. 江西农业学报，2013，25（10）：93-95.

[8]　杨再学，郑元利，郭永旺，等. 黑线姬鼠不同胴体重种群繁殖力变化[J]. 山地农业生物学报，2008，27（5）：407-410.

该文发表于《生物技术进展》2016年第2期

北京市顺义地区大仓鼠种群年龄的研究

袁志强[1]，李　清[2]，贾海山[2]，王　德[2]
（1.北京市植物保护站，北京　100029；2.北京市顺义区植保植检站，北京　101300）

摘　要：【目的】帮助基层监测点科学简便地进行大仓鼠种群年龄的划分，掌握大仓鼠种群年龄结构，进一步提高鼠情预测水平。【方法】1994—2006年，采用夹线法，每年3—10 月上旬开展调查，每次400夹夜。捕获的样本测量体重、体长、尾长、耳高、后足长，解剖观察繁殖情况。以体重为指标，参照繁殖特征，用数理统计方法对大仓鼠进行年龄划分。结果以体重为指标，将捕获的2 176只大仓鼠标本划分为5个年龄组，其体重标准为：幼年组（Ⅰ）雌鼠≤35g，雄鼠≤33g；亚成年组（Ⅱ）雌鼠35.1～75g，雄鼠33.1～79g；成年Ⅰ组（Ⅲ）雌鼠 75.1～121g，雄鼠79.1～123g；成年Ⅱ组（Ⅳ）雌鼠121.1～185g，雄鼠123.1～187g；老年组（Ⅴ）雌鼠体重在185g以上，雄鼠体重在187g以上。【结论】以体重作为大仓鼠年龄的划分标准简便易行，各年龄组体重经检验，差异有统计学意义，体重随种群年龄的增大而增加；不同年龄组之间繁殖力差异明显，随年龄增大而增强，种群结构以亚成年组和成年Ⅰ组占绝对优势。

关键词：大仓鼠；种群年龄；体重；繁殖力

大仓鼠（*Tscherskia triton*）是北京市农田主要害鼠种群之一，体型较大。1994 年后，北京市农田该鼠密度迅速回升，成为农田第一害鼠，在顺义区农田害鼠中占 49.9%，2001年后，大仓鼠种群逐年下降。研究大仓鼠种群的年龄划分对了解该鼠的种群结构和种群数量消长动态具有重要意义。关于大仓鼠年龄研究的相关报道较多，李玉春等[1]、刘加坤和王廷正[2]采用晶体干重法对大仓鼠进行了年龄划分；张洁[3]和李玉春等[4]以胴体重为指标、张会孔等[5]以臼齿磨损度为指标对大仓鼠进行了年龄划分；杨荷芳等[6]根据体重法将大仓鼠划分为6个年龄组。前3种年龄划分方法较为准确，但基层监测点没有相关数据积累；用体重划分年龄组可行，但参照本地大仓鼠的繁殖特征，雌雄鼠均有部分繁殖期个体被列入幼年组的现象。笔者对顺义区鼠情监测点1994—2006年的大仓鼠资料进行了分析，用体重作为划分年龄组的指标，参照繁殖特征，将其划分为5个年龄组，分析不同年龄组的繁殖力变化。

1　研究方法

采用15cm × 8cm铁夹于3—10月捕鼠，每月上旬采用夹线法在监测点农田布放鼠夹400夹夜，夹距5m，夹线间隔50m以上，以花生米作诱饵，共捕鼠2 176只，其中雌鼠1 014只，雄鼠1 162只，测量其体重、体长、尾长、耳高、后足长，解剖观察繁殖情况。

2　结果与分析

2.1　年龄组划分

对1994—2006 年捕获的 2 176只大仓鼠体重统计，雌鼠平均体重为（86.08 ± 1.31）g，雄鼠为（90.30 ± 1.08）g。以体重每2g为一个单位，将所有标本分成若干组，进行频次分配，绘制频次分配表，可以看出大仓鼠体重分配可形成 5个数量集中区，参照繁殖特征，将大仓鼠划分为 5 个年龄组，其体重范围，幼年组（Ⅰ）：雌鼠≤35g，雄鼠≤33g；亚成年组（Ⅱ）：雌鼠35.1 ~ 75g，雄鼠33.1 ~ 79g；成年Ⅰ组（Ⅲ）：雌鼠75.1 ~ 121g，雄鼠79.1 ~ 123g； 成年2组（Ⅳ）：雌鼠121.1 ~ 185g，雄鼠123.1 ~ 187g；老年组（Ⅴ）：雌鼠体重范围见表1，体重随种群年龄的增长而增加。

表1 大仓鼠不同年龄组的体重变化

单位：g

性别年龄组		样本数	范围	平均值 ± 标准差	s	t值
雌	Ⅰ	22	23.6 ~ 34.6	29.68 ± 0.71	3.32	
	Ⅱ	497	35.2 ~ 75.0	55.43 ± 0.49	10.82	30.02
	Ⅲ	291	75.1 ~ 120.1	94.69 ± 0.81	13.89	41.40
	Ⅳ	175	121.1 ~ 183.1	146.02 ± 1.46	19.30	30.72
	Ⅴ	29	185.2 ~ 253.7	202.48 ± 3.54	19.07	14.74
雄	Ⅰ	19	20.6 ~ 32.7	29.06 ± 0.72	3.12	
	Ⅱ	473	33.4 ~ 78.7	57.91 ± 0.57	12.46	31.47
	Ⅲ	465	79.1 ~ 122.9	99.68 ± 0.60	12.49	51.27
	Ⅳ	187	123.3 ~ 186.7	144.94 ± 1.22	16.69	33.51
	Ⅴ	18	187.9 ~ 228.1	201.12 ± 2.60	11.01	19.58

2.2 不同年龄组体长的变化

大仓鼠体重和体长存在显著相关关系（$r = 0.9$）。将大仓鼠体重按5个年龄组划分后，统计分析各年龄组体长数据，由表2可以看出，体长随年龄的增长而增加，经t检验，各年龄组之间差异有统计学意义（$P < 0.01$）。但由于相邻年龄组之间存在部分重叠，因此，体长只能作为划分大仓鼠年龄组的参考指标。

表2 大仓鼠不同年龄组体长（mm）变化

单位：mm

雌	Ⅰ	22	85 ~ 112	97.50 ± 1.27	5.93	
	Ⅱ	497	88 ~ 149	118.72 ± 0.49	11.00	15.63
	Ⅲ	291	119 ~ 169	144.31 ± 0.60	10.27	32.88
	Ⅳ	175	115 ~ 205	164.90 ± 0.87	11.52	19.45
	Ⅴ	29	161 ~ 196	177.52 ± 1.67	9.01	6.69
雄	Ⅰ	19	86 ~ 175	100.89 ± 4.32	18.84	
	Ⅱ	473	87 ~ 151	121.19 ± 0.55	11.88	4.66
	Ⅲ	465	63 ~ 179	149.23 ± 0.54	11.75	36.34
	Ⅳ	187	124 ~ 202	170.36 ± 0.87	11.96	20.51
	Ⅴ	18	167 ~ 220	185.89 ± 3.26	13.84	4.88

2.3 不同年龄组的繁殖力

2.3.1 雌鼠繁殖力

以雌鼠怀孕率、平均胎仔数、繁殖指数分析各年龄组的繁殖力。据对1994—2006年1 014只雌鼠统计（表3），幼年组无怀孕个体；亚成年组有少量个体参与繁殖，怀孕率为1.8%；成年Ⅰ组、成年Ⅱ组、老年组怀孕率分别为34.0%、72.0%、72.4%。各年龄组平均胎仔数随种群年龄的增长而呈增加趋势，从亚成年组和成年Ⅰ组的8.4只递增到老年组的9.8只。各年龄组繁殖指数随年龄的增长而增大，从亚成年组的0.015递增到老年组的0.715。可见，雌性大仓鼠的主要繁殖群体是成年组和老年组。

表3　大仓鼠雌鼠不同年龄组繁殖力变化

年龄组	样本数 / 只	孕鼠数 / 只	怀孕率 /%	平均胎仔数 / 只	繁殖指数
Ⅰ	22	0	0.0	0.0	0.000
Ⅱ	497	9	1.8	8.4	0.015
Ⅲ	291	99	34.0	8.4	0.288
Ⅳ	175	126	72.0	9.4	0.682
Ⅴ	29	21	72.4	9.8	0.715

2.3.2　雄鼠繁殖力

以雄鼠睾丸下降率分析不同年龄组繁殖力，对1 162 只雄性大仓鼠睾丸下降情况统计（表4），幼年组无睾丸下降个体，性未成熟，亚成年组睾丸下降率为30.0%，成年Ⅰ组和Ⅱ组分别为71.6%和72.2%，老年组为55.6%。可见，雄性大仓鼠主要繁殖群体是成年组。

表4　大仓鼠雄鼠不同年龄组睾丸下降率变化

年龄组	样本数 / 只	下降数 / 只	下降率 /%
Ⅰ	19	0	0.0
Ⅱ	473	142	30.0
Ⅲ	465	333	71.6
Ⅳ	187	135	72.2
Ⅴ	18	10	55.6

2.3.3　雌雄性比

对不同年龄组性比分析（表5），大仓鼠总体性比为0.87，接近于1：1；幼年组、亚成年组、成年Ⅱ组性比分别为1.16、1.05、0.94，基本符合1：1的性比关系；成年Ⅰ组性比为0.63，雌鼠明显少于雄鼠；老年组性比为2.90，雌鼠多于雄鼠。

表5　大仓鼠不同年龄组性比比较

年龄组	雌	雄	性比
Ⅰ	22	19	1.16
Ⅱ	497	473	1.05
Ⅲ	291	465	0.63
Ⅳ	175	187	0.94
Ⅴ	29	10	2.90
合计	1014	1162	0.87

2.4　种群年龄结构

对1994—2006年大仓鼠种群结构年度分析（表 6），各年度间均以亚成年组和成年Ⅰ组占绝对优势，亚成年组占总鼠数的37.5%～58.2%，平均44.7%；成年Ⅰ组占23.4%～50.0%，平均34.6%；成年Ⅱ组次之，占16.6%；幼年组和老年组最低，分别占1.9%和2.2%。可以看出，1998—1999年出现一个高峰，但大仓鼠幼年组和亚成年组比例总体小于成年Ⅰ组、成年Ⅱ组和老年组，种群呈现下降的趋势。

3 小结

采用体重指标，并参照繁殖状况作为划分大仓鼠年龄的标准，简便易行，易被基层监测点掌握，由此提出大仓鼠划分为5个年龄组的体重标准：幼年组雌鼠体重≤35g，雄鼠体重≤33g；亚成年组雌鼠35.1～75g，雄鼠33.1～79g；成年Ⅰ组雌鼠75.1～121g，雄鼠79.1～123g；成年Ⅱ组雌鼠121.1～185g，雄鼠123.1～187g；老年组雌鼠体重在185g以上，雄鼠体重在187g以上。各年龄组体重经测验，差异均有统计学意义（$P<0.01$），体重随种群年龄的增大而增加；不同年龄组之间繁殖力差异明显，随年龄增大而增强，种群结构以亚成年组和成年Ⅰ组占绝对优势。

表6 大仓鼠种群年龄结构的年度变化

年份	样本数（只）	不同年龄组构成（%）				
		Ⅰ	Ⅱ	Ⅲ	Ⅳ	Ⅴ
1994	239	1.7（4）	37.7（90）	37.7（90）	19.7（47）	3.3（8）
1995	103	1.9（2）	38.8（40）	36.9（38）	22.3（23）	0.0（0）
1996	122	1.6（2）	49.2（60）	34.4（42）	13.1（16）	1.6（2）
1997	134	3.0（4）	41.0（55）	35.8（48）	19.4（26）	0.7（1）
1998	253	2.4（6）	41.1（104）	33.2（84）	20.6（52）	2.8（7）
1999	676	1.2（8）	47.3（320）	32.0（216）	15.7（106）	3.8（26）
2000	188	1.1（2）	38.3（72）	44.1（83）	15.4（29）	1.1（2）
2001	184	3.3（6）	58.2（107）	23.4（43）	14.7（27）	0.1（1）
2002	111	1.8（2）	48.6（54）	31.5（35）	17.1（19）	0.9（1）
2003	99	2.0（2）	42.4（42）	46.5（46）	9.1（9）	0.0（0）
2004	47	6.4（3）	42.6（20）	38.3（18）	12.8（6）	0.0（0）
2005	16	0.0（0）	37.5（6）	50.0（8）	12.5（2）	0.0（0）
2006	4	0.0（0）	50.0（2）	50.0（2）	0.0（0）	0.0（0）
平均	2176	1.9（41）	44.7（972）	34.6（753）	16.6（362）	2.2（48）

注：括号内数据为不同年龄组的鼠数

参考文献

[1] 李玉春，卢浩泉，胡继武，等. 大仓鼠种群年龄组的确定与种群数量季节消长初探[J]. 中国农学通报，1986（6）：35.

[2] 刘加坤，王廷正. 大仓鼠种群生态学研究Ⅰ. 大仓鼠的年龄鉴定及几种鉴定方法的比较[J]. 陕西师范大学学报（自然科学版），1991，19增刊：17-24.

[3] 张洁. 京津地区大仓鼠种群年龄结构的研究[J]. 兽类学报，1986，6（2）：131-138.

[4] 李玉春，卢浩泉，田家祥，等. 利用主分量评价大仓鼠的年龄指标[J]. 兽类学报，1990，10（2）：121-127.

[5] 张会孔，寻振山，张广信，等. 山东地区大仓鼠种群年龄组成的研究[J]. 植物保护学报，1990，17（4）：369-372.

[6] 杨荷芳，王淑卿，郝守身，等. 大仓鼠种群繁殖特征及其在种群调节中的作用[C].第9 集.动物学集刊.北京：科 学出版社，1992：61-80.

该文发表于《中国媒介生物学及控制杂志》2009年第5期